原油資材高と不況下における農業・環境問題

胡 柏

筑波書房

はしがき

　前著『環境保全型農業の成立条件』(農林統計協会)が刊行されたのは、2007年9月のことであった。実感を伴ったかどうかはともかくとして、戦後最長の景気回復期と言われる時期の最後の年であった。あれから4年、私達はいくつかの出来事を経験した。2008年8月にピークに達し、その後も世界経済を揺さぶり続けてきた原油・資材高、リーマンショックやそこから端を発した「百年に一度」とも言われる世界的な大不況、政権交代、そして、ちょうど本書の取りまとめが終わりに近づいた頃起きた東日本大震災と福島原発事故である。

　これらの出来事はいずれも国民経済に広範な影響を与え、世界経済にも多くの変化をもたらしたことは、いまさら言うまでもない。とりわけ本書の背景となっている原油・資材高と不況が、短い周期と高い確率で繰り返し起きる可能性が極めて高いことは、この4年間の実態が雄弁に物語っている。湾岸戦争後に始まった原油価格高騰は、時には終息の気配を見せながらまたもや繰り返し、最近になっても、ニューヨーク原油先物市場で1バレル当たり100ドルを上回り、湾岸戦争までの5年間平均に比べて5倍も高い水準を保っている。石油関連製品、天然ガス、鉄鉱石、セメント、食料等基礎的な資源も、再び騰勢を強めようとしている。長引く不況から回復に向かいつつあると見られた世界経済は、新興国等一部の地域を除けば、幾度となく一進一退を繰り返し、最近になってアメリカの債務不履行(デフォルト)に対する懸念やそれに伴う国債の格付け引き下げが多くの国や地域で大幅な株安を引き起こすなど、不安定の様相を極めている。その連鎖反応として急激な円高・ドル安が進行し、日本の自動車、電気製品等基幹的な輸出産業に大きな打撃を与えるだけでなく、震災からの復旧復興を妨げる要因にもなっている。先が読みにくい混迷で不確実な時代に入ったのは、誰の目にも明らかであろう。

　原油・資材高と不況による農業・農村経済への打撃は、この間経験した農業経営の悪化や経営難による施設・畜産農家の廃業となって現れ、燃料・資材高騰分への所得補填を求めるJAグループの旺盛な農政運動などと合わせ、生々しく深刻であった。こうした状況に対していくつかの対策は打たれたものの、対策自体

が内包する構造的欠陥や長引く不況による税収減、政治の不安定やそれと密接に係る財政支出の膨張等による財源枯渇等々で、2008年の経営危機を食い止める役割を果たしたとしても、疲弊した農業・農村に元気を取り戻すほどの妙薬にはならなかった。こうした状況は政権交代後も好転せず、東日本大震災や福島原発事故等によってむしろ、深刻さを増しているところである。

　この数年間の出来事は、私達に厳しい現実を突き付けている。その1つは、多くの人々が安心感と信頼をもって自らの暮らしを託した社会経済システムが明らかに不安定さを増していることである。もう1つは、不都合な出来事が繰り返し起きていることであり、つまり、歴史が繰り返されているのである。前者はリスクの増大であり、生産と生活のあらゆる面においてそれに備え、対処し、減らしていく努力を怠ってはならないことを意味するのに対して、後者もまた、同様のことを示している。人々は歴史の節目節目に起きた出来事に翻弄される過去をもちながら、暫くしたらそれを何ともないかのように忘れることがしばしば見られる。重要な出来事のもつ意味を忘れがちであるがゆえに、不都合な歴史が繰り返されるのである。

　この数年間で経験したことは、農学に新たな課題を提起しているように思われる。10数年前、長めに数えても20数年前までは、私達の関心は食料や繊維等農林水産物の生産・流通・消費諸問題だけに集中すればよかった。しかしその後、農薬残留等農産物のハーベスト問題、BSE、鳥インフルエンザ、家畜口蹄疫等の高頻度かつ広範な発生等食品安全問題、化学物質汚染、家畜糞尿・廃棄資材の不適切な管理等から生じた環境問題など、その深刻さや意味の重大さが次第に明らかとなり、農学はこれらの問題により多くの関心を向けざるを得なくなった。そして、2008年にピークに到達し、その後も絶えず繰り返された原油・資材高の進行は、農業分野においても、技術進歩が最もダイナミックに進んでいる製造業等産業分野と同じように省資源・省エネ産業構造への転換を不可避とし、そのための学問的努力を強く要請するものとなった。急激な原油高から派生したバイオ燃料、とりわけ穀物を主原料とするバイオエタノールの生産拡大は、「食料か燃料か」だけでなく、農地利用のあり方や局地的な利益を超えた地球規模の食料安全保障のあり方、そして私達のライフスタイルや価値観を含めて、「現代の農」とも称すべく多岐にわたる問題を提起した。これらの問題の出現によって農学の領域は、

農林水産物の生産・流通・消費といった次元から、食料、資源、環境、生命、エネルギー諸問題を統合したより広範な学問領域へと伸張した。そのため、これらの領域から発生してくる多様なリスクに対処していくための学問的挑戦が求められ、それに伴って生じる学問の社会的責任も負わねばならなくなったのである。

　本書はこうした問題意識の下で、この3年余りでこなしてきたいくつかの仕事を取りまとめ、体系化を図ったものである。農学が直面する上記の諸問題を経済学や政策論の立場から捉え、解明しようとした試みである。

　第1章は、リーマンショック後の急速な経済後退によってもたらされたマクロ的危機の様相とその性格と意味、および原油・資材高の形態とその性格、そしてそれらが農業経営に及ぼす影響を、現代社会の資源・エネルギーと農の視点から分析する。原油・資材高や不況に踊らされることなく、農業経営をより安定性の高いものにしていくためにどうすればよいかについても、農政や農業団体の対応を踏まえて検証する。問題の所在をより的確に把握するため、これまでの学問的蓄積にも留意せねばならないが、必要最小限の考察にとどめた。

　公共政策以外の経済学分野の学術論文は、問題の所在やその構造の解明が主な仕事であり、問題の改善方向を提示することがあっても、進行中の政策をリアルに検証評価し、その結果を踏まえた具体策への言及は、多くの場合、慎重である。これは主に学問と政策の社会的責任に対する自覚によるものであり、ある意味では、経済学者の流儀ともいうべきである。しかし本章はもともと多数の実務者が出席する学会支部大会での講演のために作成したものということもあって、現場の関心に応える一面をもたせざるを得なかった。

　第2章は、現代社会の食と農の視点から農林水産物ブランド化と地域活性化問題を取り上げた。農業経営の危機打開や疲弊する農村経済・地域経済を活性化するための有力な手段として、農林水産物ブランド化の取組は注目されており、意欲的な研究も数多くなされている。しかし本章の関心はむしろ違うところにある。農林水産物ブランドをもたない産地、こうした産地を抱える地域、産地と言えるほどの産地すらもたない地域の存続・活性化をどう図るかを、地域ブランドへの高い注目度に対置する問題として設定し、検討するものである。農林水産物ブランド化の取組で成功した地域は少なからずある一方、より多くの地域はブランドの育成が困難で、日々苦悩している現実があり、これらの地域の存続・活性化を

どう図るかが、日本農業・農村にとって最大の関心事ではないかという認識があったためである。しかし、この問題認識に沿った分析手法の組み立ては実に難儀であった。本章の構成で示すように、結果的には〈ブランド化の効果と限界の検証（大量データ検証と事例分析）→ブランド化が困難と思われる地域の実態把握と可能性分析（実態分析）→ブランド化以外で有力な産地・地域活性化手法の抽出（大量資料分析）→活性化または不活性化理由の解明、産地・地域活性化条件の抽出〉という流れになっている。この考察により、本章の課題に関していくつかの重要な事実を確認できたことは、ささやかな満足である。

第3章は、不安定経営環境下における環境保全と農に焦点を当てた分析である。食料供給の安定確保と農業・農村活性化を中長期的課題として検討するに当たって、環境保全が極めて重要な視点となる。増大する世界人口に安全で良質な食料を適正な価格で安定的に供給するためには、環境と調和した持続可能な食料生産基盤の確立が求められる。全国各地の地域活性化の取組において最も重要視されている観光・交流活動や地域ブランド育成等を進めるうえでも、良好な生態・生活環境の形成が必要不可欠だからである。環境保全型農業は、環境保全を重視する農の取組として食料・農業・農村基本法以降における農政の1つの軸になっているが、推進現場では多くの困難に直面している。本章では、原油・資材高や不況の進行が有機農業の取組にどのような課題を突きつけているか、有機農業の研究や取組がそれにどう応えるべきかについて理論と実践の両面から考察するほか、減農薬・減化学肥料等多様な栽培形態を包含する環境保全型農業から、その到達点となる有機農業へ移行するための可能性と条件について、政策論と経営学の視点から検討する。

残り2つの章は、エネルギー問題と農に焦点を当て、原油・資材高とともに大きく注目されているバイオ燃料問題について分析する。第4章では、バイオ燃料政策の形成背景を踏まえて次の2点を中心に検討を行う。1つは、バイオ燃料政策が示すように耕作放棄地の活用を基本とする燃料用資源作物（原料米）の栽培を進めることと、この前提をおかずに、主食用米や麦・大豆等転作作物を含む既存用途に利用されている農地との調整を含めて原料米栽培を進めることのどちらが、食料生産とバイオ燃料用資源作物栽培の両面においてより優れた効果が得られるか、そして、原料米栽培の導入を前提とした水田利用調整を行う場合、水田

利用効率にどのような影響を及ぼすかについて考察する。もう1つは、バイオ燃料政策において極めて重要な位置づけを付与されている稲わら・もみ殻等農産系セルロースのバイオ燃料利用の可能性と問題点を、農政のもう1つの軸である環境保全型農業における有機質資材利用の実態を踏まえて検証する。政策効果は勿論、政策間の整合性も注目点となる。

　続く第5章では、転作田におけるバイオ燃料用資源作物を導入する際の経済的諸条件を、米の生産調整と転作効果、原油市場の動き、バイオエタノールの内外価格差、バイオエタノール用原料米と他の主要水田作物（主食用米、小麦、大豆）との比較収益性等から検討する。バイオ燃料問題が大きく注目されているわりにはこれらの問題についての検討があまりなされていないということもあって、ある程度の時間投入を覚悟せざるを得ないであろう。福島原発事故の影響で再生エネルギー問題が再び注目を浴びている今日において、この問題に対する一層の学問的努力が求められているのは言うまでもない。

　本書の取りまとめに当たって、各々の論稿を書いたときの問題意識や内容構成、結論等を時世に合わせて書き直すことや無理な内容調整をできるだけ避けることにした。しかし、分量制約等のため、論文作成の段階で省かれた内容・資料等については、しかるべき補足を行った。2009年の政権交代に伴う農政枠組みの変化については、不本意なところもあるが、内容構成の整合性から必要最低限のフォローをせざるを得なかった。こうした訂正によって生じた内容上の不整合等については、読者のお許しをお願いしたい。

2011年12月

胡　柏

目次

はしがき ··· 3

第1章　マクロ的危機下における農業経営と政策 ··················· 13

第1節　マクロ的危機の様相とその意味　13
1．マクロ的危機の様相　13
2．マクロ的危機の性格とその意味　15

第2節　マクロ的危機と農業　21
1．燃料・資材高と農業経営　21
2．燃料・資材高の形態と性格　25
3．燃料・資材高の影響の再考察　28

第3節　危機にどう立ち向かうか ― 農政の課題 ―　32
1．資材高騰対策の概要と成果　32
2．対策の限界　35
3．求められる農業政策の革新　37

第4節　危機にどう立ち向かうか ― 地域農業の課題 ―　48
1．価格転嫁のための仕組みづくり　49
2．ローカルマーケットの創出　52
3．経費低減による収益力向上　54

第2章　地域ブランド形成と地域活性化
　　　　―危機打開のための処方箋を考える― ······················· 61

第1節　地域ブランドの有効性　61
1．逆説的な問題提起　61
2．地域ブランドと地域農業　64
3．地域ブランド形成に向けた自治体の動き　67
4．基幹作目のブランド確立が地域農業に与える影響
　　― 愛媛県西宇和地域を事例に ―　69

第 2 節　産地・地域活性化に向けた取組　73
　1．いま、産地で何が起き、何を求めているか　73
　　1）事例1：名産地西宇和の示唆　74
　　2）事例2：ブランド発掘中G産地の実態と可能性　76
　　3）事例3：産地に包摂されるK地区の現実と可能性　79
　2．産地存続を支える地域活性化要素　81
第 3 節　地域活性化の条件　88
　1．活性化または不活性化の理由　88
　2．産地・地域活性化の条件　90
　　1）所得向上の阻害要因を取り除く生産条件整備の推進　90
　　2）地域段階での所得創出　92
　　3）生産者と産地段階の経営努力をバックアップする経営所得対策の確立　96
　　4）条件不利地域の定住促進と資源・環境保全　98

第 3 章　不安定経営環境における環境保全型農業　102
第 1 節　農業を取り巻く環境の変化と有機農業研究　102
　1．農業を取り巻く環境の変化とその意味　102
　2．有機農業の拡大を阻むもの　109
　3．有機農業研究の課題と展望　115
　　1）「年報」論文にみる学会の有機農業研究　115
　　2）多様な有機農業の経営実態の把握　119
　　3）有機農業を拡大するための理論視座　121
　補論　環境保全型農業をどう捉え、どう拡大させるか　126
　　1．環境保全型農業をどう捉えるべきか ─ 富岡昌雄教授の問題提起に応えて ─　126
　　2．有機農業の拡大をどう図るか ─ 安井孝『地産地消と学校給食』に寄せて ─　129
第 2 節　有機農業推進法と環境保全型農業　133
　1．有機農業推進法はどんな課題を提起したか　133
　2．環境保全型農業の現段階 ─ 愛媛県の取組を事例として ─　136
　3．高水準の取組が何を求めているか ─ 有機農業関係者意見交換会の結果考察 ─　141
　4．農家意向の規定要因 ─ 高水準の取組の経営実態考察 ─　147

第4章　バイオ燃料用資源作物の生産と農地利用問題 …… 157

第1節　バイオ燃料農政の形成　157
1．バイオ燃料農政の背景　157
2．バイオ燃料農政の問題点　163

第2節　バイオ燃料用資源作物の栽培を含む水田利用形態の選択　174
1．水田利用調整の経済効果：モデル分析　174
2．水田利用調整の経済効果：経営主体および市町村段階の検討　178
3．主食用米以外の作物の低位生産力水田集積に伴う諸問題の考察　186

第3節　農産系セルロースのバイオ燃料利用と環境保全型農業　196
1．通常の農業生産における稲わら利用　196
2．環境保全型農業における稲わら利用 ― 統計分析 ―　200
3．環境保全型農業における稲わら利用 ― 事例考察 ―　205
　　1）宇和島市三間町N営農組合の事例　205
　　2）鬼北町Y地区・有機栽培農家Iの事例　209

第5章　転作田をバイオ燃料用資源作物の栽培に利用するための経済条件 … 215

第1節　米の生産調整と水田利用　215
1．転作田の利用実態からみたバイオ燃料用資源作物導入の可能性　215
2．転作の効果からみたバイオ燃料用資源作物導入の可能性　219
3．バイオ燃料用資源作物の導入と政策環境づくり　232

第2節　バイオ燃料用資源作物導入の経済条件　241
1．原油市場の動きとその影響　241
2．バイオエタノールの内外価格差　245
3．他の水田作物との比較収益性　252
　　1）政権交代までの政策環境と比較収益性　252
　　2）政権交代後の政策環境と比較収益性　260

第3節　実証試験事業のあり方　270
1．原料米を使ったエタノール製造実証試験事業の考察　270
2．実証試験事業のあり方　276

あとがき ……… 285

第1章
マクロ的危機下における農業経営と政策

第1節　マクロ的危機の様相とその意味

1．マクロ的危機の様相

　サブプライム・ローン問題に端を発した金融不安問題は、大方の予想を超えて「金融不安」から「百年に一度の危機」と言われるまでの世界的な大不況に発展した。問題が顕在化した2007年末に、多くの業界リーダーやエコノミストはその影響が限定的だと考え、2008年前半か、遅くとも後半に株式市場の底入れを含めて経済全体が立ち直り、再び成長軌道に乗ると楽観視していた。

　例えば、2008年『日本経済新聞』の元日特集記事「国際経済展望」では、アメリカ経済について「一時的に減速するのは避けられない。…前半の成長率も一～二％で低迷し、…後半から来年にかけて二～三％に持ち直す」という標準的なシナリオを描いた。欧州経済は「好調続く」とみ、「経済成長率を巡航速度の二％前後」と予想した（いずれも1月3日付け）。金融不安の影響を認めつつも、堅調な成長がおおむね維持されると見ていたのである。

　日本経済についても、業界を代表する経営者の大半が明るい展望をもっていた。その象徴は、図1-1-1に示す日経平均株価の値幅予想である。予想に参加した経営者は、明るい国際経済展望をもとに「春先安、年末高」が大勢を占め、株価の値幅も1万4,000円～2万1,000円にとどまるとみていた。

　しかし、事態の推移はこうした予想を見事に裏切った。サブプライム・ローンを組み入れた金融派生商品の運用業績の悪化はアメリカの証券大手リーマン・ブラザーズをはじめ大手金融業者を相次いで経営破綻に追い込み、その衝撃の大きさで金融資本市場を混乱と機能不全に陥れた。そこから誘発した世界経済のファンダメンタルズの変調が実体経済に影を落とし、企業業績の悪化、景気後退、雇用収縮、家計破壊など、様々な併発症を引き起こすに至った。景気後退の長期化

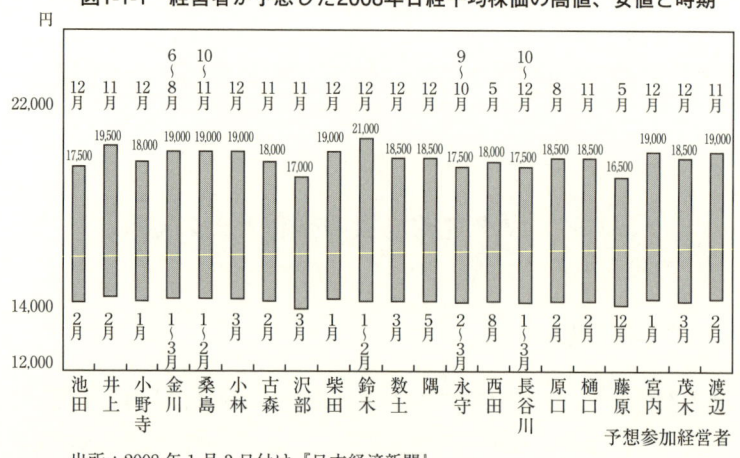

図1-1-1 経営者が予想した2008年日経平均株価の高値、安値と時期

出所：2008年1月3日付け『日本経済新聞』

への懸念やリスクにおびえた投資マネーの逃避は株価の急激な下落を招き、2007年10月から僅か1年で世界全体の株式時価総額を半減させ、各国国内総生産1年間合計額の6割に相当する31兆ドル（約3,000兆円）の含み損を生み出した（註1）。日経平均株価も、図1-1-1でみた大方の予想を覆し、9月28日に1982年10月以来の7,000円台割れとなった。

　アメリカ経済への不安やユーロ圏の景気後退から派生したドル安・ユーロ安の同時進行は危機の影響をさらに増幅させ、国家経済運営、企業収支、家計の各段階、および鉱工業、農業、製造業、流通・サービス業などあらゆる部門に甚大な影響を及ぼすようになった。金融立国を基本とし、潤沢な資金出入りで国民経済を潤し、豊かなくらしを謳歌してきた一部の国が国家財政の破綻という最悪の事態に陥っている例を引き出すまでもなく、サブプライム・ローン問題で損失が比較的少なく、実体経済が健全だと言われた日本経済も、ここにきて危うい様相を呈し始めるようになった。11月15日『日本経済新聞』が集計した2008年企業中間決算（4～9月）の結果によれば、急激な円高による企業の収益悪化や資金調達環境の激変による企業活動の減退等で上場企業の連結経常利益は前年同期比で20.5％減少し、赤字決算企業は続出した。2009年3月期の減益幅はさらに拡大するとの見方も大勢を占めている。景気後退の勢いが止まらず、実体経済は健全だとまで言えなくなってきたのである。「トヨタショック」や「ソニーショック」

に象徴されるように、日本経済の最先端を代表する多数の優良企業まで業績が大幅に悪化したのは、何よりも事態の深刻さを物語っている。

2．マクロ的危機の性格とその意味

　世界経済を席巻した今回の危機は、農業という一部門経済からみればマクロ的危機と言えよう。その破壊力の大きさ、影響の広さ、波及速度の速さといった点で、通常の景気変動概念を遙かに超える凄まじいものがあったのは明白であろう。しかし、この危機は「突如」としてやってきたものでもなければ、一部に囁かされている金融工学の失敗というほど単純なものでもない。それまでに世界経済や日本経済が抱えていた深刻な構造問題が金融危機をきっかけに一気に噴き出して表面化し、その結果として経済がしかるべきところに回帰しようとしただけのことと理解すべきではないだろうか。この点については、2001年「9.11」事件以降の経済を経済界がどう捉えてきたかを若干整理してみれば十分である。

　表1-1-1は、この間における『日本経済新聞』の元日トップ記事、国際経済展望、国内産業経済展望、「経営者の目」といった年始特集記事を要約したものである（註2）。特集記事なので、編集者の見方や編集姿勢に影響されるところもあるが、展望の根拠としている「日経DI」（日経産業天気インデックス）や経営者の見方などは一定の客観性を有することから、その時々の経済情勢をおおむね正確に反映しているように思われる。同表に示す2002年1月以降における経済の流れから、今回の危機と深く関係すると思われる幾つかの点を読み取ることができる。

　第1に、2002年頃から回復の道に乗り、特に2004年以降の4年間で3％を超すGDP実質成長率を保ってきたアメリカ経済は、多くの危機的要素を抱えたままの疾走であった点をまず指摘しなければならない。

　景気回復の実感が湧いてきたとされる2004年までのアメリカ経済は、企業の設備投資と稼働率不足、雇用低迷による需要不足や高い失業率等に悩まされ、景気刺激策として実施された大型減税や対イラク戦費・国内テロ対策への支出等で今回の金融危機に直結する「双子の赤字」（財政赤字、経常収支赤字）をカーター政権以来の最大規模のものにした。2005年以降では、「双子の赤字」の継続的拡大に加え、原油高、インフレ、ローン金利上昇による住宅価格高騰等が時を追って厳しさを増し、景気屈折の懸念材料としてつねに不安視されてきた。

表1-1-1　経済界が9・11以降の経済をどうみてきたか
　　　　―各年度『日本経済新聞』元日～4日の特集記事から―

年	元日トップ記事とサブ小見出し	国際経済展望（米欧に限定）	産業景気展望	経営者の目
2002	復活の扉自ら開く：民力再生に経済の復活を託す	米経済：昨年の金融緩和や大型の経済刺激策予定で景気底入れの公算。失業率上昇、株・住宅価下落で消費が勢い欠く。	賃金削減、雇用不安、株価低迷で景気が一進一退。業況は底ばい続き、穏やかな回復感なし。外需は自動車輸出増が見込まれるが、イラク情勢で不安を抱える。	経営者10人のうち、明るい展望5人、厳しい展望4人（輸送業、乳業、マクドナルド、旅行業）。
		欧州：景気回復の時期を探る展開。足がかりは金融緩和と原油等商品市況の安定。		懸念材料：9・11テロ影響で景気悪化、株安で個人消費低迷、BSE影響による畜産物消費落ち込み。
2003	改革、論より実行：日本病を断つ	米経済：企業人件費削減効果等で回復基調。企業の設備投資・稼働率不足で「脆弱な回復」「雇用なき回復」へ。個人消費減速傾向。	企業の設備投資や個人消費の冷え込みが続き、デフレからの脱出に至らない。賃金削減、雇用不安、株価低迷等で個人需要も弱い。景気の回復早くも息切れ懸念。	経営者12人のうち、明るい展望2人（デジカメ、繊維）、厳しい見方9人（小売、家電、自動車、不動産、NEC、石油、化学、製紙）。
		欧州：個人消費や企業投資が低迷。対イラク攻撃、株安長期化、ユーロ高が懸念要因。		懸念材料：イラク情勢、デフレ、株価・個人消費低迷、米景気回復の遅れ等。
2004	地縁・血縁超え　活力生む：電縁（デジタル景気）が日本復活の鍵	米経済：大型減税や企業業績回復で景気回復順調。雇用低迷、「双子の赤字」の拡大、ドル急落や金利上昇がリスク要因。	「日経DI」は3年ぶりにプラスに。輸出関連は好調続く。景況感上向く兆しはあるが、非製造業の低迷が目立つ。個人消費が力強さを欠く。本格的な景気浮揚にはこれら産業への波及が鍵。	経営者12人のうち、明るい展望9人、やや控えめな見方3人（建設、コンビニ、医薬品販売）。
		欧州：緩やかな回復。雇用不振、財政支出膨張がマイナス要因。		懸念材料：価格競争激化、原油価格高止まりで収益圧迫、消費全体の明るさが欠く。
2005	さあ　国も社会も男も女も：少子化に挑む	米経済：雇用回復、家計堅調で成長持続。原油高、ドル安、金利上昇、「双子の赤字」が懸念材料。	デジタル景気一服で景気調整色。原材料高騰、円高、定率減税の縮小も調整を加速。不安を抱えながら景気余熱は持続。	経営者12人のうち、明るい展望7人、控えめな見方3人（電気、小売）。
		欧州：雇用環境が厳しく個人消費が低迷。ユーロ・原油高で輸出減速。		懸念材料：米国景気、中国の通貨調整、増産対応の資材調達、景気減速。
2006	反転　強い時代が始まった：バブル後15年　回る歯車	米経済：景気は堅調。70ドルを超す原油高、インフレ、ローン金利上昇による住宅価格高騰は要警戒。	消費関連業種の改善が顕著。企業業績・雇用・所得とも好転。景気の回復感が個人消費に波及。原燃料価格の高止まり、海外経済の失速が懸念材料。	経営者12人のうち、明るい展望6人（IT、家電、自動車、機械等）、厳しい展望4人（小売、電子部品、繊維、コンビニ等）。
		欧州：低迷脱出。消費や雇用の回復が力強さを欠く。原油高、インフレ、物価上昇が不安要因。		懸念材料：国内需要低迷、原油・原料高、デフレ深刻、企業業績の二極化、価格環境厳しい。
2007	富が目覚め経済回す：家計2000兆円に着目	米経済：堅調な個人消費と設備投資だが景気減速局面。住宅調整の長期化が景気底入れを遅らせることに。	「晴れ」「薄日」「曇り」は各10業種。輸出型製造業牽引で高原状態の景気が続くが、個人消費関連の内需型業種が軒並み曇りに。米国景気次第で不透明な部分がある。	経営者12人のうち、明るい展望6人（IT、家電、自動車、機械等）、「景気回復実感なし」3人（小売、外食、建設）。
		欧州：景気は概ね堅調。米景気の鈍化、原油価格上昇、ユーロ高、増税で成長が頭打ち必至。		懸念材料：個人消費盛り上がらず、人件費上昇、建設工事発注価格低迷。
2008	沈む国と通貨の物語：YEN漂流　漱石の嘆き再び	米経済：サブプライム問題による金融不安の出口がみえず、前半の成長率が1～2％に低下、後半から2～3％にもち直す。	3期連続悪化で「晴れ」から「雨」。非製造業が落ち込み、消費さえない。製造業は比較的底堅いが、米景気の減速、円高、原油・素材の高止まりで先行き視界不良。	経営者12人のうち、明るい展望7人（製造業、IT産業等）、厳しい見方4人（小売、外食、金融）。
		欧州：域内経済活発で2％成長維持。物価高が個人消費を抑制するリスクに。		懸念材料：原油高、金融不安、円高、消費者マインドの冷え込みで需要低下、価格競争激化。

富裕層に手厚いブッシュ大型減税は財政赤字を増額させただけでなく、中間所得層の二極分化を促す形でアメリカ社会の病巣とも言われる貧富間格差を広げ、貧困層を増加させる一因になった（註3）。低所得層の住宅取得促進がサブプライムの運用業績拡大と焦げ付きの主要因になったという点で、アメリカ国内の貧富間格差の拡大は今回の金融危機やその後の世界同時不況の1つの遠因であったと言って過言ではないであろう。

　他方では、景気を牽引してきた製造業の経営体質も強固ではなかった。アメリカ製造業を代表する自動車産業は、景気回復が順調に見えた2004年頃から競争力を失い始め、早くも「ビッグ2の凋落」とまで囁かされるようになった（註4）。つまり、多くの危機的要素を抱え、無理に無理を重ねた経済成長のパターンが、リーマン・ブラザーズの経営破綻に象徴される金融危機の表面化によって一気に崩れ去ったのである。いま、話題になっている自動車大手「ビッグ3」の経営危機はこの成長パターンの終焉を象徴する出来事と理解すべきであろう（註5）。

　第2に、ユーロ高でつねに世界の注目を集めた欧州経済は、そもそもアメリカやアジア経済の成長パターンとは異なり、持病を抱えたままの低成長の性格を有するものであった。同表に示すように、景気回復感が明確に表れたのは2006年頃であり、これがアメリカや日本の景況感に比べて3～4年ものタイム・ラグがあった。それまでは「欧州病」とも言われる低成長、高失業率、雇用不安、個人消費低迷や「9.11」以降から始まったユーロの独歩高、インフレ、および近年の原油・物価高に悩まされ続けていた。これらの不安要素にEUの東方拡大路線に伴う財政支出の膨張や域内経済格差の拡大、アメリカ経済への輸出依存といった構造問題が加わり、実体経済はユーロ高ほど強固なものではなかった。

　こういった事情もあって、2007年にようやく堅調に見えた景気回復は金融危機の表面化によって一気に急降下し、ユーロ高の虚像に覆い隠されていた成長基盤の脆さが思い知らされる事態となった。「通貨高で輸出増—、経済学に刃向かうように欧州企業は好業績を謳歌している」（註6）と言われたほどの欧州成長神話は結局、アメリカ経済頼みという点で他地域と何ら変わらない構造的な欠陥をもっていることが明らかとなり、短命で哀れなものでしかなかった。

　第3に、「戦後最長」と言われた日本経済の景気回復・拡大は、今回の景気後退に結びつく多くの前兆があったことをマスコミなどでもよく指摘したところだ

が、「日経DI」や経営者の景況感といった比較的に客観性を有するものに基づいてまとめた同表の「産業景気展望」欄からも少なくとも３つの点を読み取ることができる。

１つは、景気の回復は輸出主導の製造業に引っ張られてきた側面が大きく、個人消費関連の内需型業種は金融危機以来の円高による商社の「円高景気」を除けば、ほとんど低迷のまま今日に至っている。産業間の経済波及効果を著しく欠く不健全で歪んだ景気回復・拡大であった。

もう１つは、企業の業績回復・拡大も継続的な企業リストラや非正規従業員の採用拡大といった低所得層を生む企業業績優先・資本蓄積優先の手法で実現し、持続的な景気拡大に必要不可欠な消費の拡大やそれを支えるだけの原動力も持続力もなかった。

３つ目は、「戦後最長」の景気回復と言われながらデフレとの戦いが絶えなかった。内閣府の試算によれば、2002年２月から2007年11月までの期間において名目成長率は1.0％であったのに対して、実質成長率は2.4％であった（註７）。名目成長率が実質成長率を大きく下回るという現象は、デフレ下の経済成長と消費の盛り上がりのなさを示すものにほかならない。戦後最長の景気回復は、結局、消費者不在、景気回復実感のないまま、金融危機をきっかけに幕を閉じてしまった。

注目すべきは、景気回復の背後に秘められていたこれらの危機的要素を第一線の経営者や経済学者たちが極めて冷静に捉え、警鐘を鳴らし続けてきた点である。「経営者の目」欄の記述で明らかなように、景気に明るい展望を示した経営者が最も多かったのは2004年、2005年である。実質成長率は３％に接近し、景気低迷の長いトンネルから抜け出そうとする将来への期待感も込められたプラスαの見方であったと思われるが、景気回復の足枷となる製品価格競争の激化、原油価格の高止まり、個人消費の動きの弱さを見逃すことはなかった。日米とも堅調とされる産業景気を展望した2006年や「高原状態の景気が続く」とされた2007年でさえ、景気回復の陰の部分とも言える原油・原材料高、「勝ち組」と「負け組」が顕在化した企業業績の二極分化、国内需要低迷によるデフレの深刻化など、景気がいつ夭折してもおかしくない危機的要素を見事なほど指摘した。デフレを隠した実質成長率の伸びに惑わされ、これらの声が政治や政策決定の中枢に届かなかったのは、今回の危機を招いた１因であったことが明白であろう。

この点を象徴しているのは、2005年1月4日『日本経済新聞』に掲載した2つの記事である。1つは、「謹賀新年　小泉純一郎様」欄に掲載したアメリカ国際投資家ジム・ロジャーズ氏の、日本経済に対する忠告である。若干引用してみよう。

「日本は新秩序を見据えた改革を急ぐべきです。まずは米国頼みの姿勢を変えること。資産をドル建てで持つのは米ドルが下落していくなかではリスクが高い。代わりに石油や食糧などの原材料を買ってはどうですか。備蓄があれば有事の耐久力も強まるはずです。……。日本は経済がつまずいてから十四年もたつのに経営不振企業がまだ生き残っている。……」

もう1つは、「世界システム再構築〜戦後60年」欄に掲載されたマサチューセッツ工科大学名誉教授、P. サミュエルソン氏へのインタビューを収録した、アメリカ経済についての見方である。

「米国の経常赤字は世界経済が米国の過剰消費頼みであることの裏返しです。ひずみは大きくなっています。」

「ドル暴落の危機が二〇〇五年に起きるとは思わないが、ドル資産の保有を増やすのには限界があるという恐れは合理的に見える。」

「投資家の気持ちが変わり、今のシステムが試される局面をどこかで迎えるだろう。そうなれば、世界経済はパニックを避けられまい。影響はウォール街にとどまらず、混乱は世界に及ぶ。」

あれから僅か2年、世界経済、アメリカ経済、そして日本経済は両氏の指摘通りになってしまった。今さらではあるが、当時の指導者や政策決定者たちはこれらの忠告に少しでも耳を傾け、対策を講じておいたならば、今回の金融危機やこれに誘発された世界的な景気減退も、これほどひどい状況にならずに済んだのかもしれない。経済の無情さを思い知らされる例証となった。

以上の整理から、次の諸点を得ることができよう。

第1に、今回の危機は「突如」としてやってきたものでもなければ、度々囁かされる金融工学の失敗や投機ファンドのせいだけでもない。多くの懸念材料ないし危機的要素に有効な対策を打たないまま疾走し、無理に無理を重ねてきた経済運営の必然的な結果であり、強固な経済構造をもたない経済成長や幻の繁栄は長く続かないだけのことなのである。投機ファンドが猛威を振るうことができたの

も、こういった経済構造や経済運営があったからのことである。危機は富を切り崩し、世界経済に甚大な損害をもたらしたが、無理に膨れ上がらせた経済成長や繁栄のあり方を根本から再考させる機会を私たちに与えてくれたと理解すべきである。

　第2に、危機をもたらした諸種の懸念材料に対して第一線の経営者や経済学者たちは決して未察知で鈍感ではなかった。彼らはその時々の不安要素に懸念を示し、傾聴すべき忠告を発し続けてきた。その意味においては、経済学も経営学も健在だと言える。経済の舵取りを託された指導者や経済運営の責任者たちにこれらの声が届かなかったことが、不安から危機へと発展し、世界同時不況と言われる景気後退を招いた最大の要因であろう。投機ファンドをどうこうと言う前に、危機を繰り返さない政治のあり方や、現場の声、学問の成果を実体経済運営に反映させるための仕組みのあり方をまず再考すべきである。

　第3に、政治はこれらの傾聴すべき意見や忠告を無視し、危機的要素を放棄し続けてきたのは、政治家、指導者たちの個人資質によるものではない。過去の世代の指導者に比べて現在の指導者たちは遙かに高度で良質な教育を受けているし、今回の危機そのものがどこかの国や地域に限定したものではなく、先進国・途上国を問わず世界を席巻した広範なものだからである。明らかに見えてきた危機を防げなかった政治および政策失敗要因の1つは、普遍化しつつある大衆迎合型あるいはマスコミ迎合型政治のあり方にあると考える。時々の出来事に過剰なほど反応し、執拗に追求するマスコミと、マスコミの言論を鵜呑みする市民社会、世論に過敏なほど反応する職業的政治家集団の形成が、長期的ビジョンに基づく政策決定を妨げるマスコミ迎合型、大衆迎合型政治を形作る環境をなしている。こうしたマスコミ迎合型、大衆迎合型政治を終焉させることこそ、危機から脱出し、持続可能な経済と穏やかな暮らしを創り出すための最良の処方箋であろう。マスコミや市民社会のあり方を含めて検討すべき課題が山積している。

　以上の3点のうち、1、2点目は表1-1-1から示された明白な事実であり、3点目は仮説的な意味を併せもった、今後検証すべき暫定的な結論である。しかし3点目があるから、いま、危機打開のために講じた各種の対策に対する根強い不信感を市民社会が抱いている。主要国は相次いで大型の景気対策を打ち出したにもかかわらず、株価の下落やドル・ユーロ安の流れが止まらない。この現実は、

今日的世相を表しているように思われる。

(註1) 2008年10月26日付け『日本経済新聞』を参照されたい。
(註2) この間、中国をはじめとするいわゆる「新興国」経済は一定の成長率を保ってきたため、「国際経済展望」欄の内容を欧米に限定することにした。参考のため、産業経済展望の一部として組んでいる「経営者の目」の内容も同表に取り入れている。この欄に出されている経営者の顔ぶれやそれぞれに代表される業界の構成も毎年異なることから、数値そのものを比較に用いることはできないが、経営第一線で活躍している彼らが経済の実態をどうみているかを知るうえで有益である。
(註3) その点については、2007年『日本経済新聞』4回連載記事「3億人のアメリカ　第1部」(1月1日～1月5日) を参照されたい。
(註4) 「ビッグ2」とは、アメリカ自動車大手のゼネラル・モーターズ (GM) とフォード・モーターを指す。2006年1月1日付け『日本経済新聞』記事を参照されたい。
(註5) その後、GMとクライスラーは経営破綻による法的整理、フォードは自力の経営改革等厳しい状況に陥ったが、公的資金の巨額注入、工場閉鎖・従業員の大量解雇等大規模なリストラの実施や景気回復に伴う新車需要の回復も重なって経営再建を果たし、2011年3月決算期にそろって黒字化を実現した。しかし、経営体質を不安視する見方は今も消えていない。
(註6) ～ (註7) 2008年1月3日付け『日本経済新聞』記事を参照されたい。

第2節　マクロ的危機と農業

1. 燃料・資材高と農業経営

　金融危機が顕在化した2007年後半以来、『日本農業新聞』や『全国農業新聞』は連日のように燃料・資材高による農業経営現場の窮状を訴えてきた。そのための支援策を求める農業経営危機突破大会の開催や都道府県知事、政府への陳情も全国各地で行われ、大きな注目を集めた。08年10月3日『全国農業新聞』では、麻生内閣の発足に合わせて「原油・資材高への緊急対策」への期待を新農相への要望として取り上げ、緊急対策の実施を要請する主張を掲載した。この一連の流れのなかで「資材高ショック」「農業経営危機」はキーワードとなり、この問題への迅速な対応を求めているのが、今日的農協運動の特徴となっている。

　しかし、燃料・資材高は必然的に農業経営危機をもたらすものではない。危機とは、「大変なことになるかもしれない危ういときや場合。危険な状態」(岩波書

店『広辞苑』）という。また、R.コングルトン米ジョージメーソン大教授の論文「危機管理の経済政治学」では、危機を「①予測不能で完全な驚きで②現在の計画がうまくいかないという不快感をもたらし③迅速な対応を迫られる」状態とも言っている（註1）。農業経営に照らして言うならば、農業所得あるいは利益（π）は大幅に減少し、拡大再生産はもちろん、単純再生産すら脅かされている状態と理解してよいであろう。

つまり、生産物の数量と価格をQとp、農業経営に投入される資材の数量と価格をrとX、変化量を$\varDelta$で表すならば、農業経営危機とは、$\varDelta\pi = (p\cdot\varDelta Q - r\cdot\varDelta X) \leq 0$、つまり、農業所得が経営上無視できないほどの赤字となり、そこから抜け出す道筋も見出せない極めて困難な状態と表現してもよいであろう。この状態が一定期間にわたって継続すれば、農業の再生産は不可能になるからである。

通常の状態では、生産者は$\varDelta\pi = p\cdot\varDelta Q - r\cdot\varDelta X$から得られる均衡条件 $\dfrac{\varDelta Q}{\varDelta X} = \dfrac{r}{p}$ の下で経営活動を遂行する。この条件下では、農業経営活動あるいは資材への需要（＝生産過程へのX投入）はどこまで継続されるかが、資材価格対生産物価格の比で示す実質生産物費用（r/p）によって決まり、資材の限界生産物（$\varDelta Q/\varDelta X$）が実質生産物費用に等しくなるまで生産活動への投入が継続される。この「実質生産物費用」という表現で明らかなように、経営継続もしくは経営断念（廃業）の条件は、資材価格の変動によって一方的に決まるのではなく、資材価格対生産物価格の比に規定される。燃料・資材高（＝rの急上昇）は確かに「驚き」で「不快感をもたらし」、「迅速な対応を迫られる」に違いないが、生産物価格（p）もそれに比例して上昇すれば、「計画がうまくいかない」状態や「危険な状態」に至らないはずである。農業経営を再生産不能のいわば危機的状況に陥れる$\varDelta\pi = (p\cdot\varDelta Q - r\cdot\varDelta X) \leq 0$の状態とは、$r$が急上昇したのに対して$p$がそれを大きく下回る上昇率にとどまるか、もしくは不変あるいは低下した場合、つまり、（$\varDelta Q/\varDelta X$）が（r/p）を大きく下回る場合のみ起きるのである。言い換えれば、燃料・資材高そのものではなく、資材価格の急騰分が農産物価格に転嫁できないところから農業経営の危機がやってくる。

表1-2-1は、農業経営を遂行している現場の生産者が原油・資材高の下で農業経営をどう見ているかを、『全国農業新聞』の「苦悩する酪農現場」と『日本農

表 1-2-1　生産者がみた農業経営危機の実態

事例	経営概要	資材高の実態	生産物価格	地域・同業の苦境
事例1 島田輝昭 (49歳)	熊本県合志市酪農家。乳用牛60頭、肥育牛50頭。	大豆粕(20kg)は06年862円から現在の1,528円へと8割高騰。配合飼料は06年5万1,000円から現在の約7万円へ。05年に1,780万円の飼料代が2年間で2,240万円に。	就農した昭和60年ごろの乳価は年平均でkg当たり102〜103円から現在の88円まで下落。	県では06、07年の2年間で875戸の酪農家のうち、13%(116戸)が廃業。今後も廃業に踏み切る酪農家が加速する見込み。
事例2 岡村雅俊 (62歳)	北海道紋別市酪農村牧場代表。65ha牧場、経産牛80頭、育成牛130頭、和牛4頭。	05年に1,500万円あった飼料コストは08年に1,800万円へ。今年は2,000万円を超える見込み。07年1月にトン当たり4万円だった配合飼料は、08年8月に6万2,000円へ高騰。		JAオホーツクはまなす組合員酪農家164戸のうち、8割が赤字転落。市内4戸が廃業。
事例3 長嶋透 (43歳)	千葉県香取市長嶋牧場代表。搾乳牛220頭、飼料畑12ha、常雇者4人。	配合飼料代は3年前までトン当たり3万5〜6,000円だったが、現在は5万5,000円届く勢い。輸入牧草も昨年に比べてkg当たり50から65円へ。燃料も値上げ。	乳価は今年ようやく3円上がったが、就農した89年以降低下し続けてきた。	経営はもはや限界を超えている。市内・隣町で廃業に追い込まれた酪農家が出現。多くはやめたくてもやめられない。
事例4 結城五子 (58歳)	福岡県那珂川町酪農。乳牛80頭。	2000年に比べて配合飼料価格は1.5倍、粗飼料価格は2倍に上昇。	1980年頃にkg当たり115円だった乳価は2007年は90円に。子牛価格も半値に。	約350戸あった県内酪農家のうち、昨年は15戸、今年はすでに13戸廃業。
事例5 江本幸子 (62歳)	高知県香南市夜須町、35aハウススイカ栽培。	重油や肥料高が所得圧迫と廃業をもたらす。	昨年に比べてスイカ販売収入は1,950万円から1,730万円に減少。	重油や肥料高の影響で11戸のスイカ農家は4戸がフルーツトマトに転換、1戸廃業。
事例6 久保盛雄 (60歳)	北海道豊浦町農業生産法人。農家4戸、2.2haのハウスで年80トンのイチゴを生産。	5年前1リットル40円の灯油価格は一時120円超。肥料やビニール込みで10a当たりコストが3年前より100万円増の見通し。	イチゴ価格は伸び悩み、純収益はほぼ消滅。労賃も賄えなくなる。	町のイチゴ生産量の半分を占めるため、団地は存続の瀬戸際に。雇用、新規就農、苗供給に支障。

出所：2008年10月3日付け『全国農業新聞』からの3回連載、同10月9日付け『日本農業新聞』からの5回連載を整理したものである。

業新聞』の「資材高ショック」の連載ルポで取り上げた事例を取りまとめたものである。3つの点を読み取ることができる。

1つは、農業経営の危機の度合いは想像を超えるところまでに至っている点である。「地域・同業の苦境」欄の記述はこれを示している。上述の「危機」の概念でいう「驚き」で「不快感をもたら」す状態、「迅速な対応を迫られる」「計画がうまくいかない」状態にとどまらず、6つの事例のうち、5つから経営難による廃業というまさに「危険な状態」が報告されている。JAオホーツクはまなす組合員酪農家の8割が経営赤字に転落し、熊本県で酪農家の13%が廃業に追い込まれているという衝撃的な数字は、こうした状況におかれている農業経営の惨状を生々しく語っている。廃業の波は酪農に限らず、施設栽培（事例5）にも及ん

でいる。

　かつてT.W.シュルツは、農業者は不況の重荷から免れることがないものの、「不況の訪れる時その農場を閉鎖することなく、国民に食糧その他の農産物を供給し続ける、彼等はそれ故に『失業』しない」(註2)と述べたことがある。しかし、実際の農業経営現場で起きていることは、シュルツが言う不況の影響を超えたものがあるとみるべきであろう。

　もう1つは、ほとんどの農業者は単に「資材高ショック」ではなく、燃料・資材高と生産者価格低迷の両方から農業経営がおかれている危機的状況をみている点である。事例1、3、4は、80年代以降における乳価の低下、事例5は重油や肥料高騰によるスイカ販売収入の減少、事例6は灯油・肥料・ビニール高騰によるイチゴ価格の伸び悩みを指摘している。燃料・資材高だからではなく、その価格高騰分が生産物価格に転嫁できないため収益の限界条件が崩れたことにより、農業経営は燃料・資材高と生産物価格低迷のダブルパンチを受け、経営危機と言わねばならないほどの苦境に陥れられたと理解すべきなのである。

　以上とも関連する3点目として、生産者は目の前に起きている危機的状況のみにとらわれているのではなく、危機に至るまでの遠因にも目を向けている点である。過去に遡る乳価の長期低迷（事例1、3、4）、マクロ危機が表面化する前の資材価格の変調（事例1、3、6）などの指摘はそうであるし、表には載せていないが、事例2に挙げている岡村氏は、牛乳・乳製品の国際価格高騰による供給不足に対応するための牛乳増産要請について、「減産計画が続いた後、いきなり絞れといわれても、蛇口を開くようにそんな簡単にはいかない」(註3)と、これまでの生乳の需給調整のあり方に疑問を投げ掛けている。つまり、目の前に起きている農業経営の危機的状況は燃料・資材高だけで引き起こした偶発的な出来事と見ていない、と言いたかったのである。

　その通りであろう。2006年、2007年の2年間で13％の酪農家の廃業が起きた熊本県や、164戸酪農家のうち8割が経営赤字に転落したJAオホーツクはまなす管内の惨状も、2002年以降進行してきた原油・資材高やそのずいぶん前から問題視されていた乳価低迷や、需要開拓や長期展望を欠いた生産調整といった慢性的な経営環境の悪化に起因するものがかなりあったと思われる。農業経営危機もマクロ危機同様、「突如」としてやってきたのではなく、危機的要素が長期にわたっ

て蓄積していたところに、急激な原油・資材高や金融危機によって触発され、一気に噴き出した併発症の一面を併せもっているのである。

2．燃料・資材高の形態と性格

　生産者への取材をもとにした表1-2-1の状況をより的確に理解するためには、2つの点について検証する必要がある。1つは、燃料・資材価格の高騰は実際にどのような形で起き、それに対して、農産物価格はどのように変化してきたかである。燃料・資材価格の変化だけでなく、農産物価格と合わせて両者の相対変化をみることこそ、燃料・資材高の性格や農業経営への影響をより正確に捉えることが可能と考えられるからである。

　もう1つは、原油・資材の価格高騰が標準的な農業経営にどれほどの影響を与え、あるいは与える可能性があるかである。表1-2-1の個別事例を通してみた農業経営現場の窮状がどこまで農業経営全体に及ぼし、あるいは及ぼす可能性があるかをみる必要がある。「可能性」と表現したのは、危機打開対策の効果を念頭に置かねばならないからであり、政府が有効な対策を打つならば、予想される経営危機が多少とも回避されると考えられるからである。ここではまず、1点目のみについて検討し、2点目は次節の課題とする。

　図1-2-1は、検証結果を示している。幾つかの情報を1つの図にまとめているため、若干読みづらいところがあるが、経営危機と言われる現段階の農業を取り巻くマクロ的経営環境を正確に理解するうえで有益である。データ期間は「9.11」事件の翌年で景気回復が始まったとされる2002年に遡り、その時から農業生産資材価格と農産物価格がどのように動き、農業経営危機を引き起こした最大要因とされる燃料・資材高においてどの資材がどのような働きをしてきたかを捉えるため、2002～07年までは年度別データ、サブプライム・ローン問題が顕在化した2007年夏場以降は月別データを併用している。

　線グラフの動きと右縦軸の目盛りから読み取れるように、金融危機が顕在化してからの僅か1年間で農業資材総合価格指数は12ポイントも上昇している。この上昇率は実に、1987～2006年期間のそれに匹敵するものである。資材の総合価格指数のため、品目によって異なるのは言うまでもない。2002年以降の6年間において農業資材価格は全体で2割上昇したのに対して、光熱動力は158％、肥料は

図1-2-1 農産物、農業生産資材価格の変化および対前期騰落率の類型別寄与度

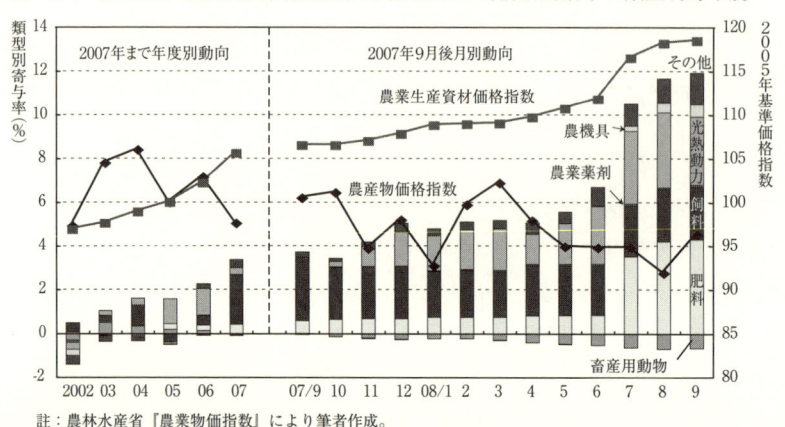

註:農林水産省『農業物価指数』により筆者作成。

154%、飼料は141%の上昇となっており、資材価格全体のそれを大きく上回っている。この3つの資材の価格急騰が農業資材全体の価格水準を押しあげる主要因になっているのである。

この点をより明確な形で示したのは、棒グラフにみる対前年度騰落率の類型別寄与度である。2008年9月までの直近3カ月間の寄与率構成で言えば、資材総合価格指数の上昇に最も影響を与えたのは肥料であり、寄与率が36～38％にも達している。その次は光熱動力費の28～34％、飼料の22～24％が並ぶ。他の資材の動きは無視できるほどである。

注目すべきは、価格騰落率の資材別寄与度変化で示すように資材価格の上昇が時とともに交替的に変化し、津波のように次々と農業経営に押し寄せてきたという点である。金融危機が表面化した2007年夏場以降の期間をみると、第1波は飼料価格の上昇である。2007年9、10月の2ヵ月間の価格高騰分のうち、飼料価格高騰の寄与率は7～8割を占め、この猛烈な動きが2007年全期間の価格変動を規定する要素になっている。図の左側の年度別変化にも見られるように、同年度価格上昇分の69％が飼料価格の上昇によるものである。『全国農業新聞』、『日本農業新聞』とも酪農を大きく取り上げたのは、この第1波の価格衝撃に対する「驚き」であり、飼料高ショックにほかならない。

飼料価格上昇より約3カ月遅れてやってきた第2の波は、急激な原油高による光熱動力価格の高騰である。前節でも若干触れたように、原油価格の上昇は2002

年頃から進行してきたが、2007年後半から急速に上昇ペースをあげ、寄与率を一気に押しあげた。2007年9、10月の価格高騰分において10％も及ばなかった対前月価格上昇分の寄与率は、12月に22％に、2008年1月から7月の間には30～43％まで占めるようになった。施設農家の苦境はこの時期に頂点に達し、マスコミの注目を集めた。

　2008年7月以降の3カ月間では第1波の飼料、第2波の光熱動力に取って代わり、肥料価格の寄与率が最大となり、価格上昇の第3の波となった。この時期の特徴は、肥料、光熱動力費、飼料の同時・継続高騰であり、まさに複合的な価格高騰の様相を呈した、それまでにない最悪の資材価格上昇パターンと言える。燃料・資材高騰分に対する補てんを求めるJAの農政運動がこの時期に頂点に達したのも、そのためである。飼料価格、光熱動力（原油）価格の上昇は表1-2-1に示すように畜産と施設農業を危機的状況に追い込んだというならば、7月以降に始まった肥料価格の急騰は耕種業にどのような影響を与え、この時期の高価な肥料を購入した生産者に対して講じた対策は十分であったかどうかも併せて検証しなければならない。

　また、図示するほどの統計データはまだないが、肥料価格高騰が始まった4ヵ月後の2008年11月にJA全農は、農薬の値上げを実施すると発表した（註4）。JAグループが扱っている約1,600品目の農薬のうち、7割以上に及ぶ約1,200品目の価格を数％から最大で30％値上げするというものである。これまで穏やかな動きであった農薬の値上げは資材価格上昇の第4の波になるかどうかはまだ予見できないが、農業経営費において最も大きなシェア（2007年、約11％）を占める果樹作経営にとってシビアな問題となろう。原油価格はピーク時の3分の1（12月）まで下がってきたが、農業経営の危機的状況がまだ続いている。

　図1-2-1に注目すべきもう1つの点は、資材価格の上昇分が全くと言ってよいほど農産物価格に転嫁できなかった点である。2007年9月以降の期間だけをみると、農業生産資材価格指数は12ポイントも急上昇したのに対して、農産物価格指数は逆に最大で8ポイント（8月）低下している。その結果、農業の交易条件指数は17ポイントも悪化したのである。

　農業交易条件の悪化は1990年代に入ってから絶えず指摘されてきたことであり、特に目新しい問題ではない。例えば、平成14年度食料・農業・農村白書はこの点

を大きく取りあげ、資材の供給に高い市場占有率をもつ農協系統に改革を迫ったことが記憶に新しい（註5）。しかし、今回は一般的に言われてきた農業の交易条件の悪化を遙かに超えるものがあった。1991～2006年の15年間において農業の交易条件指数は22ポイント低下したのに比べて、今回の僅か1年間でそれに迫るほどの悪化の度合いを示したのである。この異常とも言うべき事態は、言うまでもなく、原油・資材価格の異常な急騰と不況が同時進行的に発生したことによるところが大きいが、それだけではない。図1-2-1の破線左側の価格指数の変化から読み取れるように、農業の交易条件の急速な悪化傾向は2004年以降4年間も続いており、金融危機で「突如」として現れたものではない。こうした傾向をもたらし、容認してきた要因として、農産物価格形成のメカニズムやそれを規定する市場、組織、政策のあり方といったより基本的なところにあると考えられる。これらの点を含めて検証しなければならない。

3. 燃料・資材高の影響の再考察

　表1-2-1では、農業経営危機と言われている事態の深刻さを新聞記事を中心に考察したが、ここではさらに、新聞で取り上げなかった経営部門を含めて、農産物への価格転嫁が全く進まなかった原油・資材価格の高騰は標準的な農業経営にどのような影響を与え、あるいは与える可能性があるかを検証してみる。

　試算の前提として、資材価格の高騰分がすべて農家負担になった場合のみを想定する。この想定はむろん、実態そのものとは異なる。次節で述べるように飼料価格の上昇傾向が顕著になった2006年以降多くの対策が実施され、資材価格の高騰分がすべて生産者の負担になったわけではない。問題を単純化し、諸対策を講じなかった場合の影響の大きさを把握することによって対策の効果と問題点をより鮮明にするためである。

　影響の度合いを測る手法として、4つのパラメーターを用意する。

　1つは、農業経営全体への影響を測るための「経営費押し上げ率」である。資材価格の上昇は作物の生産費や農業経営費をどれほど押し上げるかを基準年度水準に対する生産費または経営費の上昇率で測る。危機が顕在化した時に使える農業経営調査として、耕種部門は2007年度、畜産部門は2006年度を基準年度とした。

　2つ目は、「支払実費押し上げ率」である。生産費から自給資材、減価償却費、

表1-2-2 農業経営に及ぼす資材高騰の影響試算

経営形態	対象農家平均規模 （a、頭）	経営費押し上げ率 （％）	支払実費 押し上げ率 （％）	農業所得 押し下げ率 （％）	1戸当たり経営 費増加額 （千円）
稲作	177	6.5	8.6	26.6	94
水田麦作	518	7.1	8.7	15.4	317
露地野菜	179	8.1	9.7	15.8	213
施設野菜	219	9.1	10.5	13.1	507
みかん作	193	11.3	14.2	17.7	338
乳牛	42.7	7.3	12.9	27.4	1,952
去勢若齢肥育牛	48.3	4.7	5.2	31.8	1,943
肥育豚	1,207	10.2	14.0	74.0	4,346

註：1）農林水産省「農業経営統計調査」により筆者試算。
2）農業生産資材価格の上昇率は農林水産省「農業物価調査」2007年9月～2008年9月期間のデータを使っている。
3）作物は2007年度、畜産は2006年度経営収益基準で影響度合を算出。

自家労賃といった現金支出以外の費目を除いたものを支払実費とし、資材価格の上昇がこうした経費をどれほど押し上げるかをみる。現金支出や資金のやり繰りを日常的に行っている農業経営者が燃料・資材高からどれほどの衝撃を受けたかを測るための指標として用いられる。

3つ目は、「農業所得押し下げ率」である。1、2番目の指標でみた農業経営への影響が最終的な経営成果である農業所得にどう響くか（2007年所得の何％に相当するか）を捉える。

4つ目は、影響の大きさを測る補足指標として、経営部門別の標準的な農家の1戸当たり経費増加額を用いる。燃料・資材高の影響の大きさを経営体単位で測るためである。

試算結果は表1-2-2に示す。図1-2-1でみた資材価格の高騰分がすべて農家負担となった場合、耕種部門では農業経営費を6.5％から11.3％まで押し上げることになる。作目別には、表1-2-1で取り上げた酪農や施設野菜（スイカ、イチゴ）よりも、みかん作や肥育豚等経営部門で押し上げ率が大きい。みかん作の場合、価格上昇率が大きかった光熱動力費や肥料費が大きな割合を占めているためである。

畜産部門の場合、事情はやや複雑である。図1-2-1で見たように、試算期間の2007年9月から2008年9月までの間に素畜を含む畜産用動物価格が2割ほど低下している。去勢若齢肥育牛経営のような畜産部門において素畜費の割合は物財費の63％、生産費の59％（2006年全国平均経営実績）を占めているため、同期間において素畜を購入したか否かによって資材価格高騰の影響が大きく違ってくる。そのため、試算では素畜要素を考慮しないことにしたが、その場合、飼料を含む

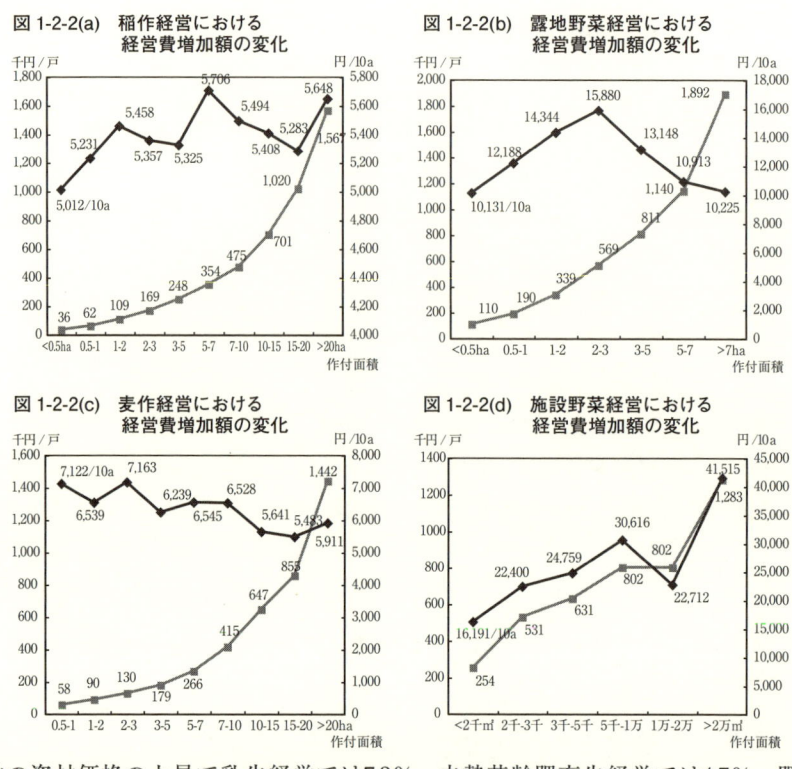

他の資材価格の上昇で乳牛経営では7.3％、去勢若齢肥育牛経営では4.7％、肥育豚経営では10.2％の経営費押し上げ効果を示している。

　日常的現金支出を行わない経営内部資源の費用を除いた支払実費の押し上げ率は、経営費全体のそれに比べて耕種部門は1.4〜2.9％、乳牛経営（部門）は5.6％、肥育牛部門は0.5％、肥育豚部門は3.8％高くなる。

　こうした経営費の上昇によって、農業所得は耕種部門で13〜27％、乳牛経営（部門）で27％、肥育牛部門で32％、肥育豚部門で74％低下する。稲作経営と畜産経営への影響が突出している。肥育豚部門がこれほど低下するのは、そもそも粗収益に占める生産コストの割合が高く、所得率が低いためである。

　経営統計調査対象農家の1戸当たり経営費増加額をみると、稲作経営農家は9万4,000円、その他の耕種部門は、露地野菜の21万円から施設野菜の51万円までとなっている。畜産部門の場合は、1戸当たり経営規模が大きいため、乳牛と肥育牛経営で190数万円、肥育豚経営で435万円の経営費増あるいは所得損失を蒙

第1章　マクロ的危機下における農業経営と政策　31

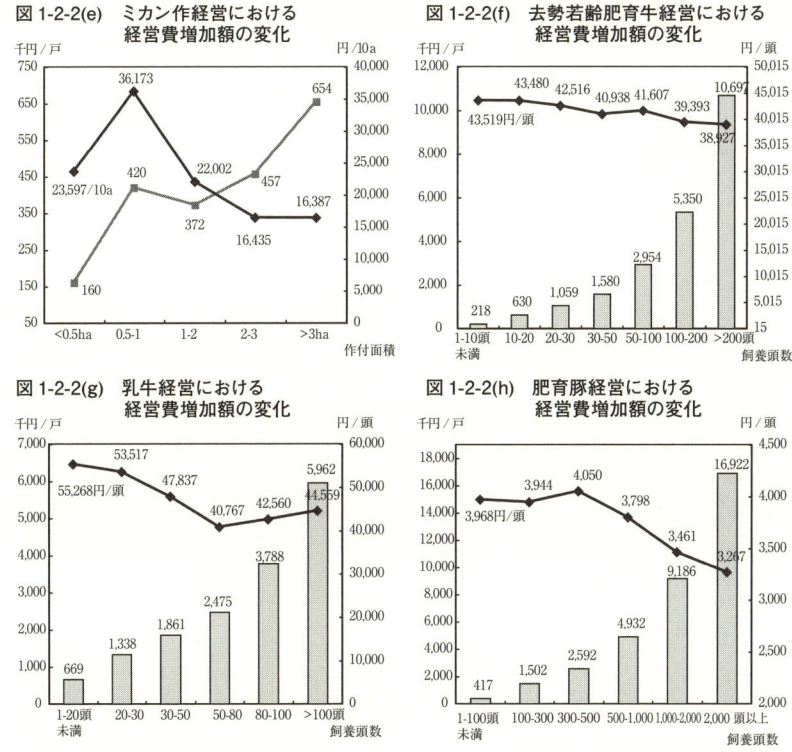

る可能性も示されている。

　同表の試算結果は調査対象農家の平均を表しているのであって、実際においては個々の生産者の資材構成、経営手法、経営規模等の違いによって大きく異なってくるのは言うまでもない。この点を示したのは図1-2-2である。表1-2-2で取り上げた各経営部門の10a当たりまたは家畜1頭当たり費用増加額と、それに規模要素を加えた1戸当たり費用増加額を作付面積または飼養家畜頭数規模別に示している。10a当たりまたは家畜1頭当たり費用増加額の大きさについては、米作と露地野菜は明確な規模間傾向を示さず、施設野菜はむしろ大規模ほど上昇傾向を示している。この3つの作物部門では、原油・資材高に対して規模の経済性が全く働いていないだけでなく、規模の不経済すらみられる。他の5つの作目部門では、経営規模が大きくなるにつれて単位面積または家畜1頭当たり経費増加分が低下し、規模の経済性の働きがほぼ確認される。

　しかし、規模の経済性の働きも、燃料・資材高ショックの強さ、凄まじさに比

べて無力で微弱なものである。1戸当たり費用増加額の変化で明らかなように、経営規模が大きくなるにつれて1戸当たり経営費増加額は急上昇する。言い換えれば、それと同額の所得が食い潰されていく。例えば、稲作経営では0.5ha未満層で1戸当たり経営費増加額あるいは所得損失額は3万6,000円程度であるのに対して、15ha以上層になると100万円を超える損失が発生する。表1-2-2でみた1戸当たり9万4,000円の平均試算結果とはずいぶん違う。畜産部門では、搾乳牛100頭以上経営で約600万円、200頭以上去勢若齢肥育牛経営で約1,000万円、2,000頭以上肥育豚経営で1,500万円以上の損失を蒙る可能性もある。経営規模の大きい層ほど農業への家計依存度が高いため、燃料・資材高による農業経営への衝撃は大きい。制度資金等外部資金の利用が多い施設栽培や畜産経営部門の場合、資材価格の急上昇による農業所得の低下は家計を直撃するだけでなく、資金返済能力の低下を意味するものでもある。表1-2-1でみた現場の苦境はこうした中で生まれたのである。

(註1) 若田部昌澄「『大恐慌に学べ』の虚と実」2008年11月3日付け『日本経済新聞』を参照されたい。
(註2) T.W.シュルツ［1］原著者序文、第2編第6章、第4編第10章を参照されたい。また、同氏［2］（第3部、第20章）においてもこの問題への対策に触れられており、併せて参照されたい。
(註3) 2008年10月10日付け『全国農業新聞』「苦悩する酪農現場〈2〉」により引用。
(註4) 2008年11月29日付け『日本農業新聞』を参照されたい。
(註5) 同白書、pp.78-82を参照されたい。

引用文献
［1］T.W.シュルツ（吉武昌男訳）『不安定経済に於ける農業』群芳園、1949
［2］T.W.シュルツ（川野重任・馬場啓之助監訳）『農業の経済組織』中央公論社、1958

第3節　危機にどう立ち向かうか─農政の課題─

1. 資材高騰対策の概要と成果

急激な燃料・資材高に対して、農政は飼料価格の高騰が顕著になった2006年後

半から段階的な緊急対策を実施してきた。主要対策の概要は**表1-3-1**にまとめているが、3段構えの特徴を示している。

　第1の段階の措置は、既存の経営支援制度の発動である。飼料価格高騰対策がその典型である。円安やトウモロコシ等飼料穀物の価格高騰による配合飼料の価格上昇傾向が顕著になったのは2006年第3四半期であったが、それ以前の漸進的な価格上昇傾向に対して配合飼料価格安定制度に基づく通常補てんが2004年4月から継続的に発動されてきた。2006年後半からの急激な価格高騰に対して、2008年9月まで異常補てんを3回（2007年1～3月期以降3期連続）発動している。2006年～2008年1～3月期までの期間だけで約2,700億円の基金を投入し、異常補てんへの国庫負担金は234億円にのぼる計算となる。**図1-3-1**から計算されるよ

表1-3-1　農業分野における主な資材価格高騰対策の概要

年度	予算措置	税制措置	金融措置
2007年度	●原油価格高騰対策 (1)即効性のある対策（2007年度実施） 　強い農業づくり交付金（340.67億円の内数）：施設園芸における省エネルギー化推進体制整備事業：施設園芸農家が共同で行うハウス被覆の多重化等省エネ取組支援；原油価格高騰対応省エネルギー型農業機械等緊急整備対策：共同利用組織等における省エネ型の農業機械等（水稲直播機、田植機、コンバイン、穀物遠赤外線乾燥機）の導入の支援 (2)2008年度要求による対策（94.53億円+52億円の内数）：①省エネルギー技術・設備の開発・導入の促進；②日本型バイオ燃料生産拡大対策 ●飼料価格高騰対策 ①配合飼料価格安定制度に基づく異常補てん発動（国庫費補てん約190億円）、②追加補てん発動のための予算確保	軽油引取税の免税（軽油）、石炭材の免税（重油、2,040円/kℓ）	農林漁業セーフティネット資金による低利子融資
2008年度	●燃油高騰対策（59.33億円+14.56億円の内数） ①2008年度追加対策（8.33億円+14.56億円の内数）：施設園芸におけるハウス被覆の多重化等省エネ取組（249億円の内数）、施肥低減推進農家グループの省エネ・施肥低減技術導入支援 ②2009年度における要求対策（51億円）：省エネ機械・設備導入、施設園芸技術・流通モデル確立、燃料・肥料節減農家グループ取組支援等 ●肥料高騰対策（22.52億円）：肥料コストを低減する新施肥技術体系への転換や必要な機械施設の整備、そのための実証に対する支援 ●畜産・酪農追加緊急対策（738億円）：①配合飼料価格安定制度の安定運用（450億円）、②政策価格等の期中改定、③経営安定対策の充実・強化		
2008年度 補正予算対策	●燃油・肥料価格高騰対策（618億円）：施設園芸における省エネ機械・設備の整備および施肥低減実証、肥料コストを低減する新施肥技術体系への転換や必要な機械施設の整備に対する支援 ●担い手経営展開支援リース事業（7億円）：省エネ機械等をリースで導入する場合のリース料の一部補助 ●配合飼料価格安定対策事業（85億円）		800億円のスーパーL資金無利子特別融資枠、2年間200億円の農林漁業セーフティネット融資枠

出所：農林水産省関係資料に基づき、林・水産関係を除いて整理したもの。

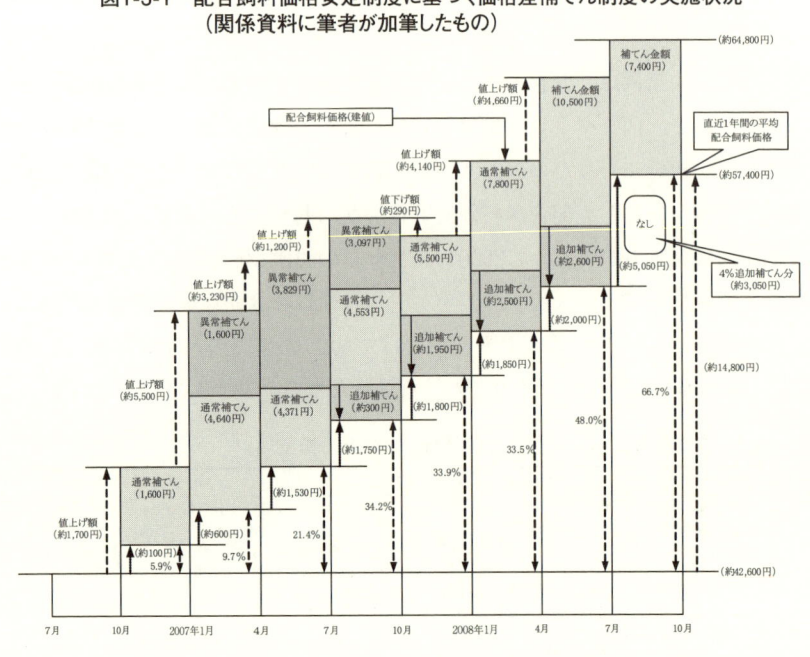

図1-3-1 配合飼料価格安定制度に基づく価格差補てん制度の実施状況
（関係資料に筆者が加筆したもの）

うに、こうした制度の発動は、最大で対前期飼料価格高騰分の９割まで吸収することができ、資材高ショックと不況による農業経営基盤の急速な崩壊を食い止めるために大きな役割を果たしたと言える。

　第２段階の措置は、追加対策である。既存の経営支援制度で対応できない想定外の事態に対する応急対策である。**表1-3-1**に示す2007年度「即効性のある対策」、「飼料価格高騰対策」、2008年度「燃油高騰対策」、「肥料高騰対策」、「畜産・酪農追加緊急対策」のいずれもこれに該当する。後に述べるように、これらの対策のうち政策目標や事業の中味からして、これが果たして「即効性のある」緊急対策と言えるのかと思われるところもあるが、通常の予算や制度装置の発動で十分吸収できなかった危機的要素の衝撃を和らげるために大いに役立った対策があるのも確かである。価格上昇による実質農家負担見込み額（註１）の17％（2007年７〜10月期）〜33％を吸収した配合飼料価格対策の追加補てん制度はもちろん、こうした追加補てんの発動の停止に伴う諸緊急対策もそうであるし、軽・重油の免税措置、低利子融資枠の増設・拡大等の対策も、経営費増加額の抑制や農業経営

資金確保等の面において大きな役割を果たしたし、または果たそうとしている。

　第3段階の措置は、補正予算や次年度への追加的予算要求である。2008年10月に成立した同年度補正予算において1,457億円規模の農林水産対策費が盛り込まれている。そのうち、林業関係対策や本来通常のバイオ燃料対策に含まれるべきと思われる事業を除く782億円分は、農業分野の燃料（627億円）、肥料（70億円）、飼料（85億円）価格高騰対策に充てられている。2009年度概算要求額（原油・肥料・飼料価格高騰対策総額1,402億円）においても、農業関係分野で約140億円の飼料価格高騰関連対策事業と約600億円の原油・肥料対策事業が含まれている（註2）。これらの措置は、価格急騰後の退潮期の資材価格対策として有効に使えば、農業経営現場の危機脱出努力を大いに助けるものになろう。

　通常の予算枠での対応や従来の制度の発動だけでなく、追加対策も追加的緊急対策も補正予算もやらなければならないというのは、言うまでもなく**表1-2-1**の現地ルポや、**表1-2-2**、**図1-2-2**の試算結果で示したように、農業経営はこうした対策を組まなければならないほど危機的状況にあるからである。これらの対策は、畜産や水産といった個別分野で一定の効果をあげたのも周知のことである。畜産分野に限っていうならば、追加対策や追加的緊急対策がなかったならば、補てん基金の枯渇で配合飼料価格安定制度が機能停止に追い込まれたことも考えられよう。

2．対策の限界

　しかし、こういった対策を打ったにもかかわらず、**表1-2-1**でみたように農業経営現場では資材高の苦境から免れることはできなかった。事態はこれだけ深刻であったことを否めるつもりはないが、諸制度の欠陥または諸対策の限界によるものもあったように思われる。関連対策の効果を検証するには一定の経過期間が必要なことから、ここでは、現段階で見えてきた問題点として3つだけを挙げてみよう。

　第1に、既存の価格・経営安定制度の欠陥が露呈したことである。上に述べた配合飼料の価格差補てん制度は1つの典型例と言えよう。**図1-3-1**に示すように、この制度は生産者と配合飼料業者の積立金による「通常補てん」と、異常な価格高騰が発生した時に「通常補てん」を補完するための「異常補てん」（国と配合飼料業者の積立金）から構成されている。この仕組みは今回のような急激な資材

高に対して大きな効果を発揮したものの、限界も露呈している。

　その限界の1つに、通常補てんに加え、異常補てん、追加補てんも発動したにもかかわらず、実質農家負担率が危機の増幅とともに急上昇する点である。同図に見られるように、最初の異常補てんを行った2007年1～3月期の実質農家負担率は10％であったのに対して、4～7月期は21％、7月以降は34％、48％まで急上昇し、追加補てんが停止すれば、67％まで増大する可能性もあった（2008年7～10月期）。対策は打ったものの、畜産現場で悲鳴をあげるほどの苦境（表1-2-1）に陥った理由は、主としてここにある。異常補てん、追加補てんの発動要件や補てん額の妥当性を含めて制度の仕組みを見直す必要があろう。

　もう1つは、価格急騰後の退潮期の価格高止まりに関して対策が欠落している点である。同図に見られるように、2008年7～10月期の飼料価格を基準とした場合、たとえ飼料価格が20％（1万2,960円相当）低下したとしても、異常補てんが発動した2007年1～4月期に比べてなお相当高い水準にある。光熱動力・肥料等他の資材についても同様のことが言えよう。こういう場合の対応策が用意されていないのは、現場の不安を助長している（註3）。

　第2に、緊急対策と言いながら、即効性、緊急性を欠くと思われる事業内容が多く見られる点である。これは燃料・肥料・飼料のすべての対策について言えることだが、燃料・肥料対策においてより顕著に現れている。これらの対策費は、軽油・重油免税措置のように石油燃料購入時に免税分相当の経費負担が軽減される対策を除けば、主として省エネ関連施設・機械整備、資材・技術導入、燃料・肥料施用量低減関連の取組、およびそのための研究開発等に充てられている。

　省エネ農業構造への転換を促していくということは、対策の方向性として決して間違っているとは言えないし、中長期的には重点的に進めねばならない事項とも言える。問題は、燃料や肥料高で所得が大幅に減り、廃業まで考えている生産者にとって果たして救いになるかどうかである。図1-3-1でみた配合飼料価格安定制度に基づく価格差補てんのように価格高騰分の一部を資材購入時に吸収し、経営への直撃を緩和する即効性が欠けているのである。省エネ型農業構造への転換は中長期的な施策として通常の予算措置で対応し、緊急対策、追加緊急対策はあくまで「いまの難局を打開するためにどうすればよいか」の一点に絞って構想・実施されるべきであろう。このようなこともあって、飼料対策以外は全体として

危機打開の緊迫感と迫力を感じさせない事業構成となっており、大きなデメリットと言えよう。

第3に、上記の点とも密接に関係している問題として、多くの生産者が経営難に陥っているにもかかわらず、緊急対策の多くが生産者や農業団体に機械設備・施設・資材等を買わせる性格をもっている点である。2007年度中対応とされる「即効性のある対策」の諸施策はそうであるし、2008年度追加対策や補正予算対策の多くもこのような性格を帯びている。機械設備・施設の整備や資材等の導入促進を基本とする対策は、体化的（embodied）技術進歩を促し、農業の生産基盤や経営体質強化につながる中長期的な農業生産力向上促進効果が見込まれるものの、地方自治体、農業団体、生産者に補助率以外の出資を求める点で、地方財政や生産者の負担増を伴う一面も併せもっている。即効性を要する今回のような緊急事態への対策として果たして妥当かどうか、緊急対策のあり方として検討する必要がある。従来の「買わせ」対策に比べて表1-3-1の対策は、「省エネなどへの構造転換」、「施肥量低減」といったコンセプトを打ち出し評価されるべき点もあるが、生産者側に機械や設備を買わせ、負担増を伴うといった点で緊急性のない通常の予算執行と変わらない。この点を明確にする意味においても、対策の危機打開効果を検証する必要があろう（註4）。

3．求められる農業政策の革新

以上の流れで明らかなように、農業経営危機から脱出するためにはなお多くの政策努力が必要である。差し当たっては、図1-3-1の飼料価格差補てんの仕組みに象徴されるように資材価格の高騰が進行するにつれて農家の負担が増幅するという点と、高騰後の退潮期の価格高止まりに対する無策という点をどう是正するかである。

図1-3-1に示す通常補てんは、「当該四半期の配合飼料価格が直前1年間の平均配合飼料価格を超える場合」、異常補てんは、「当該四半期の輸入原料価格が直前1年間の輸入原料平均価格に115％（2008年6月の追加緊急対策により112.5％に引き下げ）を乗じた価格を超える場合」を発動用件とし、超えた分を限度に補てんする仕組みとなっている。価格が高騰するにつれて生産者の負担が増幅することや退潮期の価格高止まりに対する無策といった制度欠陥は、まさにこの発動要

件に内包している。2つの制度発動用件とも「直前1年間」の平均価格水準を基準にしているため、価格高騰が四半期ごとに急速に進行したとしても、当然、制度発動した四半期の価格水準に「直前1年間」平均価格が加わり、次の四半期にとっての「直前1年間」の平均価格、つまり、補てんのハードルが高くなる。このプロセスが四半期ごと更新するたびに繰り返していくため、制度発動の要件となる直前1年間の平均価格も複利のように上昇し、価格高騰の期間が長く続くほど上昇幅が拡大していく。

つまり、図1-3-1でみた、農家の実質負担率が価格上昇とともに増大していく構図は、①四半期ごとに更新される「直前1年間の輸入原料平均価格」の上昇、②異常補てんの場合に制度的に容認されている12.5〜15％の上昇幅—価格が上昇したとしても、この上昇幅以内ならば発動用件を満たさない—、③四半期ごとに更新される「直前1年間の平均配合飼料価格」の継続上昇、の3つの要因によって必然的に形成される結果なのである。③点目は、①点目でいう輸入原料平均価格のほか、飼料配合に必要な燃料価格、輸入原料平均価格の計算対象に入らない原料価格（註5）、人件費変化等からも影響を受ける。

今度、価格が横ばいまたは下落傾向に転じた場合、たとえ制度発動前に比べてなお高い価格水準にあるにしても、当該四半期の配合飼料価格が直前1年間の平均配合飼料価格を超えなければ通常補てん、当該四半期の輸入原料価格が直前1年間の輸入原料平均価格に112.5を乗じた価格を超えなければ、異常補てんが停止してしまう。退潮期の価格高止まりは、そこから生まれる。

こうした制度的欠陥を是正するための方法として、制度発動の要件となる平均価格の計算基準を「直前1年間」ではなく、「最初の制度発動前の1年間の平均価格水準」に改めれば、上述した2つの欠陥を同時に解消することが可能であろう。数式で示すと以下のようになる。

補てんすべき価格水準＝
（当該四半期の市場価格－制度発動前の1年間の平均価格水準）×補助率

補助率を1とした場合は、資材価格高騰による費用増加分あるいは農業所得損失額の全額を補償することを意味する。危機対策の本質は、危機による農業生産、農業経営の後退を防ぎ、危機発生前の状態に回復させるところにあると考えられるから、資材価格高騰による費用増加分を全額に近い額で補償するのは理想的で

ある。しかし、補てんの財源問題や政策の公平性等難しい問題があり、そうはいかないであろう。農業以外の産業や消費者も何らかの形で原油・資材高の影響を受けるため、政策補償の公平性、または難局打破に向けての努力を国民全体で共有（＝痛み分け）すべきといった社会通念から、補助率（所得損失補てんの割合）をどこまでにするかが政策判断の問題であり、政策理念と実務レベルの両面で検討されるべきである。今回の場合、配合飼料は価格上昇額の52～94％まで（図1-3-1、2008年7月までの期間）、肥料・燃料は費用増加分の7割まで補てんするようになっている。これは果たして妥当な水準なのかどうか、その根拠は何かなどの点を含めて、今後の対策を準備するためにも検討すべき課題である。

　この点については、これまでの経験において参考になるところもある。例えば、2007年に導入された品目横断的経営安定対策における「収入減少影響緩和対策」（略称「収入減少補てん」または「ナラシ」）では、収入減少額（標準的収入－当年産収入）の9割を補てんする仕組みとなっている。2007年以降の肉用牛肥育経営安定対策では、肥育牛1頭当たりの推定所得が基準家族労働費を下回った場合、基準家族労働費と所得の差額の最大8割まで補てんする例もある。これらの実績からすれば、飼料・燃料・肥料への補助率は、「百年に一度の危機」と言われるほど高くはないとみてよいであろう。緊急対策、追加緊急対策というわりに力強さを感じさせない理由の1つは、ここにあるように思われる。

　緊急対策や追加緊急対策の力強さを制約する要因として、1つは財源問題、もう1つは、価格差補てんという一時的対策と、中長期的な政策努力を要する省エネ、省資源生産構造への転換や機械・設備の整備・更新による生産基盤強化対策との関係をどう扱うかという問題がある。1点目の財源問題については、総額738億円の畜産・酪農追加緊急対策を決定した閣議後（2008年6月13日、農林水産省配信）の若林農林水産大臣の記者会見の中で、検討作業が「大変きつい作業であった」という表現にも現れている。若干引用してみよう。

　「まず、何といっても配合飼料の価格安定制度を維持していかなければなりません。しかし積立金が枯渇しておりますから、特例の措置として異常補填基金の発動基準を引き下げまして、そこで通常補填基金からの補填の軽減を行って、そして通常補填基金に対する補填財源の貸し付けを行うということにしたわけでございます。」

「同時に通常補塡における4％追加補塡の頭打ちがあったわけですが、これが維持できないという判断で4％の追加補塡の停止をすることにしたわけでございまして、それに伴って生産者側の飼料代負担が重くなるということになりますから、加工原料乳生産者補給金単価などの政策価格については、…年度途中で改定を行うということにしたわけでございます。」

対策検討過程で最も苦労したのが、財源確保の問題である。限られた財源で資材価格の補てんもしなければ、不況下の経営安定を図るべく加工原料乳等政策価格の途中改定にも使わねばならないし、さらには、省エネ、省資源生産構造への転換や生産基盤強化にも目を配らねばならないというわけである。

こういった個々の対策をきちんとやることはもちろん大事なことであり、問題点を1つ1つクリアしていくための財源を工面する苦労も想像し難いことでもない。が、一旦立ち止まって考える必要はないか。こうした苦労のうち、かつてない危機に遭遇したことによる分、つまり、やむを得ない部分があったことを否めないが、その前に、現在の農業財政規模からしてこうした苦労は必然的なものでなければならないかという問題があり、こうした「大変きつい作業」や苦労を繰り返し経験しないためにどうすればよいかという点も併せて考えねばならない。第1節から繰り返し述べてきたように、いま直面している危機は「突如」として現れた出来事ではないし、今後もう2度と発生しないとの保証もない。危機は危機である故に何時か過ぎ去るであろうが、危機を作り出した不安定要素が危機とともに過ぎ去るものではない。あれこれ苦労して一時しのぎの対策ができたことに安堵するのではなく、商品市場の動きや景気変動から影響を受けることがあってもそれに翻弄されず、農業者が安心して農業経営に従事できるような政策や制度の仕組みをどう構築していくか、今回の危機や緊急対策編成作業で経験したことを教訓に問わねばならない。

この点を明確にするために、若干の数値を挙げてみよう。2008年度一般会計の農林水産予算額は2兆6,370億円である。これに追加予算（最大で1,500億円）、補正予算1,457億円、さらには総務、経済産業、国土交通、環境等関係省庁の関連予算を加えると3兆円くらいの規模にはなる。国費補助事業を行う際にほぼ同額の地方予算が要求されることから、これらの費用や自治体の単独事業をも考慮に入れれば、大まかな勘定ではあるが、年間5～6兆円の公的資金が農林水産業に

表1-3-2 農業バランスシート：農業経営を安定させるための算術

農業投入の部		農業産出の部	
1. 一般会計農業予算総額	2.6兆円	1. 農業総産出額	8.3兆円
＋追加予算		2. 農業総生産	4.7兆円
＋補正予算		林業総生産	0.5兆円
小計	約3兆円	水産業総生産	0.8兆円
2. 地方出資	≒国庫事業費	小計	6兆円弱
＋総務＋経済産業			
＋国土交通＋環境関連			
小計	2～3兆円		
3. 国・地方財政投入合計	5～6兆円		
参考：			
販売農家1戸当たり（万円）	286		
基幹的農業従事者1人当たり（万円）	254		
耕地面積1ha当たり（万円）	108		

註：参考欄数値は以下のように試算したものである。
　①農業投入における農業関係推計額＝農業予算総額×0.78（2004～05年経験値）≒4.7兆円
　②農家戸数は2008年度概数値、耕地面積は2007年度値を使用。

投入される計算になる（註6）。

　この金額の意味は**表1-3-2**のバランスシートに示している。危機発生前の2007年度統計によると、農業から産出される1年間の農業総産出額は約8兆3,000億円である。この産出額から中間投入を除くと、つまり通常でいう農林水産総生産は6兆円弱である。また、農業総産出額から物財などの実費を差し引いた、いわば農業の付加価値に当たる生産農業所得は3兆1,103億円になる。これらの産出関係数値を左の農業支出関係数値と照らし合わせてみると、1つの事実が見えてくる。つまり、農業への資金投入はほぼすべての商品農産物（≒農林水産総生産）を買い取れるくらいの規模に達していること、または、資材投入を含む1年間の実費支出（農業総産出額－生産農業所得＝5.2兆円）を農家に肩代わりして全額負担できるくらいの規模になっていることである。言い換えれば、国家予算と地方財源分の合計で農林水産業生産活動（＝農林水産業への投入）か商品農林水産物を丸ごと買い取ることができるということである。

　これほど高い水準の農業財政力をもっていても、農業経営がなお危機的状況になるというのは、どう考えても理に合わないところがある。大金をもって賢い方法でやっているはずなのに、農業は一向によくならないか、ますます厳しい状況に追い込まれている。それどころか、緊急対策のための予算編成すら「きつい作業」といわれるほどままならない。これは急激な原油・資材高や金融危機などの外部ショックによるところが大きかったとは言え、農業を丸ごと買えるくらいの大金の使い方にも問題があると考えるのは一定の合理性があろう。

予算項目の構成が大きく変わった2000年以降の農林水産予算は、主として公共事業費、一般事業費、食料安定供給事業費の3つの分野に分かれている。2008年度概算では、それぞれ概算決定額の42％、25％、33％を占める。この仕組みのどこがまずいのか、今回の危機を経験しただけで言えない部分もあるが、上述したようにこの仕組みの下で農業が一向によくならないし、危機打開のための緊急対策を組むことすらままならないことだけは確かであろう。状況がよくならないような仕組みは変えるしかない。どう変えればよいかは検証作業を要し、基本的に農業財政の専門家に任せるべき問題だと思われるが、第2節でみた農業経営現場の実態や緊急対策の経験から若干見えてきたものもある。3点だけ挙げてみよう。

　1つは、従来型の公共事業を思い切って省エネ・省資源型生産構造と環境保全を含む「農業ストック形成と保全」へ変えてはどうかということである。今回の農業経営危機を引き起こした主要因の1つである燃料・肥料等資材高は主として石油価格の高騰によるものである。多くの畜産農家を廃業にまで追い込んだ飼料高も、食用農産物からバイオエタノール用原料へのシフトというエネルギー事情によるところが大きく、原油市場の動きと連動しているように見られている。こうした原油市場の不安定性やそれに伴って派生する食料・生産資材等資源市場の不安定は今後とも繰り返す可能性が高いと考えられ、その影響を受けることがあっても翻弄されないための仕組みづくりに着手すべきであろう。そのためには、今回の緊急対策や追加緊急対策において打ち出した省エネ・省資源型生産構造への転換を一時的な危機対策ではなく、農林水産業や農村整備の方向として通常の農業予算における位置付けを定着させ、農業政策の革新を図るべきであろう。

　その際に、2000年以降援用されてきた農業予算の項目構成や仕組みを再度点検し、リセットする必要があると考える。緊急対策や追加緊急対策に含まれる省エネ・省石油型農業機械・園芸設備の整備、そのための技術開発・モデル実験、トリジェネレーションシステムや農村小水力発電等を活かした、石油に頼らない集出荷施設、輸送体制の整備をはじめとする脱石油型生産・流通体制の構築、水力発電・家畜排せつ物・未利用農畜産物・木質資源を活かしたバイオ燃料生産の拡大などは、既存の公共事業と食料安定供給事業の垣根を超え、両方に跨る性格をもっている。もう少し長いスパンで見れば、これらの対策に掲げられたもののほか、省エネ・長寿農用建物・農村住宅づくり、省エネ農産物輸送・物流システム

整備、自治体・農業団体や家庭用エネルギーにおける代替エネルギーへの転換といった省エネ・省資源型農村インフラ整備等も含めて考える必要があろう。こういった点から、インフラ整備を担う現在の公共事業と食料安定供給事業における生産条件整備事業を「農業ストック形成と保全」という形に統合し、省エネ・省資源の生産構造と低炭素排出型農村社会の形成を図っていくべきであろう。何となく公共事業が必要だから毎年一定の枠をもって予算編成を行うよりも、現有の農業固定資産、つまり農業・農村インフラをベースにその維持保全や省エネ構造への転換のために必要な予算を確保する農業財政仕組みを確立するのである。

　2006年「農業・食料関連産業の経済計算」によれば、1年間の農業総資本形成額は2兆4,426億円である。この「農業総資本形成」とは、「農業再生産のため既存の固定資本に付加される価値額を表すもの」で、圃場整備、かん排水、農用地造成等を含む土地改良、農用建物、農機具、果樹・茶・桑等の成長分や乳用牛等の成長分を含む資産植物、資産動物のすべてをカバーするものである。現有の資産を目減りさせないことを前提にその維持保全や省エネ・省資源構造への転換を図るとすれば、これくらいの財源を継続的に確保する必要がある。そして、これまでのように国庫補助率を2分の1程度と想定すれば、通常予算で1兆2,000億円強（＝2兆4,426億円÷2）、2008年度公共事業費を1,000億円程度上回る財政規模となる。時代の変化に合わせた予算規模の再検討や実務的に配慮しなければならない点も多々あるように思われるが、大枠としてこれくらいの規模で予算を組めば、農業生産力の維持向上、農業ストックの形成保全、環境保全の3つの目的がほぼ同時に達成できると考える。

　2つ目は、農業予算における直接所得支払いの割合を増やしてはどうかということである。今回の緊急対策、追加緊急対策において即効性、緊急性に欠けた省エネ生産構造への転換と称する農業機械・園芸施設の購入奨励やバイオ燃料の生産拡大のための施設整備に多くの財源を充てた理由の1つに、「農林漁業者の経営体質の強化」を挙げている。この文言は、2007年度追加対策、2008年度概算要求、2008年度補正予算、2009年度概算要求のすべてに盛り込まれており、2008年度補正予算の約1カ月後に決定した2009年度概算要求の「農林水産分野における原油・肥料・飼料価格高騰対策」（最大枠1,402億円）においても、対策のポイントとして「原油価格の高騰に対応した省エネなどの構造転換対策や、効率的な施

肥体系の導入、安定的な飼料供給の確保など、きめ細かな対策を一体的に講じ、農林漁業者の経営体質の強化を推進します。」と述べている。

　省エネへの構造転換により農業生産基盤や農林漁業者の経営体質強化を図ることはもちろん必要なことで、1点目でも述べたように「農業ストック形成と保全」という中長期的な視点をもったコンセプトの中で確実に進めていかねばならない。しかし、農林漁業者の経営体質の強化はこういったストックの整備だけで図れるものではなく、上述した資材価格上昇分への財政補てんや、不況・農産物市場の不安定による農業所得低下を補正するなど、フローの面として農業経営を安定させるための措置も必要不可欠である。

　直接所得支払いは、近年、農政の流行語になっており、新しい農政の流れと見られるようになっているが、不況期の対策として農業者への補償支払い（compensatory payments）または所得支払い（income payments）が極めて有効であることを、T. W. シュルツは60数年前（1944年）から幾度となく指摘したことである（註7）。そのメリットとして、

　①不況の影響を軽減する「反周期的効果を持っている」こと、

　②市場価格に影響を与えず「国内取引も海外貿易も妨害しない」こと、

　③「農産物の有効的相対価格を不況の結果として歪められることから保つ」ため「農業生産を妨害しない」こと、

　④不況によってもたらされる安価な食料を手にする消費者利益を損ねることなく、不況における生活保護の役割を果たすこと

などを挙げている。9年後に公表された著書『農業の経済組織』の中でもほぼ同様の考えを示しており、その有効性を一貫して確信しているように思われる。不況という条件限定を外せば、現在欧米諸国で導入されている直接所得支払いとは、それほど違わないとみてよいであろう。

　2007年から導入された水田・畑作経営所得安定政策、米政策改革、農地・水・環境保全向上対策（一括して「農政改革3対策」と呼ばれているが、水田・畑作経営所得安定政策は品目横断的経営安定対策ともいう）は、直接所得支払いの部分もかなり含まれているが、基本的により明快な直接所得支払い政策へと再編すべきと考える。現在のままでは、政策効果が曖昧で執行の際に苦労も多く、不公平な交付金配分の懸念すらある産地づくり交付金のようなわけの分からない対策

は早急に廃止すべきである。従来でいう構造政策に相当する農地流動化対策、担い手対策、集落営農対策なども基本的に直接所得支払いに統合すべきである。直接所得支払いの条件、支払い額の算定方法をきちんと工夫すれば、これらの対策の役割を十分カバーできると思われるからである。これらの対策に関する予算項目や価格対策の一部も直接所得支払いを中心に編成すれば、直接所得支払いに必要な財源の確保は予算編成における重要な軸の１つになる。

「農政改革３対策」の実施によって直接所得支払いの意義が非常に大きくなっていることは、2007年度「農業経営統計調査」によりほぼ明らかになっている。同年度においてこの３対策に充てた予算総額は3,477億円と見積もられる（註８）。これくらいの予算規模が水田農業にとってどのような意味をもつかを示したのが**表1-3-3**である。同表で明らかなように、主要水田作において「共済・補助金等受取額」はすでに平均的な稲作経営所得の54％、麦・豆類作経営所得の２倍を超える水準に達している。つまり、稲作経営における農業所得の半分、麦作・豆類作の全農業所得が、各種の国庫投入によって賄われるようになったのである。他の作物収支を除いた麦作部門と豆類作部門では、共済・補助金受取額対農業所得比は100％を超えており、所得だけでなく経営費の一部までカバーするようになっている。その結果、共済・補助金受取額対農業経営費比は１〜２ha以上規模層で経営費の８割以上、最大で148％までになっている。いま問題になっている「過剰作付け」問題の真因は主としてここにあると思われるが、これらの施策が農業生産力の維持向上に極めて有効であることの証左でもある。

「農政改革３対策」のうち、「品目横断的経営安定対策」を除けば直接所得支払い政策とは言えない。今後、産地づくり交付金や農地・水・環境保全向上対策、中山間対策等を整理統合し、水田・畑作だけでなく、果樹や畜産部門を含めて直接所得支払いを軸とした対策へ移行した方が農業の安定発展に寄与すると考える。仮に農業所得の半分を直接所得支払いで賄うとした場合、2006年の生産農業所得をベースとすれば、直接所得支払いに必要な財政規模（国費と地方負担の合計）は約１兆4,000億円になる（註９）。この場合の国庫対地方負担比がどうあるべきかという財源問題もあるが、上記の「農業ストック形成と保全」に必要な２兆4,426億円と合わせて約３兆8,000億円（国庫＋地方）となるから、**表1-3-2**で見た現在の農業財政投入水準からすれば不可能な額ではない（註10）。

表1-3-3 「共済・補助金等受取金」対農業所得および経営費の割合（％）

	水田作平均		稲作経営		稲作部門		麦作経営		麦作部門		豆類作経営		豆類作部門	
	対所得	対経営費	対所得	対経営費	対所得	対経営費	対所得	対経営費	対所得	対経営費	対所得	対経営費	対所得	対経営費
全体	40.7	24.0	54.4	13.4	35.3	7.4	108.8	50.3	194.1	81.2	109.0	49.3	127.8	91.9
<0.5ha	-24.8	4.4	-25.0	4.4	-27.9	4.1	-	-	325.0	15.9	-30.9	6.4	45.0	27.1
0.5-1	166.7	6.1	219.2	5.8	97.6	5.1	-566.7	21.0	-270.5	37.2	95.2	22.9	104.9	70.4
1-2	34.0	9.4	35.3	9.5	30.9	6.7	241.3	31.0	188.2	78.9	52.0	28.7	105.9	102.0
2-3	21.8	11.8	22.6	11.8	19.8	10.4	101.5	40.9	169.6	89.3	60.7	27.6	102.7	147.8
3-5	28.2	14.2	28.1	14.0	23.0	10.0	88.6	47.5	187.4	87.9	124.3	46.1	158.4	80.6
5-7	37.6	19.0	39.0	19.7	25.0	10.9	91.0	48.5	185.5	95.6	75.1	52.0	142.4	111.4
7-10	59.6	27.2	55.0	25.8	27.0	11.0	121.7	43.5	127.4	91.6	95.6	50.4	157.0	98.6
10-15	54.8	28.3	50.9	26.3	23.3	13.0	90.9	56.2	205.3	92.7	119.2	54.4	140.9	80.0
15-20	84.0	42.6	82.6	41.7	40.2	12.8	90.8	59.8	198.4	98.3	109.7	63.1	131.4	131.4
>20ha	87.8	40.7	84.2	38.9	26.1	9.9	122.9	56.9	397.6	58.9	136.3	55.3	148.4	59.4

註：2007年度「農業経営統計調査」に基づき筆者整理。

表1-3-4 農業財投バランスシート：改革試案

単位：億円

現在の農業予算仕組み（予算ベース）		目指すべき枠組み（支出ベース）	
1．公共事業費	11,074	1．農業ストックの形成と保全	25,000
一般公共事業費	10,882	農業ストックの形成と環境保全	23,800
災害復旧等	193	農業技術開発・普及	1,200
2．非公共事業費	15,296	2．農業者直接所得支払い	14,000
一般事業費	6,714	3．農業救済・年金事業費	
食料安定供給事業費	8,582	年金・共済事業費	
一般会計農林水産予算計	26,370	災害復旧・特別補助	25,000
		4．その他	
3．農業支出合計試算額	約50,000	5．農業支出合計試算額	約50,000

註：1）農業予算額は2008年度概算決定額を使用。農業支出規模は農林水産省以外省庁分を除く表1-3-2による。
　　2）直接所得支払い額の算出については、本文や註の説明参照。
　　3）その他は本文参照。

　上記の点とも関連する3つ目の軸として、農業者年金・農業救済制度の充実を図ってはどうかということである。農業者年金や各種の農業共済にかかわる支出はこれに含まれ、2008年度予算では約2,245億円規模となっている（農業者年金関係1,275億円、農業共済関係970億円）。近年、農業共済関係予算は減額傾向にあるが、一部の価格安定制度や収入補てん等対策との整理統合を含めてむしろ充実すべきである。目的は各種の自然災害から生じる農業所得の不安定性を補正し、直接所得支払い制度とともに農業者の暮らしを支え、安定させる。

　以上に述べたことをまとめると、表1-3-4になる。あくまで試案であるが、目指すべき方向と考えている。左側は現在の農業予算または農業政策の仕組みを示し、右側は今後の方向性としての農業財投（中央、地方合計）の枠組みを提示している。右の仕組みのメリットは、コンセプトや資金使途がはっきりしている点にある。事業目的で収支編成を行うよりも、省エネ・省資源構造への転換を含む

第1章　マクロ的危機下における農業経営と政策　47

農業生産力維持向上と環境保全、努力すればするほど収入が入ってくる安心感を農業者にもたせる直接所得支払い、農業と農業者の暮らしの安定性を高める農業者年金と農業救済制度の充実の3つの用途目的に必要なだけの財源(国費と地方)を組み、執行し、残額が発生した場合に次年度に流用するか返納すればよい。こうすれば予算消化のための余分な道路づくりやダム建設、不要な機器・設備・資材等の購入といった無駄を省くことも可能となろう。

(註1) 筆者の造語であるが、実質農家負担額に追加補てん分を加えた金額であり、こうした追加的緊急対策がない場合に生産者が負担しなければならない費用増分を指す。
(註2) 概算要求総額から林業 (136億円事業枠)、漁業 (365億円枠)、および関連バイオマス関連 (164億円枠) を除いて算出した。
(註3) 飼料ではないが、農林水産省は施設園芸用燃油の価格高騰に対する補てんの概算払いを原油価格の下落によって見合わせる考えを示したことを、2008年12月13日付け『日本農業新聞』が報道している。飼料補てん対策も同様の見直しになるか、注目したいところである。
(註4) 2009年の衆議院選挙によって自民党政権から民主党中心の連立政権へ変わったことや、その後の事業仕分け等大きな政策転換によって一部の対策は事実上実施されなくなかったため、対策全体の検証は不可能になった。しかし、すでに実施完了した対策だけでも、検証する意味があると思われる。
(註5) 「輸入原料価格」とは、とうもろこし、こうりゃん、大豆油粕、大麦、小麦、およびふすまの6品目の価格を指す。配合飼料によく使われる魚粕や微量成分等は対象に入っていない。
(註6) この点について岩本 [1] は、「2000年には、国の一般会計だけでも農業総生産額の60%、地方政府の農業財政支出を加えれば農業総生産額を上回る規模の財政が農業部門に対して投入されていくことになる」(p.231) と指摘している。この文脈と、本文以下に示す農林水産総産出の規模 (2007年、6兆円弱) からしても、農業への財政投入 (中央、地方合計) は5～6兆円規模になる。
(註7) 補償支払い (Compensatory payments) は1945年に公刊された著書 [2] の中で包括的に書かれているが、初出は、1944年に発表された論文「Two Conditions Necessary for Economic Progress in Agriculture」(*Canadian Journal of Economics and Political Science*, Vol.10, No.3) である。所得支払い (income payments) は1953年に公刊された著作 [3] の中で使った表現であり、注記25 (p.461) に記しているように、この「言葉を使う文献が多くなったので、この点については譲るものである」だけのことであって、著者としては初出と同じ意味で使われていると考える。

(註8) 3対策の初期予算合計額は約3,629億円である。そのうち、「農地・水・環境保全向上対策」関連費は303億円を占め、その半分を水田農業に計上すれば、水田作への正味補助金投入は3,477億円になる。
　　　また、同年度補正予算で「水田・畑作経営所得安定対策」に799億円を追加したが、補正予算の執行時期からして、同表の受取額に含まれないと考える。
(註9) 計算方法は次の通りである。米の3割、野菜の2割を自給や縁故用と想定すると、2006年度農業総産出額に占める非商品農産物の割合が11.5％（[82,900億円－（米18,146億円×0.3＋野菜20,574億円×0.2）]÷82,900億円）、つまり、商品農産物率が88.5％と計算される。これを生産農業所得（3兆1,103億円）に乗じた結果を2で割ると約1兆4,000億円（31,103×88.5％ ×1/2＝13,763億円）になる。1/2は農業所得に対する直接支払いの割合である。
(註10) 不況から脱出するための所得支払いの困難性について、シュルツ［3］は、誰にどれだけの額を支払うかを決めるルールをどう作るかということと、特定の目的だけに限定することは難しいということを挙げている。最大の困難は恐らく、農業とのかかわり方（専業、兼業の度合い）、生産規模、作物構成、商品作物生産の割合等が異なる多数の農業生産者に公平な支払い基準を作れるかどうかということと、その実行によって価格支持等と違った形で農産物市場に影響を与える可能性があるかどうかということだと考える。農家の経営や家計にかかわる極めて重要な問題なので、実務レベルで周到な詰めが必要と考える。

引用文献
［1］岩本純明「日本農業・農政の歴史的経験と今後の展望」日本農業経済学会・中国農業経済学会・日本学術会議農業経済学研究連絡委員会『日中農業経済学会学術交流協定締結記念　日中共同シンポジウム報告要旨』2005、pp.223-236
［2］T.W.シュルツ（吉武昌男訳）『不安定経済に於ける農業』群芳園、1949
［3］T.W.シュルツ（川野重任・馬場啓之助監訳）『農業の経済組織』中央公論社、1958

第4節　危機にどう立ち向かうか―地域農業の課題―

　原油・資材高や不況に踊らされることなく、農業経営をより安定性の高いものにしていくためには、政府の対策だけでは不十分である。燃料・資材高騰分を生産物価格に転嫁できる仕組みづくりや、地域段階での収益条件の創出も同時に図らねばならない。前者は関連業界との合意づくりが前提であり、農業協同組合（以下、JAグループ）の果たすべき役割が大きいと考えるが、後者はいわゆる産地づくりと密接にかかわっている。ここでいう産地づくりとは、産地づくり一般で

はなく、不況による低価格志向への回帰や原油・資材の価格高騰に対応したローカルマーケットの創出と経費節減の2点を中心に考えてみたい。良質で安全な食料を適正な価格で安定的に供給するための産地づくりのあり方も、食料または地域問題の基本として検討しなければならないが、次章の課題にしよう。

1．価格転嫁のための仕組みづくり

　2007年頃から、食品の小売価格は消費者が悲鳴をあげるほど急上昇してきたのに対し、図1-2-1で見たように農産物価格は逆に低下傾向を辿ってきた。燃料・資材の高騰分を農産物価格に転嫁できなかったからである。農業の交易条件の急激な悪化によって収益条件が崩れたことは、今回の農業経営危機を招いた本質的要因であることを第2節で述べた通りである。

　燃料・資材高に伴う生産コストの上昇分は、農業者の経営努力と無関係な外的ショックによるものであり、その負担も農業者だけではなく、関連業界を含めて消費者に至るまで国民経済全体に求めねばならない。この問題は、所得分配にかかわる側面と、関連業界の構造や取引慣行にかかわる側面があり、政府、行政、関係団体が連携して取り組まねばならないが、その中で、JAグループの役割をどう考えるかが1つの課題である。今回の危機を教訓に、農産物流通の一翼を担うJAグループは価格転嫁のための仕組みづくりを含めて、農産物市場のルールづくりや農産物価格形成において農業団体、より正確に言えば農業生産者と市場・消費者を結ぶ経済団体としての役割をどう発揮するかについて、再考しなければならない。

　卸売業者、食品メーカー、商社との価格交渉はほとんどの場合、長年にわたって沿用されてきた取引慣行や期間契約等に基づいて行われており、これらの「ルール」を無視して一方的な値上げ要求を押し付けるわけにはいかない。しかしこれらの取引慣行や決まりの多くは平常時の取引を前提にしており、今回のような異常事態を想定して形成されたものではない。尋常でない今回のような急激な燃料・資材高が発生した場合、安定的な取引関係を継続していくためにも、JAグループは圧力団体として政府に経営支援を求める農政運動を展開するだけでなく、卸売業者、大手食品メーカーや商社等関連業界に対して合理的かつ積極的な価格交渉を行い、食料生産基盤を守る立場にある経済団体としての役割を果たさねば

ならない。農政において通常の予算執行のような平常時対策と、前節で述べた緊急対策、追加緊急対策のような異常事態への対策とがあるのと同じように、取引条件や価格の改定等業界ルールも、平常時と非常時に分けて構築すべきである。こうしたルールづくりにおいてJAグループは、今回の危機経験を活かしてしかるべき役割を果たさねばならないのである。

　今回のような異常事態の中で価格転嫁ができるかどうかによって経営状況が大きく変わることは、幾つかの事例によって示されている。2008年1～9月期や4～9月期決算によれば、食品大手26社のうちの17社が連結営業増益になっている（註1）。増益、減益に分かれた最大の理由は、原料上昇分の製品価格転嫁ができたかどうかにあるとされる。日清製粉グループ本社、日本製粉、昭和産業、日清オイリオグループ、J-オイルミルズ、ハウス食品（註2）等は、原料高騰分を下回らない値上げを実施したことで19～178％の利益を挙げたのに対して、価格転嫁が全くできなかった味の素、カゴメ、価格転嫁が不十分だったキッコーマン、明治製菓等は14～65％の減益となっている。

　素材産業も同様である。2008年4～9月期決算や2009年3月期の業績予想で、原燃料価格の高騰分を製品に転嫁できた製紙・鉄鋼メーカーは堅調な業績を示したのに対して、価格転嫁が進まなかった化学、非鉄金属、セメントは軒並み減益となっている（註3）。値上げ浸透度の違いで明暗が分かれたのである。

　10月16日に関東生乳販売農業協同組合連合会と大手乳業メーカー3社（日本ミルクコミュニティ、明治乳業、森永乳業）とで生乳kg当たり10円程度の値上げに合意できたことは注目に値する。通常は年間同一取引価格で、取引条件の改定は新年度に入る2カ月前に生乳生産者側から申し入れ、合意に達するまで変更できないとされるが、同連合会の粘り強い交渉により、「異例の期中改定」（註4）となった。3社を含む大手乳業メーカーが数回にわたって製品の値上げを実施し、原料高騰分の価格転嫁を図ってきた経緯からすれば、この価格改定は果たして「異例」とまで言わねばならないかと思うところもあるが、今回の農業経営危機における初めての値上げ交渉による価格改定として、農協グループがしかるべき仕事をしたといってよいであろう。

　kg当たり10円程度の値上げが酪農経営にとってどのような意味をもつかは、農業経営調査の結果を用いてみることができる。2006年度乳牛経営では、搾乳牛

通年換算1頭当たり牛乳生産量（3.5％乳脂成分換算）は9,055kg、kg当たり単価は71.5円であった。対して、第1次生産費から家族労働費を差し引いた実費、つまり、1頭当たり経営費は約46万9,000円であった。この収支構成の下で、kg当たり10円の値上げは搾乳牛1頭当たり約9万円の収入増大効果、または36％の所得向上効果をもたらすことになる。これは、経営費を19％削減するに等しく、あるいは飼料・燃料代（光熱水料及び動力費）を28％値引きした場合、もしくは14％の乳価補てんを実施した場合に相当するものである。農業経営を安定させるために合理的な価格交渉が如何に重要かを示した好例と言える。

　このような価格交渉は他の農産物分野や資材分野においても進めるべきであろう。デフレ経済と言われながら、農業生産資材だけが10数年間にわたって上昇傾向にあること（図1-2-1）は、どう見ても正常な状況ではない。JAグループは、農家への経営支援を求める農政運動において前節で述べた各種の緊急対策や追加緊急対策を成立に導くなど、組織力を強く発揮したのに対して、資材高の価格転嫁を含む広域流通対策の面においては、ここに挙げた生乳価格改定の一件を除けば目に見えるほどのことはほとんどなかった。原油価格高騰で関連業界も大きな痛手を受けており、値上げ交渉は進みにくい状況にあったとはいえ、関連業界が相次ぎ製品の値上げを発表する中で農産物価格だけ下がり続けるというのは、やはり異常とみるべきであろう。こうした異常な価格傾向から不利益を被るのは、言うまでもなく生産者や農業団体であるが、それだけにとどまらないのも留意すべきであろう。第2節で述べたように、急激な原油・資材高は生産者を経営断念に追い込む、いわば農業生産基盤破壊的な性格をもっている。その影響が次には、食料供給の不安定や価格上昇といった形で消費者に不利益をもたらし、そのための代償を払わねばならない可能性もあるからである。

　したがって、価格交渉は誰かの勝ち負けのためではなく、異常事態による食料生産基盤の破壊やそれに伴う消費者の不利益を最小に食い止めるための、農業団体と関係業界の連携プレーとみるべきである。また、価格交渉の結果そのものに満足するか否かだけでなく、生産者、関連業界、消費者等関係者間で合理的なリスク分散のあり方をどうすべきかを含めて、ともに模索し、より安定的で持続可能な取引関係の確立と協調性ある社会の構築を目指して努力すべきである。今回の危機を経験に、JAグループはこうした視点から価格交渉のあり方、進め方を

用意検討すべきであろう。

2．ローカルマーケットの創出

　しかし、卸売を軸とした広域流通対策だけで農産物の価格安定や収入確保を図ることはもはや困難であり、2点目で言う地域段階での収益創出、とりわけローカルマーケットの創出も必要不可欠である。

　この点については注目すべき事実がある。農産物の市場流通シェアの低下である。農林水産省によれば、農産物の卸売市場経由率は青果は1990年代初期の約8割から2003年には7割、水産物は同7割から6割まで低下してきている（註5）。米の農協集荷率も都市的農業地域を中心に傾向的に低下してきていることから、これを加えた農産物全体における市場流通の割合はさらに低いと考えられる。こうした傾向とは対照的に、直売や産直、契約栽培等市場外流通の割合が年々高まってきている。

　この傾向の意味するところは明白である。農産物の価格形成において市場流通は依然として重要な役割を担っているものの、生産物の種類や地域によってはそれがもはや絶対的な優位性をもった流通形態でない、ということである。農産物価格と農業収入の安定確保を図るためには、農産物流通量の約4割を占め、なおかつ増大しつつある市場外流通、とりわけ地域を足場とするローカルマーケットの開拓に力を入れなければならない。生産者と消費者を結ぶ各種の直売施設の開設、地元を含む食品メーカー・消費者団体・卸売業者・量販店等小売業者との産消提携、契約栽培、各種の産直などはこれに該当するが、大型直売施設としてよく知られている愛媛県内子町の「内子町フレッシュパークからり」、今治市の「さいさいきてや」、福岡県前原市の「伊都菜彩」の取組は好例となる（表1-4-1）。

　「内子町フレッシュパークからり」は1996年に操業した第3セクターで、大型直売施設の先駆的な存在の1つである。その取組はすでに多くの研究者や行政、マスコミに注目され、多数報道されているため詳述しないが、地域段階で農業収益条件の創出に果たした役割の1点のみに注目したい。2007年決算資料によれば、直売所部門の売上高は約4億7,000万円、レストランやパン工房等食品加工部門を含む施設全体の売上高は6億8,400円となっている（註6）。同町2006年の農業産出額、生産農業所得はそれぞれ32億円、13億円なので、直売部門の売上げは農

第1章 マクロ的危機下における農業経営と政策

表1-4-1 地域農業における直売施設の効果

効果指標	内子町フレッシュパーク からり	今治市JAおちいまばり 「さいさいきてや」	福岡県前原市JA糸島 「伊都菜彩」
直売部門売上高（千万円）	47	139	282
対地域農業産出額比%	14.6	12.2	31.8
対地域生産農業所得比%	35.6	36.3	1.13
会員（出荷生産者）	426	1,332	1,082
対地域農家数比%	18.4	20.0	79.0
対地域販売農家数比%	29.5	32.4	97.1
会員1人当たり売上（万円）	110	104	260

註：1）「からり」は直売部門、その他は総売上げにより計算。
　　2）「伊都菜彩」会員に漁業者が含まれる。

業産出額の15%、生産農業所得の36%に相当するほどの金額になる。また、直売所に出荷している生産者は426名で、全農家数（2005年農業センサス、以下同じ）の18%、販売農家数の30%を占め、1出荷者当たり販売金額は110万円になっている。直売所1つで地域農業の大きなウェイトを担い、不況や原油・資材高に翻弄されない農業所得を実現している。

今治市の「さいさいきてや」はJAおちいまばりが地産地消の地域農業振興拠点として2007年に開設した多目的総合直売施設である。開設初年度の売上げは直売部門で約14億円、食堂等を含めた総売上げは約15億3,600万円にのぼる（註7）。この金額は同市農業産出額（2006年、以下同じ）の12.2%、生産農業所得の36.3%に相当し、地域農業にとって生産物の価値を実現する重要なマーケットになっている。施設に出荷している会員数は1,332名であり、総農家数の20%、販売農家数の32.4%をカバーしている。直売部門での出荷会員1人当たり販売額は104万円であり、生産者にとって魅力的な換金場所と言える。

福岡県前原市の「伊都菜彩」は福岡県JA糸島が2007年に設立した大型多機能産直市場である。150万人を擁する福岡市に隣接する立地上の強みもあって、初年度から18億7,000万円の売上げをあげ、「百年に一度の危機」といわれる2年目の2008年には28億円まで拡大した。この売上げだと、同市農業産出額の32%に相当し、生産農業所得を13%上回る。出荷会員数は糸島漁協組合員を含めて1,082名（常時出荷450～500名）となっており、これも全農家・漁業者数の79%、販売農・漁業者数の97%をカバーする。1人当たり販売金額は約260万円で、1,000万円以上の販売収入をあげた農家もあるという（註8）。

3つの事例で明らかなように、大型直売施設に象徴されるローカルマーケット

は地域農業や農家にとって決して小さい存在ではなく、卸売を中心とする市場流通と並んで農業経営を安定させるうえで欠かせない重要な社会装置となっている。地産地消への需要が高まる中で、こうしたローカルマーケットは今後とも農業・農村インフラ整備の一環として推進していく必要がある。

　ローカルマーケットの創出手法は直売所の整備に限るものではない。今治市が行っている「地産地消推進協力店」認証の取組（註9）、各種の消費者団体・量販店・卸売業者・食品メーカー・飲食店等との産消提携、契約栽培等も、農産物の価格安定や農業所得確保の重要手段となっている。これらの取組を直売施設と併せて推進すれば、多様なローカルマーケットが形成されることになろう。自治体、農業団体、生産者、消費者が協力し合って推進すべきである（註10）。

3．経費低減による収益力向上

　農業収益条件創出のもう1つの側面は、農業経営にかかわる諸経費の抑制である。よいものだから高く売って当然という考えは不況の中で必ずしも通用しないし、前節で述べた諸緊急対策の導入条件として省エネ、省資材、省経費努力を生産者側に求めているのも、こうした考えがあったかもしれない。農業の収益力を高めるために経費節減への取組が必要不可欠である。

　燃料・資材価格の急騰に対して、JAグループは「肥料価格上昇対策」「配合飼料価格上昇対策」「燃料価格上昇対策」などのJA版資材高騰対策を打ち出し、低コスト化成肥料の開発と予約結集、園芸資材予約、農機リース対策などを含む「生産・販売・購買一体事業」を進めている。愛媛県だけでも、これらの対策の推進によって約2億円のコスト低減効果が見込まれると、JA全農えひめは試算している（註11）。光熱、肥料、飼料等資材の価格がなお高止まり傾向にある中、こうした努力は地域農業の主体たるJAグループとして当然のことであり、その効果も大いに期待できよう。

　しかし、「○○価格上昇対策」に象徴されるような一過性の取組ではなく、原油・資材高の嵐が過ぎ去った後のことも視野に入れて、経費節減を中長期的な事業努力目標に位置づけ、継続的に推進すべきであろう。農協の事業あるいは農協だからできるのではないかと思われることに限って言うならば、農機具関連費の節減と、JA施設利用の基本無料化の2点が検討すべき時期に来ているように思われる。

まず、農機具利用について考えてみよう。2007年農業経営統計調査によれば、水田3大作経営（米、麦、豆類）において農機具費は2割を占め、最大費目となっている。田畑を含む露地野菜も同様である。畑作では露地か施設栽培かによって大きく異なるが、平均で経営費の14.6％を占め、1位の肥料費（16.2％）と大差ない。農機具費に連動する光熱動力費と合わせると、水田作では29％、畑作では24％を占めることになる。これら費用の節減をどう図るかによって農業経営費や作物の生産コストも大きく変わってくる。

農機具関連費が大きくなっている最大の要因は、言うまでもなく農機具の農家大量保有にある。2005年農業センサスによれば、農家が保有する乗用型トラクターは194万台、動力防除機は121万台、動力田植機は123万台、コンバインは99万台にのぼり、4者合わせて537万台に達する。2007年度農業経営統計調査によれば、作付面積ha当たり農機具費は水田、畑作とも19万円弱となっていることから、これに同年度の作付面積約430万haを掛けると、これほどの農機具を保有するには、実際の稼働率と関係なく年間8,170億円の減価償却費や維持費用が発生するという勘定となる。農業総産出額の1割に相当する金額である。

農機具の過剰保有や稼働率の悪さは従来から言われてきた課題であり、農業所得が低下する中での新規購入や長期保有は農家にとっても大きな負担となる（註12）。これを改善するための取組として農業機械銀行の設立や集落営農などが進められてきたが、1995年に比べて2005年の農家1戸当たり農業機械保有台数はほとんどすべての機種で微増しており、大きな成果をあげたとは言えない。それに代わる解決策として、各地域の農協は農家に代わって農機具を保有する仕組みを作り、利用の集積化を図ってはどうかということである。

図1-4-1は、1つのモデルを示している。農協は主として小規模兼業農家、副業的農家から農機具を買い取って、保有する形で、中心集落や営農地域ごとに農機具センターを設立する。機械の能率が十分発揮できる少数の大規模農家（たとえば、経営耕地2haまたは3ha以上）を除けば農家は基本的に、必要最低限の農機具しか保有しないか全く保有しないこととする。農作業の機械利用は、農協から借りる形で行うか、農協が設立するオペレーター組織で農作業を代行するかのどちらかを選択する。

農機具を買い取る財源や農機具センターの運営費は、主として3つの方法で賄

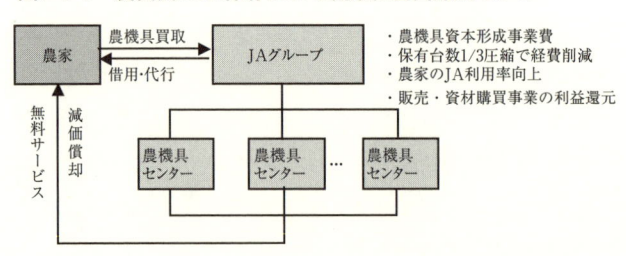

図1-4-1　農機具のJA保有による農業経営費節減モデル

・農機具資本形成事業費
・保有台数1/3圧縮で経費削減
・農家のJA利用率向上
・販売・資材購買事業の利益還元

　う。

　1つには、前項で述べた農業予算における「農業ストック形成と保全」費から補てんを受ける。農業総固定資本形成において農機具関係分は887億円（2005年）を占めている。このような形の資本形成と保全は基本的にJAグループに任せ、農機具の更新と保全を永続的に行う。

　2つには、農機具の保有台数を段階的に削減し、更新・維持費用を圧縮する。現在の保有台数はどこまで減らせるかは詳細な検証が必要であるが、集落や営農地域の作業暦をきちんと整備しておけば、保有台数の大幅な削減が可能と考える。
　農機具の保有を経営耕地規模別にみると、1ha以下層は各種農機具の4〜5割、1.5ha以下層は6〜7割、2ha以下層は7〜8割、3ha以下層は8〜9割を保有している。3ha以上大規模層の保有台数は全体の1〜2割しかない。まず、農機具の4〜5割を保有する1ha以下農家層を対象に農機具を段階的に買い取り、効率的運用を前提に保有台数を減らしていく。現在の保有台数を仮に3分の1くらい削減できれば、農機具の更新・維持費用が大幅に圧縮されることになる。

　3つ目には、組合員農家のJA利用率を高め、JAの事業と収益力の向上から生み出される利益をもって農機具関連費の一部を補填する。
　荏開津の推計によれば、1993年の農産物市場において、農協系統は穀物の96％、野菜・果実の70％を占めていた（註13）。しかし、2003年全農調査によれば、農産物販売における農協経由率は、米が50％、野菜は54％、果実は34％まで大きく低下している（註14）。その後も利用単価の減少や農家の農協離れによって農業市場に占める農協系統のシェアがさらに低下したと推察される。図1-4-2は1993年以降における正組合員利用単価の変化を購買、販売両事業で示したものである。正組合員1人当たり農産物当期販売取扱高は約110万円から91万円へと16％低下

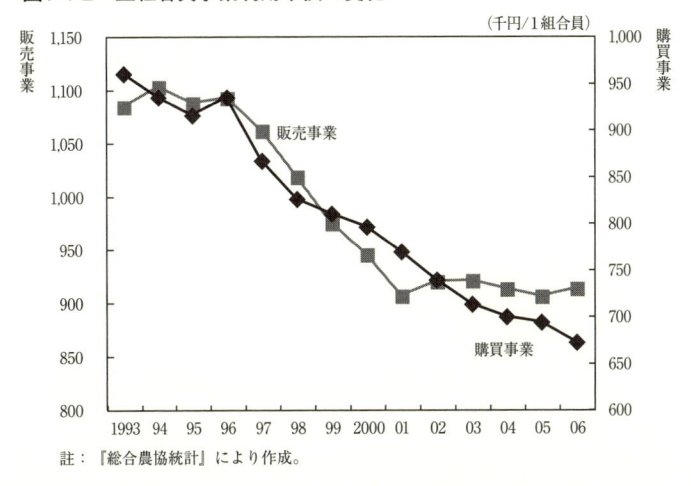

第1章　マクロ的危機下における農業経営と政策　57

図1-4-2　正組合員事業利用単価の変化

(千円/1組合員)

註:『総合農協統計』により作成。

している。その結果、1993年に比べて2006年の当期販売取扱高総額は8,400億円、販売手数料は221億円も減少している。13年間の減少額を累計すれば、当期販売取扱高総額は6兆8,000億円、販売手数料は1,750億円のロスが発生した計算になる。購買事業の場合、正組合員ベースで計算した1人当たり当期供給取扱高は96万円から67万円へと30％の激減を示している。1993年に比べて2006年の当期供給取扱高総額は約1兆4,200億円、購買手数料収入は約1,800億円減少し、13年間合計すれば、それぞれ10兆8,000億円、1兆4,680億円の事業収入減となる。

組合員利用高の減少や農協離れの影響は信用以外の事業にも影響しているであろう。このことはJAグループを取り巻く経営環境の厳しさを表しているに違いないが、見方を変えれば、魅力的なサービスを提供することによって農家を引き付け、90年代初期頃の農協利用率まで回復できれば、JAグループの事業基盤と収益力が大きく強化されることにもなろう。事業基盤と収益力の強化によって生み出される利益の一部を農機具関連費を含む農協サービスの経費補てんに充てることにすれば、農協事業の魅力が増し、〈事業利用率の向上→農家負担軽減→事業利用率の向上〉という好循環が生まれてくることも不可能ではないと考える。

以上の考えをまとめて示したのが図1-4-1のモデルであるが、このモデルで提示した農機具費用節減努力と並行して、JAグループはカントリーエレベーターや選果場といった農産物出荷施設の減価償却費を原則無料化する農家負担軽減策

も進めるべきと考える。その理由は簡単である。上述した大型直売所の事例を含めてほとんどの直売組織は、末端価格の10〜20％程度の手数料で農家にサービスを提供していることに加え、販路開拓等で農家に一定の価格プレミアムを付ける場合もある。農家との契約栽培で農業への新規参入を図っている大手商社も、基本的にこれと同水準かこれ以上のサービスを提供している。つまり、農協以外の業者が農産物流通に参入できたのは、農協より安い料金か、高い農家手取価格を提供しているからである。このような傾向が今後とも続くと思われることから、これらの組織との共存を図りながらJAグループの事業基盤を強化していくためには、各種の事業サービスや施設利用料金体系をこうした「相場」に照らして見直さねばならない。施設の種類や整備時期、価格、資金構成（補助金の割合等）、地域の作物構成や利用形態等によって困難なケースもあると思われるが、参考となる先進事例がすでに現れている。

　1つは、愛媛県今治市の立花農協である。この地域は有機農業や有機農産物による学校給食の先駆的取組を行っていることで知られているが、有機栽培が成り立つ条件の1つは、通常で15％を要する施設利用料を3％という極めて低い料金で農協の施設利用サービスを受けていることである。農協から安価な施設利用サービスを受けることで、農家は農業で頑張るとともに信用、共済、購買等農協事業全般を利用し、農協や地域農業を盛り立てる（註15）。低料金設定による施設利用の可能性を示した好例と言えよう。

　もう1つは、前述の福岡県JA糸島である。「伊都菜彩」というローカルマーケットを開設し、収益条件を創出する一方、施設の減価償却費をJAが負担し、組合員から減価償却費を取らないとしている。つまり、組合員は減価償却費以外の利用料のみ支払うのである。「農家に減価償却費も利用料も負担させたら、農業はできなくなる」と、同JAの松尾照和組合長が言う。しかし、こうしたサービスを提供した同農協は損しているわけではない。「伊都菜彩」にみられるように不況のなかで活気に満ち溢れ、米の農協集荷率は7割に達しているという。自家用米や縁故米以外の米は、ほとんどJAに出荷しているということである。収益条件の創出や施設減価償却分の無料化という生産者を思いやるサービスができたからこそ、農家はJAの事業を利用し、活気溢れる地域農業を創り出している。誠意は裏切らないということであろう。

第1章　マクロ的危機下における農業経営と政策　59

　2006年「総合農協統計表」によれば、JAグループ全体として販売事業は1,200億円弱の粗利益（手数料収入を含む。以下同じ）、生産資材購買事業では2,200億円、生活資材を含めた購買事業全体では4,200億円弱の粗利益をあげている（註16）。長期的にはこれらの利益の一部または全部を農機具のJA集積利用や大型出荷施設利用の無料化に回し、事業・施設利用率の向上を図るべきであると考える。農機具のJA集積と出荷等大型施設の減価償却費相当分の無料化は農業経営費軽減による農業経営の体質強化効果をもたらすだけでなく、新たな農機オペレーターの組織づくりによる新規雇用創出効果や、農機具保有台数の削減・集積利用による化石エネルギー利用量、二酸化炭素排出量の低減といった環境保全効果も期待できよう。

　危機はまだ過ぎ去っていない。いま過ぎ去ろうとしている原油・資材高の嵐が再び戻ってこないとの保証もない。グローバル化した経済システムに取り込まれた農業はこうした危機的要素をつねに世界経済と共有し、それに踊らされないための政策、制度、そして農業経営の仕組みづくりを怠ってはならない。今回の原油・資材高と不況は農業に大きな爪痕を残し、多くの生産者がいまもその苦しみに耐えているが、この苦しみを経験したことの意味は決して小さくない。従来でいう景気循環の概念を超えた原油・資材高と不況の同時進行は農業にとってどのような意味をもち、それに耐え得る農政、地域農業、農業経営のあり方がどうであるべきかを考えさせるきっかけとなったのであり、農業全体の方向性、そのための政策、制度、組織のあり方もより明確になったからである。食料価格高騰で食と農の重要性を再認識させられたことも、政策合意をスムーズにする意味において貴重な財産となる。本章は幾つかの点について方向提示を試みたが、素描に過ぎない。各分野から知恵を出し合い、食と農が直面している多くの難題を1つ1つクリアしていかねばならない。それに向けた努力が、いま求められている。

（註1）2008年11月11日付け『日本経済新聞』を参照されたい。
（註2）2008年11月14日付け『日本経済新聞』を参照されたい。
（註3）2008年11月15日付け『日本経済新聞』を参照されたい。しかし、これらの情報はあくまで現段階のものであり、今後の情勢の推移や情報確定次第で変わることもあると考えられる。
（註4）2008年10月24日付け『全国農業新聞』記事を参照されたい。

（註５）平成19年度食料・農業・農村白書、p.78を参照されたい。
（註６）同施設に関連した取組については、田中［６］を参照されたい。ここに引用する2007年度データも、同氏への聞き取りによる。
（註７）総額には今治店の売上げも含まれている。詳細は、西坂［４］、関連文献については拙著［３］第４章第３節、渡辺［８］、安井［７］も併せて参照されたい。
（註８）データの一部はJA糸島と「伊都菜彩」への聞き取り調査による。
（註９）これについては、渡辺［８］、安井［７］、および拙著［３］第４章第３節を参照されたい。
（註10）紙幅の関係で省略するが、愛媛県におけるJA農産物直売所の取組については小田原論文［５］において詳しく紹介されており、参照されたい。
（註11）『JA全農えひめ情報　あぐりーど』2008年９月号特集を参照されたい。
（註12）機械化貧乏については、拙著［３］第４章１節および参考文献を参照されたい。
（註13）荏開津［１］p.87、表6-3を参照されたい。
（註14）平成19年度食料・農業・農村白書参考統計表、p.79を参照されたい。しかし、荏開津［２］（p.85、表6-3）によれば、2005年農協の市場シェアは、穀物は69％、野菜・果物は65％となっており、2003年全農調査の結果に比べて高い。したがって、農産物のJA経由率の減少率がここに示す数値より若干低い可能性もある。
（註15）今治市の有機栽培と立花農協については、安井［７］および拙著第３章を併せて参照されたい。
（註16）一般管理費等を加えれば、これらの粗利益が消えてしまうかもしれないが、事業別勘定の仕組み自体は改めるべきと考えるし、施設利用料や減価償却費の事業間分担のあり方も検討する必要があるように思われる。この点については、次章第３節で事例を踏まえて吟味したい。

引用文献
［１］荏開津典生『農業経済学』岩波書店、1997
［２］荏開津典生『農業経済学［第３版］』岩波書店、2008
［３］胡柏『環境保全型農業の成立条件』農林統計協会、2007
［４］西坂文秀「JAおちいまばり『さいさいきてや』の取り組みについて」えひめ農研・第23回定例研究会資料、2008
［５］小田原巧「愛媛県におけるJA農産物直売所の現状と課題」えひめ農研・第23回定例研究会資料、2008
［６］田中秀幸「内子町における環境保全型農業の推進」『第15回環境自治体会議　うちこ会議　会議資料集』2007、pp.138-140
［７］安井孝『地産地消と学校給食』（有機農業選書）コモンズ、2010
［８］渡辺敬子「今治市の地産地消と食育」（前掲［６］、pp.136-137）を参照されたい。

第2章

地域ブランド形成と地域活性化
―危機打開のための処方箋を考える―

第1節　地域ブランドの有効性

1．逆説的な問題提起

　前章第4節で述べたように、原油・資材高や不況に踊らされることなく、農業経営をより安定性の高いものにしていくためには、良質で安全な食料を適正な価格で安定的に供給するための産地づくりのあり方も、重要な食料問題または中長期的な地域問題として考えなければならない。その際、産地づくりに関連する近年の動きとして農林水産物・食品の地域ブランド化は1つの注目点になろう。

　例えば、2004年度食料・農業・農村白書において地域ブランドの確立に向けた動きは特集のトピックスとして取り上げられ、この問題に対する農政の関心の高さを示している。その後、ほとんどの都道府県・市町村はブランド関係推進部署を設置し、農林水産物等ブランド戦略基本方針の策定、地域特産品PR活動の推進など、地域ブランドの育成・認知度向上に力を入れるようになっている。1990年代までよく言われていた「1村1品」、「産地アイデンティティー」、「産地ブランド」などは、地域ブランドコンセプトに収束しつつある感すらある。

　図2-1-1（a）は、「食」と「農」と「地域」にかかわるブランド化の取組を掲載した雑誌記事の推移を示している。ブランドづくりの視点から農を見つめ直そうとした1985年の岩尾論文［2］、その3年後に農産物流通とマーケティング戦略の視点から産地ブランド形成を提起した山中論文［9］、特別栽培米制度の導入に伴って増大する有機農産物等を「農産物ブランド志向」として捉えた上野論文［8］等をはじめ、地域資源や独自の農法を活かしたブランドづくりの取組に注目した記事は1980年代から現れるようになった。その後、関連記事全体の動きと同じように暫く横ばい傾向が続いたが、90年代中期頃から急増し始め、今や年間百数十件に上る注目の話題となっている。80年代後半から「売れるものづくり」、

図2-1-1（a）　ブランド関連雑誌記事数の推移

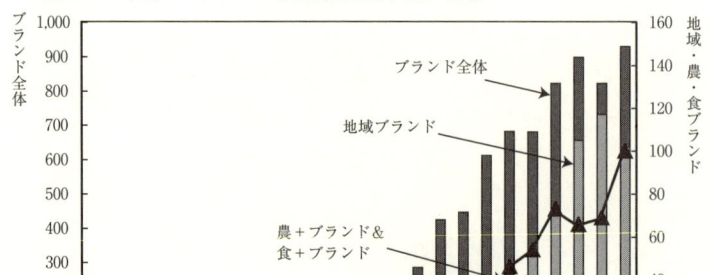

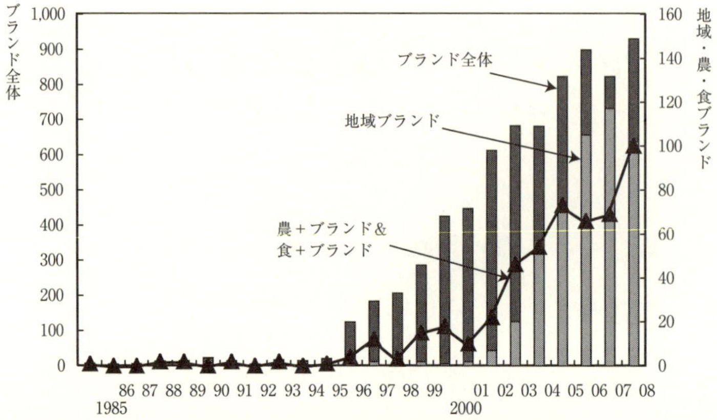

図2-1-1（b）　農家所得と農林漁業者の生活満足度の変化

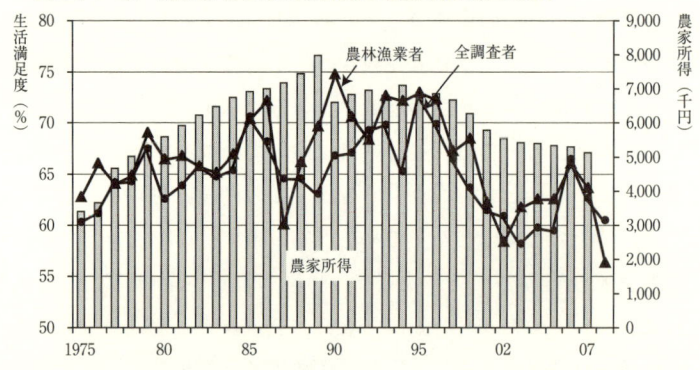

註：ブランド関連記事は国会図書館雑誌記事索引、生活満足度は内閣府国民生活に関する世論調査」、農家所得は農林水産省「農家経済調査」「農業経営統計調査」により筆者作成。

「地域ブランド」といった表現が農政用語として登場し（註1）、90年代に入ると高付加価値を求める産地サイド、食品流通関連業界の動きが活発になったことや、今世紀に入ると農産物輸出戦略とともに「攻めの農政」に位置づけられたことなどが、記事急増の背景であったと思われる。

　一方、図2-1-1（b）に示すように地域ブランドへの関心が急上昇し始める数年前から農家所得が下降傾向に転じ、それと連動するかのように農林漁業者の生活満足度も急速に低下してきている。90年代中期頃から徐々に進行してきた農業の交易条件の悪化（図1-2-1）に加えて近年の原油・資材高、世界的な大不況が重

なり、農村経済やこれを基盤とする地域経済は疲弊してきたためと考えられる(註2)。地域ブランド形成の取組がこうした状況を打開するための手法として注目されているならば、疲弊する地域経済や農村社会の現状を打開し活性化するためにそれがどのような有効性をもつかを当然問われなければならないし、地域ブランドをもたない産地やこうした産地を抱える地域、産地と言えるほどの産地すらもたない地域の存続・活性化をどう図るかについても、地域ブランドへの高い注目度に対置する問題として併せて検討されなければならない。

　これらの検討作業を進めるにあたって、問題の範囲を若干吟味する必要がある。そもそも何が地域ブランドで、何が地域ブランドでないかについて線引きすることは難しい。農産物はもとより地域性を有し、同一品種でも産地の自然条件や農法等の違いによって収量、食味、品質等で差が生じ、地域特産品として形成される場合があるし、そういった差がなくても、生産（出荷）量の大きさ、特化度合いの高さ、個性的なマーケティング等によって様々な産地ブランドが形成されてきた歴史もある。これらのこともあって、各地でいう地域ブランドは必ずしも統一した基準があるわけではない。地域ブランドの形成が困難かどうかというのも、それまでの状態のみを指す極めて限定的な意味しかもたない。現時点でブランドをもたない産地、ブランド形成が困難と見られる産地といっても、今後ブランド形成の可能性が皆無とは断言できないし、多くの地域で独自のブランドづくりに努力が注がれ、または注がれようとしている実態もある。こうした実態からすれば、地域ブランドづくりの動きを一定の幅をもって捉える必要があると考える。

　地域ブランドの形成が困難な産地についても、現段階でブランド産品をもたない産地、ブランド産品の発掘育成に努力している産地のほか、ブランド産品があるものの、基幹作目として地域農業を牽引するほどの品目にはならず、その取組によって農業・農村の活性化を図るのは困難と見られる地域等も想定する。後者をブランド形成の困難な産地とみてよいかどうかについて吟味の余地もあろうが、少なくとも基幹作目として地域農業を牽引するブランド産品の発掘育成に苦悩している点で、ブランド産品をもたない産地、ブランド産品発掘育成中の産地とほぼ同様の課題を抱えていると言える。これらの産地やこういった産地を抱える地域、さらには産地と言えるほどの産地すらもたない地域の存続・活性化をどう図るかが、いま、重要な地域問題または政策課題として問われている。

2. 地域ブランドと地域農業

　地域ブランドは、2008年3月に公表した農林水産省知的財産戦略本部専門家会議・地域ブランドワーキング・グループ報告書「農林水産物・食品の地域ブランドの確立に向けて」（以下、「WG報告」と略称）において、「『地域』との結び付きのある『ブランド』」、「『地域ブランド化』の取組によって生み出されたものでもある」と定義されている。「地域ブランド化」は1つのキーワードになっているが、同報告書は、産業構造協議会知的財産政策部会の定義を引用して、「地域の事業者が協力して、事業者間で統一したブランドを用いて、当該地域と何らかの（自然的、歴史的、文化的、社会的等）関連性を有する特定の商品の生産又は役務の提供を行う取組み」（2005年）と説明している。農林水産物・食品の地域ブランド化に期待する効果として、「農林水産物・食品の付加価値につなげ、農林水産業等の競争力の強化に結び付けること」のほか、生産者側にとっては「マーケティング力の向上とそれに伴う収益の向上による地域の農林業の発展」、「地域経済の活性化」、「地域コミュニティの再生」が期待され、消費者側にとっては「選択の幅の増加」、「食文化の発展に寄与」、「地域への関心の高まり」といった効果を挙げている（註3）。

　地域の名を冠したブランド形成の取組だから、地域に何らかの効果をもたらすと期待されるのは当然のことと言うべきであろう。しかし、農林水産物・食品の地域ブランド化の取組が同報告書に挙げている諸「地域」効果に結び付くかどうかは、関係品目がどこまで地域の基幹作目をカバーし、地域農業を牽引するほどの力をもっているかどうかによると考える。この点については、地域団体商標の都道府県別登録状況（特許庁）と各地の特徴的な農産物との対応関係を通してみることができる。

　地域団体商標制度は「地域ブランドの育成に資するため」2006年に制定され、施行されて以来、農林水産行政や地域農業の方向付けに多大な影響を及ぼしてきたことは周知の通りである。2009年2月現在、41都道府県から415品目が地域ブランドとして登録されている。そのうち、農林水産物と加工食品関連品目が227件で全体の55％を占め、地域ブランド形成の取組において「農」と「食」が大きな存在感を示している。

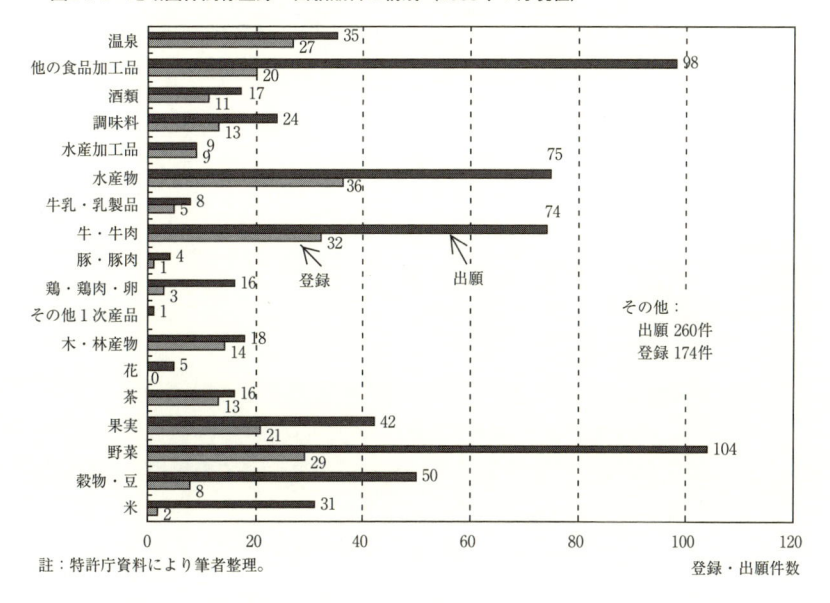

図2-1-2 地域団体商標登録・出願品目の構成（2009年1月現在）

品目	登録	出願
温泉	27	35
他の食品加工品	20	98
酒類	11	17
調味料	13	24
水産加工品	9	9
水産物	36	75
牛乳・乳製品	5	8
牛・牛肉	32	74
豚・豚肉	1	4
鶏・鶏肉・卵	16	16
その他1次産品	1	3
木・林産物	14	18
花	5	5
茶	0	16
果実	13	42
野菜	21	104
穀物・豆	29	50
米	2	31

その他：出願260件　登録174件

註：特許庁資料により筆者整理。　　　　　　　　　　　　　　登録・出願件数

　地域農業を牽引する力強さを示す「特徴的な農産物」に該当する品目は58件あり（註4）、農林水産1次産品登録件数の36%、食品を含む登録件数の26%、作目別「特徴的な農産物」の18%をカバーしている。希少性あるブランド品からすれば低い数値とは言えないが、京都、和歌山、鹿児島等少数の府県を除けば「特徴的な農産物」のカバー率が概して低く、該当しない都府県も21にのぼる。

　このことは、登録件数の品目別構成（**図2-1-2**）においても現れている。農林水産1次産品の42%は水産物や牛・牛肉といった所得弾力性の高い品目が占め、基幹作物の米関連品目ならば富山県「黒部米」と「京都米」のみである。政策奨励作物の麦や大豆については味噌・麺類等加工品があるものの、1次産品の登録実績が皆無である。地域ブランドが注目される中で基幹作目の振興をどう図るかが、課題として残る。

　この点をもう少し幅をもって評価するには、登録品目だけでなく出願中品目を含めてみる必要がある。**図2-1-2**に示すように、2009年1月現在、登録待ち出願品目が450件（出願数－登録数）ある。農林水産1次産品として野菜は75件で最も多く、その次に芋、そばを含む穀物・豆類と牛・牛肉がそれぞれ42件、水産物

表 2-1-1 ブランド化している農畜産物があると認識している農業集落の割合

区分	農業集落総数	農畜産物をブランド化している農業集落（％）	ブランドある集落数を100とした場合の作目別集落構成比（％）					
			米	麦・雑穀・芋・豆	野菜類	果樹類	畜産物	その他
1．全国計	135,163	23.1	23.9	6.0	32.5	22.6	5.8	9.3
2．西日本計	62,964	21.7	16.4	7.4	30.0	28.8	7.0	10.4
近畿	11,347	23.3	5.5	9.3	40.6	26.0	7.7	10.9
中国	18,589	15.3	16.3	9.3	27.3	38.6	1.9	6.7
四国	10,406	21.0	16.6	5.3	29.1	32.7	1.5	14.9
九州	22,622	26.3	21.2	6.4	27.0	23.9	11.2	10.3
3．農業地域別								
都市的地域	31,588	14.9	13.0	4.2	46.6	28.3	1.7	6.3
平地農業地域	36,443	28.0	27.0	5.0	40.9	16.6	5.7	4.8
中間農業地域	43,396	24.5	27.0	7.4	21.8	28.5	6.8	8.5
山間農業地域	23,736	23.9	21.5	6.6	25.5	17.6	7.5	21.4

註：2000年農業センサスにより筆者整理。「その他」には、工芸作物、山菜、きのこ類、その他が含まれる。

は39件、米は29件、果実は21件と続く。登録品目に比べて基幹作物品目のブランド化を目指す動きが顕著に現れている。しかし、仮にすべての出願品が登録されたとしても、基幹作目の振興をどう図るかが依然、課題として残る。この点については、登録件数と出願件数の倍率差が最も大きい米をとってみれば明白である。北海道、山形、新潟諸県のように米を県のブランドとして確立しようとしている地域もあるが、ほとんどの場合、出願があったといってもごく限られた地域で生産される地域特産品である。例えば、京都以西の西日本での米の出願実績は「丹波ひかみ米」と「東条産山田錦」のみである。

　農産物・食品ブランドと言えば、地域団体商標登録・出願品のほか、ナショナル・ブランド（NB）や企業プライベートブランド（PB）等もある（註5）。そういったものを含めて、ブランド関連取組はどこまで農業・農村地域に影響を与えているかが1つの注目点となる。表2-1-1は、2000年農業センサス調査においてブランド化している農畜産物（加工品を含む）があると答えた農業集落（以下、「ブランドある集落」と略す）の割合を示している。零細経営の多い西日本と農業地域別特徴を中心に取りまとめたものであるが、全国集計欄に見られるように、ブランドある集落の割合が23％となっている。西日本で地域団体商標の登録・出願実績がほとんどなかった米は全農業集落の3％、ブランドある集落の16％、野菜、果実もそれぞれ全農業集落数の7％、5％、ブランドある集落の30％、29％を占めている。地域団体商標への登録・出願実績に比べて基幹作物が多くみられる。

　地域別には、条件不利と言われる中間農業地域で25％、山間農業地域で24％の

農業集落がブランド農畜産物があると認識している。この数値は都市的地域の15％を大きく上回り、平地農業地域に比べてもわずか3〜4％の差である。中山間地域の方が優位性を示す作目もある。農畜産物ブランド形成の可能性に関して言えば、中山間地域は決して条件不利地域とは言えない。

反対に注目すべきは、約8割の農業集落がブランド農畜産物をもっていないという点である。この結果を素直に受け止めるならば、ブランド形成の取組は約2割の農村地域または関係産地に何らかの活性化効果をもたらす可能性があると考えられる一方、残り約8割の関連産地・地域の活性化をどう図るかが課題として十分認識されなければならないということになろう。これは表2-1-1同様、農業・農村活性化における地域ブランドの可能性と限界を同時に示したものと言える。中山間地域は他地域に遜色ないブランド形成の可能性を示しているにもかかわらず、人口減少や高齢化により地域社会が機能不全に陥っている集落が圧倒的に多いことも（註6）、地域ブランドの限界を示すものとなっている。

これらの点で明らかなように、「WG報告」でいう「地域の農林業の発展」、「地域経済の活性化」、「地域コミュニティの再生」に近付くためには、地域ブランド以外の取組を含めて多様な活性化方策を構想・実施する必要がある。

3．地域ブランド形成に向けた自治体の動き

ブランド形成の取組がどこまで農業・農村地域に影響を与えているかを検証するもう1つの手法として、地域ブランド形成に向けた自治体の動きを捉えることがある。以上にみた地域ブランド登録件数の地域差、登録件数と出願件数の差、登録・出願実績と農業集落段階のブランド認知度合いとの差等の点はいずれもブランド形成拡大の可能性を示している。こうした可能性が自治体・関連団体の取組においてどのように現れているか、地域ブランドへの期待の大きさまたはブランド形成の動きと地域経済との関係を知るうえで把握すべき点である。

表2-1-2は、2007、2008年度総務省「頑張る地方応援プログラム」に応募したプロジェクトの中で、「ブランド」コンセプトをもつすべてのプロジェクト（以下、「ブランド関連P」と略す）を抽出した結果を示している。この事業は年間2,700億円の交付税（2007）を受けた地域活性化の目玉対策であり、地方の知恵を結集するものまたは地域活性化におけるブランド関連取組の位置付けを示すものとし

表 2-1-2 「頑張る地方応援プログラム」におけるブランド関連プロジェクトの申請状況

区分	2007	2008
1．概要		
申請市町村総数	1,762	1,795
「ブランド」関連P該当市町村数	357	415
「ブランド」関連Pの件数	382	450
2．ブランド関連Pの内容構成		
農水産・食品関連	86.1	83.6
観光・交流関連	9.7	9.6
その他	4.2	6.9
3．ブランド関連P申請市町村の割合	20.3	23.1
うち：10％以下都道府県	栃木、群馬、埼玉、千葉、東京、神奈川、愛知、三重、滋賀、京都、大阪、香川	群馬、埼玉、千葉、東京、神奈川、愛知、大阪
11～20％都道府県	新潟、富山、石川、山梨、岐阜、静岡、兵庫、奈良、和歌山、岡山、山口、福岡、熊本	宮城、栃木、新潟、静岡、三重、滋賀、京都、和歌山、岡山、香川、福岡、熊本、沖縄
21～30％都道府県	岩手、宮城、福島、茨城、長野、広島、徳島、愛媛、高知、長崎、沖縄	福島、茨城、富山、石川、山梨、長野、岐阜、兵庫、奈良、山口、徳島、高知、佐賀、宮崎
31～40％都道府県	北海道、秋田、山形、福井、鳥取、佐賀、大分、宮崎、鹿児島	北海道、青森、岩手、山形、広島、愛媛、長崎、鹿児島
41％以上都道府県	青森、島根	秋田、福井、鳥取、島根、大分

註：総務省「頑張る地方応援プログラム」市町村別個表一覧表より筆者が取りまとめたものである。

て注目される。同省資料によれば、2008年全国の市町村数は約1,800あるが、同表に示すように、ほぼすべての市町村は同プログラムを申請している。そのうち、2008年度ブランド関連Pに申請した市町村は全市町村の23％を占め、申請市町村もブランド関連Pの申請件数も、前の年に比べて1～2割増えている。

ブランド関連Pの構成をみると、農林水産物・食品関連は2年とも8割を占めている。約1割を占める観光・交流関連プロジェクトの中でも農林水産物・食品関連のものが含まれているため、地域団体商標の出願・登録実績に比べて農林水産業の存在感は一段と大きくなっている。

しかし、ここでも地域差が顕著に現れている。多少の例外もあるが、東京・大阪といった大都市圏の都府県ほどブランド関連Pの市町村申請率が低く、東北、北陸、四国、九州等の農業地域ほど高い傾向が見られる。地域ブランドへの期待の大きさは同時に、地域農業や地域経済に対する危機感の強さを表しているように思われる。

表2-1-1でみたブランドある農業集落の割合と同じように、約8割の市町村が地域ブランドを地域活性化の重点施策に挙げていない。ブランド形成の取組は約2割の農村地域または関係産地に何らかの活性化効果をもたらす可能性があると

考えられる一方、残り約8割の関連産地・地域の活性化をどう図るかという課題があることを、改めて示す形になっている。地域ブランドを求めねばならないが、地域ブランドばかりを求めるわけにもいかない、ということであろう。この点からも明らかなように、ブランド形成を目指す地域努力を如何に形にしていくかが重要であると同時に、ブランド形成以外の地域活性化手法を構想し実施することも極めて重要な意味をもっている。

4．基幹作目のブランド確立が地域農業に与える影響—愛媛県西宇和地域を事例に—

　以上では地域ブランドの可能性と限界を形態学的に考察してきたが、ここではさらに、基幹作物のブランド確立が地域農業にどのような影響を与えているかを、温州みかんの名産地として知られる愛媛県西宇和地域を事例に検証する。同地域は、地域団体商標に登録されている「西宇和みかん」、「真穴みかん」のほか、「日の丸」など全国的に知られている柑橘の銘柄もある。また、県独自の「『愛』あるブランド産品」認定制度により認定された45柑橘ブランドのうちの24品目が集まる地域でもある。ブランド効果を検証する意味において格好の事例と言える。

　ブランド効果を示す最も重要なバロメーターの1つは、相対価格およびその推移である。他地域の同類作目に比べて、一定の期間にわたって明白な価格優位性が示されているかということである（註7）。図2-1-3は、1995年以降の同地域における温州みかんの単価変化を全国、県平均との比較において示したものである。対全国平均で西宇和の単価は、年によって最低で4％、最高では28％も高く、明白な価格優位性を示している。

　しかし、対県平均では3～8％の価格プレミアムにとどまっている。対全国平均の価格優位性は西宇和というよりも、主としてみかん王国愛媛県の優位性を示していると言える。

　ところが、比較の範囲を西宇和全域ではなく、温州みかんの「御三家」と呼ばれる真穴、川上、日の丸の3産地に絞ってみると、状況が大きく異なる。年によって全国平均価格を13～41％上回るだけでなく、対県平均でも10～28％高い価格差を示している。西宇和対全国・対県平均の価格優位性は「御三家」に大きく依存していることが明らかである。こうした価格優位性は年によって大きく変動するものの、明確な低下傾向も上昇傾向も示していない。産地ブランドを確立した

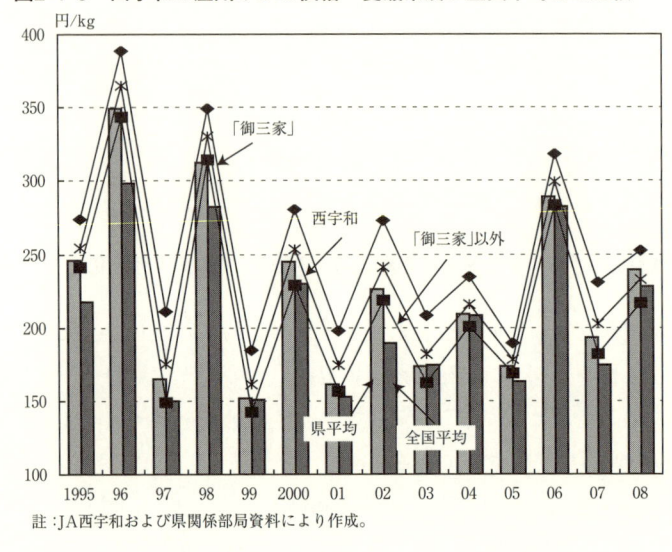

図2-1-3 西宇和の温州みかん価格：愛媛県及び全国平均との比較

註：JA西宇和および県関係部局資料により作成。

　地域は長期にわたって価格プレミアムを享受し（註8）、卓越したブランド効果を発揮しているとみることができる。

　ブランド効果は価格面に限らず、農産物の販路確保、農業の担い手の確保、農地資源保全等多方面に及んでいる。表2-1-3は、柑橘類「『愛』あるブランド産品」の44％、温州みかん「御三家」を擁する旧八幡浜市農業の動きを県平均と比較して示したものである。1995年以降の10年間において、県全体として主業農家は42％、樹園地は27％、柑橘出荷量は24％と大きく減少したのに対して、八幡浜市は樹園地、柑橘出荷量、農業総生産ともほとんど減少せず、主業農家の減少率も県平均より18％低い。基幹作物の産地ブランドの確立は長期にわたって価格優位性と販路確保をもたらし、地域農業の保全に大きく寄与しているのである。

　しかし、この全国トップ級の温州みかん産地も困難な諸問題を抱えている。

　1つは、「御三家」と他共選との価格差で示される域内産地間格差である。図2-1-3にも示しているように、比較の対象期間において「御三家」以外地域の単価は県平均を2～10％、「御三家」平均を10～30％下回っている。同じ西宇和と言っても、市場評価において「御三家」との格差が歴然としている。伊方、瀬戸、三崎等半島地域を中心に園地荒廃も深刻である。これらの産地をどう活性化する

表2-1-3　温州みかん名産地八幡浜市の動き―愛媛県との比較において―

区　分	旧八幡浜市			愛媛県		
	1995	2005	05/95	1995	2005	05/95
1．農業経営主体						
販売農家数	1,761	1,499	85.1	51,072	36,950	72.3
主業農家	1,065	809	76.0	14,789	8,614	58.2
うち：65歳未満	989	765	77.4	12,666	7,437	58.7
準主業農家	372	264	71.0	12,718	7,417	58.3
うち：65歳未満	201	138	68.7	4,822	2,709	56.2
副業的農家	324	426	131.5	23,556	20,919	88.8
2．農地資源						
経営耕地面積	2,090	2,030	97.1	48,562	37,169	76.5
田	34	27	79.4	21,066	17,039	80.9
畑	28	22	78.6	4,338	3,177	73.2
樹園地	2,028	1,982	97.7	23,158	16,954	73.2
耕作放棄農家率	7	16	187.2	26	48	135.9
耕作放棄面積率	2	8	478.8	8	26	261.3
3．柑橘生産						
柑橘類出荷量	45,801	45,248	98.8	360,070	272,250	75.6
うち：温州みかん	38,200	39,700	103.9	208,910	154,500	74.0
4．農業総生産						
農業総生産	985	964	97.9	10,923	7,800	71.4

註：1）農業センサス、「果樹生産出荷統計」、および愛媛県資料により整理。出荷量以外はすべて販売農家数値。
　　2）2005年出荷量統計は市町村合併前の2004年数値を使っている。
　　3）農業総生産は、1996〜2006年数値。

かが地域にとって重要な課題である。

　もう1つは、みかん価格の不安定の影響である。1995年以降の対前年度価格比を取ってみると、上げ幅は最大で1.9倍、下げ幅は最大で52％を記録している。単価が下落するたびに不本意な加工向けが大量に発生し、地域の農業総生産も農家所得も激減する。農業総生産の変化に及ぼすみかん価格変動の影響についての回帰分析（1996〜2006年期間のデータ）によれば、愛媛県全体はその影響が全く検出されなかったのに対して、八幡浜市の場合は、みかん価格の決定係数が0.67と高く、みかん価格の動きは農業総生産に大きく影響する結果を示している。温州みかんの名産地であるゆえにみかん市場の変動に翻弄されるのである。

　3つ目は、農業従事者の高齢化と後継者難である。県平均に比べて農業後継者が比較的多く確保されているものの、1995年以降の10年間で65歳未満農業従事者のいる農家は、主業・準主業合わせて24％減少している（表2-1-3）。この傾向が続けば、産地ブランド力の維持向上や地域農業に影響する可能性もあろう。

　以上の考察により、地域ブランドの可能性と限界について幾つかの結果を得たが、それが同時にこれからの産地づくり、農業・農村の活性化を図っていくうえで検討されねばならない課題を示唆するものでもある。

第1に、地域ブランド形成の取組は「食」と「農」の振興においてすでに一定の実績をあげ、いまなお増加傾向にある点から、各地の取組を成功させるには先行する名産地からどのような示唆が得られるかをみる必要がある。

　第2に、ブランドの発掘育成に努力している産地やブランドの形成が困難と見られる産地がどのような課題を抱え、どのような可能性を有しているか、そういった条件に置かれている生産者がどのような努力を試み、何を望んでいるかなどの点も、地域ブランドをもたない産地の実態解明や活性化の方向性を探る意味において把握しなければならない課題である。

　第3に、ブランド農畜産物をもっていない農業集落、およびブランド形成を地域活性化の重点施策に挙げていない市町村はともに8割を占めている。これらの産地・地域の活性化がどのような形で行われ、または行われようとしているか、これも、複合的産地づくり・地域づくりの視点から明確にしなければならない点である。

　これらの点を突き詰めていけば、ブランド形成が困難な産地の問題点や地域の活性化方策とは何かに辿り着くことが可能であろう。

（註1）この点については、高橋［7］第11章を参照されたい。
（註2）農林漁業者より約5年遅れて全調査者の生活満足度も大きく低下している点にも留意する必要がある。農業経済・農村経済だけでなく、第1章でも若干触れたように1990年代中期頃から国民経済全体のファンダメンタルズが変調し始め、その影響が国民の生活満足度の変化という形で現れたとみてよいであろう。
（註3）農林水産省「2009年度農林水産物・食品地域ブランド化支援事業」募集要領では、「農林水産物・食品の地域ブランド化は、地域の特性を活かした高付加価値化を目指すものであり、農林水産業・食品産業の競争力強化や地域活性化に資するもの」としている。
（註4）「特徴的な農産物」とは、全国平均に対して特化度合いが高く、作付もしくは生産量上位部門を指している。詳細は、平成13年度食料・農業・農村白書（p.192-193）を参照されたい。
（註5）日経リサーチ［3］、斎藤［4］［5］、青谷［1］、高橋［7］を併せて参照されたい。
（註6）国土交通省国土計画局「国土形成計画作成のための集落の状況に関する現況把握調査（図表編）」結果（2007年8月）はこの傾向を鮮明に示している。
（註7）産業界では、価格優位性はなく、低価格を特徴とするブランドもあるが、そ

の場合、高い市場占有率で業界における確たる存在感の確立が前提となろう。
（註8）この点については文献［6］を併せて参照されたい。生源寺は、条件不利地域で絶対優位をもつ作目を探索し、定着させる可能性があるとしながら、「多くの場合、他の地域の追随者が登場するまでの、いわば束の間の絶対優位性の享受にとどまるとみることが現実的」とも指摘している。

引用文献
［1］青谷実知代「地域ブランドにおける消費者行動と今後の課題―京野菜のブランド化戦略のケースから―」『農林業問題研究』第45巻第4号、2010、pp.343-352
［2］岩尾徹「還暦農民たちの昭和史―8―ブランドを創る」『農業協同組合』第31巻第8号、1985
［3］日経リサーチ『2008地域ブランド戦略サーベイ』（地域総合評価編、名産品編）、2009
［4］斎藤修編著『地域ブランドの戦略と管理―日本と韓国／米から水産品まで―』農文協、2008
［5］斎藤修「地域ブランドをめぐる戦略的課題と管理体系」（前掲［1］）pp.324-335
［6］生源寺眞一「条件不利地域農業の問題構造と政策課題」『農林業問題研究』第32巻第3号、1996、pp.2-9
［7］『高橋正郎論文集Ⅰ　農業の経営と地域マネジメント』農林統計協会、2002
［8］上野正夫「有機農業と農産物ブランド志向」『農業および園芸』第63巻第12号、1988
［9］山中守「産地形成とマーケティング展開―情報化時代の産地ブランド形成と規格問題（農産物流通とマーケティング戦略〈特集〉）」『農業協同組合』第34巻第8号、1988

第2節　産地・地域活性化に向けた取組

1．いま、産地で何が起き、何を求めているか

　以上の考察で抽出した第1と第2の課題について、前節でも取り上げた愛媛県西宇和地域、同じ愛媛県南予地域にあるG産地、Y産地K地区を事例に検証する。第3の課題は、次項の検討課題とする。
　この3つの事例地域は、地域ブランドの面で、それぞれ全国トップ級の産地、ブランド形成の取組が始まったばかりのブランド発掘育成中産地、そして無名産地として位置づけられる。地域範囲は、多数の共選を擁する広域複合産地、産地

(共選)、産地の細胞とも言える村に当たる。K地区を考察の対象にした理由は、西宇和事例でみた地域内格差のように、産地活性化問題を考える際には産地に包摂される末端の地域社会にも目を向けねばならないからである。これはもちろん、西宇和の島しょ部または愛媛県南予地域に限るものではない。この数十年の間に、産地ブランド形成を明確に意識した産地流通論が華やかに展開されてきた学界や業界の動きとは対照的に、産地を構成する細胞とも言える多くの集落・町村社会が崩壊の道を辿ってきた。このいわば地域社会が荒れ果てて産地ありという寂しい現実は、農協の広域合併や平成の市町村大合併に伴う産地範囲の延伸によってさらに深刻さを増してきている。こうした現実からみても、産地問題を考える際にK地区のような末端地域を取り上げる必要があると考える。

1）事例1：名産地西宇和の示唆

前節でみたように、旧八幡浜市を中心とする西宇和は温州みかんの名産地としての実績をあげつつも、域内産地間格差、みかん価格の不安定、農業従事者の高齢化と後継者難、「御三家」以外地域の園地荒廃の進行といった難題を抱えており、名産地の強さと一般柑橘産地に見られる構造的な弱さを併せもっている。これらの点はJA組合員への意向調査の結果にも現れている。同JAが2005年に行ったアンケート調査の結果によれば、44％の回答者は農業後継者の見込みがなく、29％の回答者は5年後には「経営面積の縮小」を、そのうちの42％が「廃園」まで考えている（註1）。地域全体の問題として、隔年結果の問題はまだ解決に至っておらず、みかん価格の不安定と収入不安定の要因になっているという。

こうした現状を関係者は危機と受け止め、所得確保と後継者育成を中心に産地ブランド力の向上を図っている。JA西宇和は生産対策として、①光センサー選果に対応したマルチ栽培の効果的利用による北向き園地の条件改善と高品質果実の生産、②老木・不良系統の更新と奨励品種の拡大、③労働負担軽減のための園内作業道設置、④樹冠上部摘果・後期重点摘果技術の徹底、⑤農地集積促進による耕作放棄防止、⑥「見本樹」等情報交換の場の設置による産地担い手育成等を、共選ごとに策定し推進している。

販売対策としては、隔年結果の改善、厳選出荷体制の確立、個性化商材の拡大等商品力強化策と、無登録農薬の不使用と農薬安全使用、栽培履歴記帳の義務化

表2-2-1　JA西宇和の柑橘出荷量からみる品種構成の変化

単位：t、％

品種	地域	1995	96	97	98	99	2000	01	02	03	04	05	06	07	08	直近年対95年%
温州みかん	西宇和計	54,142	34,602	68,233	44,445	70,769	47,523	54,404	47,712	52,522	46,844	53,991	32,369	49,209	46,772	86.4
	御三家	20,884	15,788	25,159	19,564	28,529	21,125	22,237	18,910	21,362	20,516	22,572	13,949	20,006	19,862	95.1
	その他	33,258	18,814	43,074	24,881	42,240	26,398	32,167	28,802	31,160	26,328	31,419	18,420	29,203	26,910	80.9
伊予かん	西宇和計	18,369	19,923	22,082	21,115	20,060	20,193	19,403	12,698	11,840	11,238	9,828	7,339	10,159	7,854	42.8
	御三家	78	82	124	110	81	63	51	31	25	20	15	9	17	14	17.9
	その他	18,291	19,841	21,958	21,005	19,979	20,130	19,352	12,667	11,815	11,218	9,813	7,330	10,142	7,840	42.9
なつみかん	西宇和計	5,040	3,857	5,177	3,839	4,191	3,310	4,497	2,742	3,172	2,407	2,046	1,470	2,220		44.0
	御三家	6	2	10	7	8	6	6	7	7	9	7	5	4		66.7
	その他	5,034	3,855	5,167	3,832	4,183	3,304	4,491	2,735	3,165	2,398	2,039	1,465	2,216		44.0
清見	西宇和計	3,616	2,489	4,271	2,640	5,068	3,740	6,656	3,409	5,602	4,545	5,943	3,945	5,854		161.9
	御三家	22	20	29	45	45	31	53	31	46	36	43	24	47		213.6
	その他	3,594	2,469	4,242	2,619	5,023	3,709	6,603	3,378	5,556	4,509	5,900	3,921	5,807		161.6
不知火	西宇和計	321	328	397	506	669	791	1,241	886	1,314	1,380	1,931	1,702	2,700		841.1
	御三家	0	1	4	3	8	6	8	9	13	18	21	21	38		
	その他	321	327	393	503	661	785	1,233	877	1,301	1,362	1,910	1,681	2,662		829.3
5品種に占める温州みかんの割合	西宇和計	66.4	56.5	68.1	61.3	70.2	62.9	63.1	70.7	70.5	70.5	73.2	69.1	70.2		
	御三家	99.5	99.3	99.3	99.3	99.5	99.5	99.5	99.6	99.6	99.6	99.6	99.6	99.5		
	その他	55.0	41.5	57.6	47.1	58.6	48.6	50.4	59.4	58.8	57.5	61.5	56.1	58.4		

註：JA西宇和調べにより筆者整理。

等安全安心対策を進めている。

　園地荒廃が進行している半島地域については、以上に挙げた生産・販売対策のほか、高齢化対策として「1園地1品種」高品質・省力化栽培体系の確立、農地貸借・受委託等農地流動化推進による優良農地の確保、規模拡大に合わせた園地条件整備、鳥獣対策等を進めている。

　これらの対策が産地に変化をもたらしていることは、品種更新の取組を通してみることができる。品種更新の取組は、隔年結果対策と並んで生産対策の柱の1つとして位置づけられている。JA西宇和の出荷実績によれば、1995～2008年において温州みかんは約1割、伊予かんと夏みかんはそれぞれ半減したのに対して、優良晩柑の清見は1.6倍、不知火は7倍の伸びを示している（**表2-2-1**）。しかし、共選によって大きく異なる。「御三家」と言われる真穴、川上、日の丸3共選では、晩柑種が出荷量の2～3％（2008年）にとどまり、温州みかんを主軸とする品種構成を維持しているのに対し、それ以外の共選では優良晩柑類が出荷量の2割に達し、不知火では出荷農家数も2倍増の躍進ぶりを示している。市場評価の高い優良晩柑作の拡大は「御三家」以外の共選の存在感を高め、産地全体のブランド力向上と出荷安定に寄与している。品種更新を軸とした新興ブランドづくりの取組が伝統産地に新しい可能性を加味している。

　西宇和の取組の特徴は、徹底した市場動向（消費者）重視、計画出荷、共選ごとの条件に見合った生産・販売対策による収入確保に集約される。産地活性化のキー・ファクターとされる後継者確保の条件について、2.5人の労働力、1.5haの成園経営で年間750万円の収入もしくは500万円の所得確保を関係者は挙げている。所得確保は担い手確保の条件であり、この条件を永続的に確保するためには生産・販売対策を確実に遂行する必要があると見ているからである。

　これらの点は名産地ゆえではない。ブランド発掘育成中の産地やブランドづくり以外の産地活性化の取組にも共通していることは、G産地やK地区の事例に示されている。

2）事例2：ブランド発掘中G産地の実態と可能性

　G産地は県で推進する「愛」ある県産品づくりを行っているが、産地を代表するほどの名産品はない。1995年以降の10年間で販売農家は35％、柑橘作農家は51

％、果樹園面積は49％減少している。販売農家数、果樹園とも**表2-1-4**に示す県平均減少率を大きく上回り、園地荒廃進行の最前線と言って過言ではない。

西宇和との決定的な違いは何かについて、関係者は次の点を挙げている。

①農道が悪い。
②スプリンクラーがなく、水やりや防除作業が重労働になる。
③日照不足の北向き園地が多い。
④主力品種が絞られず、多品種栽培となっている。
⑤１ha未満の小規模農家が多い。
⑥強力な共選リーダーがいない。
⑦若い後継者が少なく、兼業率が高い。

これらの点がブランド産地の形成を困難にしているというが、条件的にごく恵まれている一部の名産地を除けば、県内柑橘産地でよく見られる課題でもある。

ところが、この産地はもうどうにもならず、自然崩壊を待つしかないかと言えばそうでもない。関係者が言うように、ブランド産地づくりは厳しいかもしれないが、産地としてなかなかなくならない。その理由は３つあるという。

１つは、産地内条件は均一ではなく、条件のよいところは農家が残る。

もう１つは、農地を荒らしたくない思いをもっている後継者がかなりいる。彼らは売れるものづくりに意欲的であり、優良品種の導入、老木園の改植、園地拡大を積極的に行っている。生活ができれば農業ほどよい職業はないと豪語する者もいる。

３つ目は、町内や近隣市町村に勤め、定年前または定年後に農業に回帰してくる跡継ぎもかなりいる。主婦・嫁たちも農業を支える大きな力になっている。

これらの理由に示される諸要因はそれぞれどのように作用し、産地存続にどれほど寄与しているかを明確にするにはより詳細な実証分析が必要であるが、３つとも揃えば、産地存続を支える大きな力になることだけは間違いないであろう。産地がなくならない理由は、その地域に住む人々の暮らしがそこにあるからである。

ブランドづくりの取組は始まったばかりである。補助事業を受けて県やJAが薦める奨励品種を試し、地域条件に適した優良品種体系の選別が進行中である。そのため、有能な農家ほど価格変動のリスクを分散し、多品種栽培を行っている。

表 2-2-2　G産地T氏の品種構成と収量
単位：a、コンテナ

栽培形態・品種	栽培特徴	栽培面積	生産量
1．露地栽培			
日南	極早生	38	1,452
早生	早生	18	334
南柑20号	中生	10	490
石地	中生	18	
ひめのか	普通	12	279
はれひめ	中晩	0.7	90
はるみ	中晩	15	264
デコポン（不知火）	中晩	35	261
甘平	中晩	0.8	
せとか	中晩	0.8	未成園
ひめのつき	中晩	10	未成園
麗紅	中晩	0.8	30
河内晩柑	晩柑	10	未成園
2．ハウスみかん			
デコポン	ハウス	12	
紅まどんな	ハウス	10	未成園
甘平	ハウス	12	
3．みかん以外			
レモン	露地	0.5	
キウイ	露地	45	

註：1）聞き取り調査により整理。
　　2）以上のほか、30コンテナの収穫がある。
　　3）品種によって13～18kg/コンテナ。

表2-2-2は、地域リーダーT氏の品種構成を示している。249aの園地で、伝統的な温州みかんからブランド品種として県が推奨している中晩柑・晩柑類、レモン、キウイフルーツを含めて16品種を栽培している。名産地西宇和との違いとして挙げられている④点目の「主力品種が絞られず、多品種栽培となっている」に当てはまるが、T氏は、これを「最適品種構成」と言い、「改植の部分をものにする」ことを目標に掲げている。「主力品種」という「産地」の視点（＝上からの視点）ではなく、我が家の経営にとって何が最善なのかを考えたうえでの作目・品種構成であり、条件の厳しい地域を生きる知恵ともいうべきであろう。

　未成園になっている品種のうち、麗紅だけは近年開発されたばかりの新品種で、県のブランド化戦略における位置づけがまだ明確にされていないが、残りのせとか、ひめのつき、紅まどんな、甘平のいずれも、愛媛県の「リーディングブランド産品」として推奨されている柑橘品種である（註2）。県・農協の姿勢と情報は農家の品種選択に大きな影響を与えているのである。

　G産地では、育成中ブランド品種の販売実績はまだ出荷量の2％（2008年）に満たないが、東京市場で早生・中生種はkg当たり500～600円、晩柑は1,000円くらいの高値が付くほどの評判である。今後、出荷量を増やし、農家の所得向上につなげたいとしている。当面の課題として、関係者は優良品種体系の確立、北向き園地におけるマルチ栽培の導入、樹冠上部摘果・後期重点摘果技術の徹底による隔年結果の改善、中長期的課題としては水源条件の確保、軽トラックが入れる農道造成等園地条件の整備を挙げている。これらの条件なくして優良系統への転換は困難だという。条件こそ違うものの、産地として取り組んでいることや生産

者が考えていることは名産地西宇和とあまり変わらない。

G産地は2005年現在、414戸の販売農家で312haの経営耕地を営んでいる。販売農家のうち、65歳未満農業専従者のいる農家は115戸、同居農業後継者のいる農家は98戸ある。耕地面積との関連でみると、1戸当たり面積は前者で2.71ha、後者で3.18haとなる。果樹園のみだと、それぞれ1.50ha、1.77haとなる。今後、限界園地を中心に廃園はさらに進むと予想されるが、仮にすべての園地を後継者のいる農家に集積させたとしても、この程度の経営規模しかならない。この事実で明らかなように、園地荒廃進行の最前線にある同地域でさえ、農地を耕すに足りるくらいの農業後継者が残っている。関係者は「農地集積は可能だが、問題は人がいるかどうか」としつつも、「所得さえ確保できれば農家はまだまだ頑張れる」とも言う。産地の行方は経営改善の可能性と所得次第、ということであろう。

3）事例3：産地に包摂されるK地区の現実と可能性

K地区は現在、50世帯が生活する沿海部中山間村である。みかんと少量のびわしかない柑橘専作村ではあるが、同地区が所在する合併前の旧行政区域を含め、名産地としての名声はない。最近2年間の柑橘単価をみると、地区内最優秀農家でさえ所属する農協の平均単価を下回り、名産地の象徴とも言える価格プレミアムとは無縁である。

すべての世帯に同居世帯の人数、年齢・職業構成、世帯主の農協加入または脱退状況、農地面積、貸借の有無と規模、高齢者世帯の年金種類、非同居家族（子供や孫世帯）の人数、性別、居住地、教育水準、職業または収入形態等について調査を行ったが、主要結果は表2-2-3に示している。50世帯中の23世帯は柑橘専作農家で、18.2haの園地を営んでいる。そのうち、世帯主年齢が65歳以上世帯は19戸で、農家世帯の83％を占める。非農業世帯を含む高齢者世帯の割合は62％になっている。西宇和でみた高齢化進行やG産地で特に強調されている「人」の問題は、産地に包摂されるこの末端地区でより先鋭に現れている。

しかし、柑橘産地として今後とも存続していくと思わせる要素は幾つかある。①世帯主が64歳以下の農業者4世帯（タイプ①）は強い農業継続意思をもっている。②この4世帯のほか世帯主と同居している40～50代の農業者（タイプ②）が5人おり、今後、柑橘作経営を受け継ぐ可能性が極めて高い。③村内・市内で働

表2-2-3　K地区の農業と暮らしの構造

区　分	数量
1．総世帯（戸）	50
2．非農家世帯	23
3．果樹園持ち勤労者世帯	4
4．農家世帯	23
うち：世帯主が65歳以上の世帯	19
厚生年金生活世帯	4
非世帯主同居青壮年農業跡継ぎがいる世帯	5
村内・近隣市内勤務跡継ぎがいる世帯	5
5．栽培面積（a）	1,910
うち：柑橘類	1,690
その他果実	220

註：1）出所：筆者聞き取りと農家記入。
　　2）「その他果実」はほとんど枇杷。

く30～50代の潜在的農業後継者をもつ世帯（タイプ③）も5戸ある。農地面積をタイプ①の4世帯で割ると1戸当たり4.78ha、タイプ①と②の9世帯で割ると2.12ha、タイプ①～③の14世帯で割ると1.36haになる。G産地同様、後継者不足と言われながら、農地との関係から見れば十分なほど温存している。

　ほとんどのミカン園は急傾斜地にあり、水源条件が未整備な園地も多いため恵まれた条件ではない。しかし、現役の農業者は柑橘作経営に強い意欲をもっている。タイプ①の1人で、レモンを含む10品目、1.5haの柑橘作を営んでいるA氏は、次のような「我が家の経営改善目標」を披露してくれた。

　①南柑20号、河内晩柑の成園化で生産量を10％増加させる。

　②マルチ栽培を増やし、ネット販売を昨年の約100万円からさらに拡大する。

　③河内晩柑、文旦の薬害解消と品質向上を進める。

　④せとか、ネーブル、レモンの栽培面積をさらに拡大する。

新植園地の成園化や園地面積の拡大といった経営規模の外延的拡大努力があり、マルチ栽培、薬害解消、品質向上等農法改善努力があり、ネット販売のような販路開拓努力もあり、並々ならぬ経営意欲をもっていると言ってよいであろう。他方では、県や農業団体が進める果樹産地の構造改革等については、冷めた見方を示している。県や農協が「リーディングブランド産品」として推奨している「まりひめ」というみかん品種を導入し失敗した複数の農家の例を引き出しながら、A氏は、どの品種・品目を作るかは生産者に任せるべき問題であり、農家のやることに手を出すよりも、生産者が望んでいる水源条件の改善や所得安定に力を入れるべきだと注文する。

　A氏は8人の大家族で、収入は祖母・父母の年金収入と400万円程度の柑橘作収入のみである。強い営農継続意思をもつ理由は、家族の暮らしを支える手段として柑橘作しかなく、努力すれば収入改善の見込みがあるとみているからである。

これは、僅かな国民年金収入しかない他の農家にも言えることである。同表に示すように、世帯主が65歳以上の高齢農家世帯のうち、月額が比較的高い厚生年金をもらっている世帯は4戸のみで、残り15世帯の高齢者は加入時期等によって3～5万円程度の国民年金収入しかない。彼等にとって老後の生活を維持していくために農業はなお必要な場合もあるし、あった方がよいと思われている場合もある。このことは、条件不利地域における農業存続条件の1つになっているが、農地の集積利用を妨げ、長期化させる要因の1つでもある。

以上の3つの事例考察から見えてきた点は次のようにまとめることができる。

第1に、各地域で条件の違いはあるものの、農家が取り組んでいることや考えていることに大きな違いはない。我が家の経営を改善し、より豊かでより穏やかな暮らしを目指そうとしている点で共通している。これは言い換えれば、地域や地域に暮らしている人々はまだ十分豊かでないことを意味するものでもある。

第2に、各地域とも経営改善や産地活性化に向けて懸命な努力を行っており、なおかつ一定の実績をあげ、継続していく意欲もある。産地の行方は経営改善の可能性と条件次第と言える。

第3に、G産地、K地区のような極めて困難な地域でさえ強い営農意欲をもち、農地を耕すに足りるほどの農業後継者を温存している。

これらの点は産地存続・活性化の内的条件であり、可能性を示すものであり、今後の産地再生、地域活性化にどう活かしていくかが課題である。

2．産地存続を支える地域活性化要素

3つの調査地域で特に強調されたもう1つの点は、人口減少や高齢化進行に伴う地域社会の活力低下であり、産地の存続と活性化を図るためにも地域を活性化しなければならないという点である。そのため、各地でどのような活性化手法が構想または実施されているかに強い関心をもっている。これは、前節の考察で抽出した第3の課題でもある。

ところが、地域活性化というのは、決してこの時期になって初めて現れたことではない。過疎問題が顕在化し始めた1960年代にすでに重要な地域問題または政策問題として注目されていたし、90年代以降における「限界集落」問題の社会現象化や平成の市町村大合併に伴う一部地域での公共サービスの低下によってこの

図2-2-1　地域活性化の要素構成

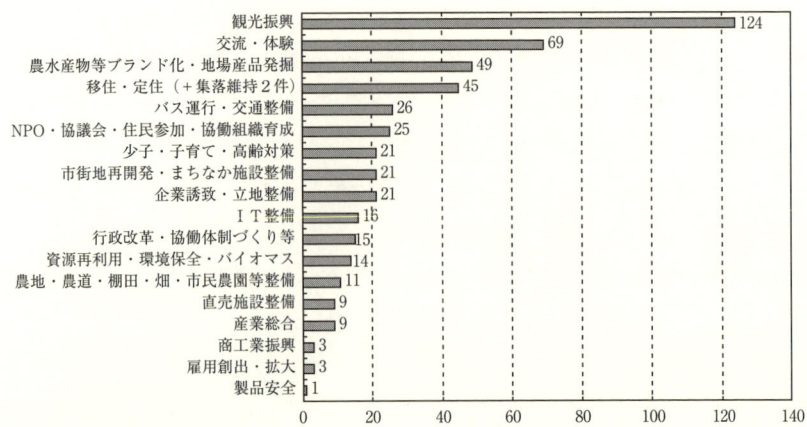

- 観光振興　124
- 交流・体験　69
- 農水産物等ブランド化・地場産品発掘　49
- 移住・定住（＋集落維持2件）　45
- バス運行・交通整備　26
- NPO・協議会・住民参加・協働組織育成　25
- 少子・子育て・高齢対策　21
- 市街地再開発・まちなか施設整備　21
- 企業誘致・立地整備　21
- ＩＴ整備　16
- 行政改革・協働体制づくり等　15
- 資源再利用・環境保全・バイオマス　14
- 農地・農道・棚田・畑・市民農園等整備　11
- 直売施設整備　9
- 産業総合　9
- 商工業振興　3
- 雇用創出・拡大　3
- 製品安全　1

註：2008年度総務省「頑張る地方応援プログラム」に応募した1,795市町村の個票一覧表において、「地域活性化」または「地域の活性化」に該当するプロジェクトを抽出し、整理したものである。

問題に対する関心が一層高まり、そのための調査研究も多数行われてきた。調査地域でこの点に強い関心を示したのは、これまでの取組がまだ十分な成果をあげていないからであり、その前段階の問題として、膨大な調査研究の蓄積があったにもかかわらず、各地域の取組にとって参考になる活性化手法とは何かとなると、釈然としないところがあったからである。全国各地で行われ、または行われようとしている地域活性化手法とは何かを整理し、提示することが、実践問題として求められているのである。

図2-2-1は、全国各地で構想または実施されている地域活性化プロジェクトの構成を示している。2008年度総務省の「頑張る地方応援プログラム」に応募した1,795市町村の個票から「地域活性化」コンセプトが入ったすべてのプロジェクトを抽出し、目的または手法別に整理し、取りまとめたものである。このプログラムは、「やる気のある地方が自由に独自の施策を展開することにより、『魅力ある地方』に生まれ変わるよう、地方独自のプロジェクトを自ら考え、前向きに取り組む地方自治体に対し、地方交付税等の支援を講じる」（註3）ことを趣旨としている。そのため、それぞれのプロジェクト（事業）は、その地域が直面している問題点、または地域を活性化するために優先的に取り組まねばならない課題を示していることはもちろん、地域の条件、それまでの地域振興の歴史に対する

思いや地域から捉えた新しい時代の要請、そして、地域活性化に対する考え、現状打開または改善していく意気込み等も当然含まれていなければならない。程度の差はあるものの、地域の過去、現在、将来に対する考え・思いを凝集した地域活性化の知恵とみてよいであろう。

同図にみられるように、ここでも農林水産物・食品のブランド化に関連したプロジェクトは17％を占め、地域活性化の手法として高く注目されている。農林水産業の振興や産地活性化だけでなく、より広範な地域活性化においても地域ブランド形成の取組が重視されている。市町村段階の地域経済や社会における農林水産業の位置づけから考えれば当然のこととも言えるが、しかし、ここで注目すべきはむしろ、ブランド形成のほかにも多くの活性化手法が構想または実施されている、という点である。3つの特徴をみることができる。

1つは、活性化手法の豊富さである。ブランド関連Pを除いても17ジャンル、433件にのぼる。活性化知恵の宝山と言ってよい。これらの知恵の中で名産地をもつ地域からのものもあれば、そうでない地域からのものもあるため、ブランド形成が困難とみられる産地にとって参考になる知恵が多数含まれていると考える。それを如何に選び出し、地域活性化の計画づくりや取組の実際に活かしていくかが課題である。

もう1つは、上位数項目への集中度が極めて高いことである。「観光振興」、「交流・体験」、「農林水産物等ブランド化・地場産品発掘」、「移住・定住」の4項目は他の項目を引き離して際だって多い。そのうち、「観光振興」、「交流・体験」の2項目だけで全件数の40％、ブランド関連Pを除く件数の45％を占めている。これらの取組は多くの地域で有力な活性化手法として注目されているとみてよいのであり、今後の農業振興や地域づくりを考えるうえで留意すべき点である。

3つ目は、担い手づくり関連項目が多いことである。「移住・定住」、「NPO・協議会・住民参加・協働組織育成」、「少子・子育て・高齢化対策」はもちろん、多くの場合に高齢化対策の一環として構想されている「バス運行・交通整備」もこれに該当し、合わせて全体の24％を占める。前節の3事例でみた人口減少や高齢化進行に対する危機感は多くの地域が共有し、対応を急いでいるのである。

対照的に、従来からよく言われてきた「企業誘致・立地整備」関連は全体の4％にとどまっている。これまでに実績をあげた地域は少なく、不況に伴う企業撤

表2-2-4　地域資源を活用した施設のある農業集落（2005年）

区　分	集落			施設			利用者数（千人）
	該当集落数	対農業集落%	対市町村比	施設数	対農業集落%	対市町村比	
いずれかの施設がある	15,603	11.2	8.9	13,538	9.7	7.7	230,015
うち：産地直売所	8,879	6.4	5.0	757	0.5	0.4	9,384
市民農園	2,844	2.0	1.6	3,931	2.8	2.2	852
農業・農村研修施設	840	0.6	0.5	904	0.6	0.5	17,165
農業公園	649	0.5	0.4	661	0.5	0.4	17,266
森林・林業研修施設	376	0.3	0.2	387	0.3	0.2	4,716
体験実習林	197	0.1	0.1	204	0.1	0.1	322
森林レクリエーション施設							
森林公園	1,508	1.1	0.9	1,561	1.1	0.9	47,708
キャンプ場	2,242	1.6	1.3	2,596	1.9	1.5	14,839
その他	1,072	0.8	0.6	1,245	0.9	0.7	67,248

註：1）2005年農業センサスにより整理。
　　2）「対市町村比」の計算に用いた市町村数は、2009年現在見込まれている1,760市町村である。

退や雇用削減等もあり、こういった伝統的な地域開発手法への期待が薄れてきていると推察される（註4）。

　これらの知恵を地域活性化の取組に活かすためには、地域の条件やこれまでの地域振興の歴史を踏まえて1つ1つ吟味し、それぞれの地域に適したものを選び出さねばならないし、独自の創意工夫を付け加えることも当然必要不可欠である。実施面で多くの課題があると思われるが、知恵としてはもう十分であり、後は選択と行動のみと言ってよいであろう。

　観光・交流活動が多くの地域で注目される理由は主として2つ考えられる。1つは、これらの活動は豊かでゆとりある暮らしの必須要素となっており、旺盛な需要が見込まれるという点である。もう1つは、こうした活動を遂行するための条件が広範に整備され、なおかつ確実に利用実績をあげており、波及効果も期待されるという点である。

　1点目については、国土交通省の調査結果（2006年）からみることができる。それによれば、国民1人当たり年間国内旅行回数は、2日以上宿泊旅行で2.91回、日帰り旅行で2.93回あり、1回当たり旅行費用（＝国内旅行単価）はそれぞれ5万4,833円、1万6,087円となっている。これらの数値から算出される観光・旅行の直接経済効果（＝観光・旅行費用）は年間24.4兆円にのぼるが、この直接効果からさらに55.3兆円の生産波及効果（2005年国内生産額の5.4％に相当）、29.7兆円の付加価値効果（国内総生産の5.9％に相当）、469万人の雇用効果（国民経済計算における就業者数の7.4％に相当）、5.0兆円の税収効果（国税・地方税合計

の5.8％に相当）を生み出している（註5）。これらの効果は、言うまでもなく農業、農村地域に及ぼすものが多く含まれている。国内観光旅行費だけを項目別に集計してみると、交通費は26％、菓子を含む飲食費や農水産物・加工食品購入費は24％、宿泊費は20％を占めている。こうした支出やそれに伴う諸波及効果のいずれもが農業、農村地域を潤し、農業・農村地域の経済活動を支えるうえで極めて重要な役割を果たしている。

　都市・農村交流活動も同様の効果をもたらすことが、農林水産省「都市と農村の交流に関する意識・意向について」（2000年）の調査結果に示されている。同調査によれば、都市住民が農村に訪れて行いたいこととして、回答者の76％が地域特産品や新鮮な農産物の購入、65％が郷土料理を味わうことと観光農園・牧場利用、56％が野外観察・自然散策、37％がスポーツ等レジャー活動を挙げている。他方の農業者側は、都市住民との交流に取り組みたいこととして、回答者の65％が「特産品や農産物の販売」を挙げ、そのために「直売所の整備」（63％）、「美しい村づくり」（60％）、「宿泊施設の整備」（54％）等を進めたいとしている（註6）。都市・農村交流活動の展開は地域に訪れる側と受け入れる側のどちらにとってもメリットがあり、農産物の価値実現、農村資源の有効利用、農村社会の活性化など、多岐にわたる効果をもたらす可能性がある。

　観光・交流が注目されるもう1つの理由として挙げた関連条件整備の効果も明白であろう。表2-2-4は、農業集落段階における関連施設の整備・利用状況を示している。いずれかの施設をもっている農業集落は全体の11％を占め、合併後では1市町村当たり8施設に達している。産地直売所をもっている農業集落は8,879と最も多く、その次に市民農園、キャンプ場、森林レクリエーション施設が並ぶ。各種施設の年間利用者数は2億3,000万人にのぼり、国民1人当たり年2回の利用頻度になっている。農業集落以外の地域にも多数の施設が整備されているため、実際の施設数や年間利用者数は表に示す数値を大きく上回る水準に達していると推察される。

　これらの施設の中で、公的施設だけで年間約1,500億円の売上げ実績をあげているとの試算もあるが（註7）、国土交通省の推計でみた旅行関連支出や波及効果を含めて考えれば、少なくとも実際の売上げの3倍に相当する経済効果を生んでいると推測される（註8）。この種の活動は、もはや豊かな地域社会と穏やか

な暮らしの形成を考えるうえで欠かせない要素になっている。

　観光・交流活動とともに高い注目を集めているのが農産物直売施設である。表2-2-4でみた産地直売所をもつ農業集落の多さはこれを示しているが、図2-2-1の観光・交流、ブランド関連Pにおいても直売施設の整備を内容としたものが多く含まれている。地域農業振興における直売施設の効果については、すでに第1章第4節で取り上げた愛媛県「内子町フレッシュパークからり」、今治市「さいさいきてや」、福岡県前原市「伊都菜彩」の3事例を通してみたが、そこで述べたように、直売施設1つで、地域によっては販売農家数の30～97％、農業産出額の12～32％、生産農業所得の35～113％をカバーするほどの存在となっており、農業や地域の活性化に大きな役割を果たしている。

　地域ブランドづくりの取組は、「村を売る」、「地域を売る」、「地域を売り込む」（註9）といったキャッチフレーズに象徴されるように、徹底した製品差別化、優れたマーケティング力で明確な市場指向を有すると特徴づけられるが、直売施設に代表される地産地消の取組は明らかに違う。明確な市場指向で「村を売る」、「地域を売り込む」のではなく、地域で生産されたあらゆる産品やサービスを受け容れ、消費者を地域に呼び込む形で生産物の価値実現と農業・農村の活性化を図ろうとしている。生産物も生産者も差別しない全員参加型の社会装置として農産物流通の一役を担っているのである。その効果と可能性も、売上げの大きさや伸び率のみで測られるものではなく、流通経費の節減と農家手取りの増加による富の再分配、輸送距離の短縮による二酸化炭素削減、女性・高齢者の社会参加等多方面に及んでいる。市場流通の割合が低下する中で、農業や地域活性化におけるその重要性がますます大きくなると考えられる。

　しかし、第1章第4節で取り上げた3つの直売事例でもみたように、これらのメリットは地域によって大きく異なる。これをさらに裏付ける調査結果として、農林水産省「農業・農村の持続的な発展への取組みに関する調査」（2004）がある。それによれば、都市に近い地域ほど1施設当たり売上げ1億円以上の中型・大型施設が集中し、中山間等不便な地域ほど1,000万円以下や1,000万円から5,000万円程度の小規模施設が多い（註10）。直売が西宇和のような大規模専作産地に向かないことも、直売施設に代表される地産地消の限界を端的に示している。施設の効果を十分発揮するためには、こうした限界を理解し、地域ブランドの取組や図

2-2-1に示す多様な地域活性化手法と併用する工夫が必要である。

（註1）以下に挙げる生産・販売対策と合わせて、文献［2］を参照されたい。
（註2）文献［1］を参照されたい。
（註3）総務省HP「頑張る地方応援プログラム」について（PDF、「頑張る地方応援プログラムの概要」）による。
（註4）この点については、岡田［9］を併せて参照されたい。
（註5）カッコ内はすべて2005年度をベースにしている。国土交通省［4］を参照されたい。大江［10］は、この種の活動は現段階で「社会的最適点より過小供給の状態にある」と指摘し、今後の一層の拡大の可能性を示唆している。
（註6）農林水産省［6］による。しかし、図2-2-1に挙げている観光・交流とは都市農村交流に限るものでないことにも留意されたい。
（註7）文献［12］を参照されたい。
（註8）これも国土交通省［4］を参照されたい。
（註9）東谷［13］および2009年３月２日付け『日本農業新聞』「論説：地域ブランド化」を参照されたい。
（註10）2004年度食料・農業・農村白書参考統計表（p.79表）を参照されたい。元は農林水産省「農業・農村の持続的な発展への取組みに関する調査」(2004) による。
　　なお、直売施設の効果については池上［3］、中安［5］の学会報告、農林水産省［7］、［8］、および文献［12］の調査等がある。関連研究として大江［10］、霜浦・宮崎［11］を参照されたい。大江は、直売を観光交流活動の「御三家」（p.349）の１つとして位置づけている。

引用文献
［1］えひめ愛フード推進機構「えひめ農林水産物等のブランド戦略基本方針」2006
［2］八西地域農業振興協議会「果樹産地構造改革計画」2007年８月
［3］池上甲一「農産物直売所を中心とする地産地消の新段階—グローバル経済下におけるマーケティングの方向を考える—」『農林業問題研究』第38巻第４号、2003、pp.47-48
［4］国土交通省総合政策局旅行振興課『旅行・観光産業の経済効果に関する調査研究Ⅵ：2005年度旅行・観光消費動向調査結果と経済効果の推計』2006
［5］中安章「都市・農村交流による農産物流通の展開」『農林業問題研究』第34巻第３号、1998、pp.11-19
［6］農林水産省「都市と農村の交流に関する意識・意向について」2000
［7］農林水産省「農産物の直販・加工に関する意向調査」2001
［8］農林水産省「地産地消に関する意識・意向調査結果」2007
［9］岡田知弘「地域農業の発展方向と農業の役割」『農林業問題研究』第32巻第３号、

1996、pp.10-19
［10］大江靖雄「多角的資源利用と農村経済の持続性」『農林業問題研究』第43巻第4号、2008、pp.13-22
［11］霜浦森平・宮崎猛「内発的発展に関する産業連関分析―京都美山町における地域経営型都市農村交流産業を事例として―」『農林業問題研究』第38巻第1号、2002、pp.13-24
［12］（財）都市農山漁村交流活性化機構「主な公的グリーン・ツーリズム関連施設における経済的・社会的活動実績動向調査」2004
［13］東谷望史「基調講演：ゆずによる地域づくり―馬路村農業協同組合の取り組み」『農を変えたい！全国集会in今治』2009、pp.12-14

第3節　地域活性化の条件

1．活性化または不活性化の理由

　以上の考察で明らかなように、産地も、産地に包摂される地域も、産地を抱える地域も大きく動いている。高齢化、後継者難、耕作放棄といったネガティブな方向へと進むだけでなく、地域資源に立脚し、時代の流れを汲み入れた地域ブランドづくり、生産条件整備やマーケティング努力、我が家の暮らしと経営改善、産地ブランドによらない個性的で多様な地域活性化手法の発掘など、難局打開と新たな可能性をともに追求する確かで革新的な動きも現れている。前者を不活性化要素というならば、後者を活性化要素とみるべきであろう。産地再生・地域活性化の道は、活性化要素を育て実らせ、不活性化要素を減らしていくほかない。
　問題は、活性化要素を育て実らせ、不活性化要素を減らしていくために何が大事かという点である。
　産地ブランドを確立した西宇和では、共選ごとに生産・販売対策を立て、所得確保と後継者育成を中心にブランド力の向上を図っている。農業後継者確保の条件として1戸当たり2.5人の労働力、1.5haの成園経営で年間750万円の収入もしくは500万円の所得確保を挙げている。生産者の所得確保は、産地ブランド力の維持向上において最も重要な課題と位置づけられているのである。
　G産地は厳しい生産条件の中で産地ブランドの発掘育成に取り組み、名産地の実績からみればまだ目途さえ分からない段階にあるが、高品質のみかんづくりで

一定の成果もあげている。「所得さえ確保できれば農家はまだまだ頑張れる」という関係者の話にうかがわれるように、所得確保は産地再生努力を持続させるための原動力になっている。

K地区では、最優秀農家でさえ西宇和でいう500万円の所得に遠く及ばない。しかしG産地同様、営農意欲があり、農地を守るに足りるほどの農業後継者が残っている。兼業収入の機会が乏しい中山間地域において農業は暮らしを支える手段であり、頑張れば収入改善の見込みがあるとみているからである。

さらには、全国各地で構想・実施されている地域活性化関連プロジェクトにおいて観光・交流、農林水産物等のブランド化、地場産品開発の３項目は上位を占め、観光・交流活動に最も期待する効果として生産者の収入に直結する「特産品や農産物販売」が挙げられていることや、農業集落段階の交流施設として生産物販売の有力手段になりつつある農産物直売所に地域住民が大きく注目していることも、農業所得確保の重要性を示している。西宇和、G産地のような産地段階やK地区のような産地に包摂される末端の地域社会のみならず、産地範囲を超える地域活性化の取組においても所得確保は前提であり、目的の１つであり、取組を持続させるための原動力になっているのである。

これらの点で明らかなように、活性化要素を育て実らせるために生産者の所得確保は決定的に重要である。見方を変えれば、不活性化の理由もまた、農業所得の低さやそこから派生する諸問題に集約されるということになる。これも、多くの調査結果や実態そのものから明らかにされている。

例えば、農林水産省が2003年に行った『農業経営の展開に関する意識・意向調査結果』において、「農業を営む上の経営問題」として６～７割の回答者が「農産物価格が不安定」、５割の回答者が「生産資材価格が高い」ことを挙げている。農業経営の展開を図るうえで、所得確保に直結するこれらの問題が極めて重要であるとみているからである。

同じ年に行った『近年まで農業を営んでいた方への意向調査結果』において、農業経営の困難さを感じた理由や経営を断念した理由として収入要因を挙げた離農者が最も多く、不活性化要素と農業所得との関連性を強く示唆している。

また、東京で働きながら、「できることなら、実家の農業を継ぎたい」と考え、「農家のこせがれ」ネットワークを立ち上げて行動している農家の子弟達は、実家を

離れて東京で働く理由について、「実家は農家だが、『農業では飯が食えないから東京へ出て働け』と言われた」ことを挙げている（註1）。産地や地域の活力低下をもたらした最も基本的な要因の1つと考えられている若者の離農・離村や後継者不足といった問題や「農業では飯が食えない」という現実は、農業所得の低さとの因果関係を如実に表している。

このように、活性化要素も不活性化要素も所得と密接にかかわっており、所得確保は産地再生・地域活性化の基本であることが明白である。前節でみた地域ブランドを創り守る産地努力（西宇和）も、産地ブランドの発掘育成に向けた挑戦（G産地）も、産地の如何にかかわらずひたすら我が家の経営改善に励む生産者の経営努力（K地区A農家）も、産地範囲を超えた多様な地域活性化の試み（図2-2-1）も、そして、故郷を離れて遠くにある実家の農業をいつか継ぎたい思いを抱く「農家のこせがれ」たちの活動も、形態や手法こそ違いがあるものの、地域または我が家の収入条件を改善し、より豊かでより穏やかな暮らしを目指そうとしている点で共通している。これは、農村地域やそこで生活する人々の暮らしがまだ十分豊かでないことの裏返しであり、その改善を図るための努力は、農業・農村の活性化につながる道であることを示唆するものでもある。ごく当たり前で簡単な結論ではあるが、農政関係者や政治家の多くが、また農業・農村をフィールドとする研究者ですら、この重要で基本的な事実を忘れ、または見ようとしない時がある。しかし、この簡単な結論のもつ意味は決して小さくはない。活性化要素を育て実らせ、不活性化要素を減らしていくための努力はここに軸足を置き、ここから出発しなければならないのである。

2．産地・地域活性化の条件

活性化要素を育て実らせ、不活性化要素を減らすために所得確保やそのための経営改善努力が極めて重要であることを事例考察により明らかにしたが、次に問われねばならないのは、どうすればそれが可能かという点であろう。これも前節の事例考察から多くの示唆が与えられており、4点にまとめたい。

1）所得向上の阻害要因を取り除く生産条件整備の推進

農業所得を構成する基本的要素は、経営規模、作物単収、生産物価格、経営費

の4つがあり（註2）、そのいずれも生産条件と密接にかかわっている。基本法農政以降の農業構造政策の下で多くの条件整備事業が進められてきたが、農業者の経営安定および産地や地域活性化の必要からみてまだ不十分であることは、前節の事例考察で示した通りである。西宇和で特に力を入れている園内道・作業道の設置、G産地、K地区で求めている水源条件の改善や農道整備等はもちろん、図2-2-1において地域活性化要素として挙げられている「農林水産物等のブランド化・地場産品発掘」、「農地・農道・棚田・畑・市民農園等整備」、「直売施設整備」、「観光・交流」活動等の展開に必要な条件整備事業の多くも、生産条件整備に該当するものである。事例考察で明らかになったように、どの地域も農家の取り組んでいることや考えていることにそれほど違いはない。違っているのは、置かれている地域の生産条件であり、生産条件に規定される取組の蓄積や直面する課題である。生産条件の改善に結び付く条件整備事業の推進はこうした阻害要素を取り除き、生産者の所得向上、産地存続、地域活性化につながる可能性がある。

　このように考えるならば、柑橘産地で進めている奨励品種・品目への改植、高接ぎ、小規模園地整備といった果樹産地の構造改革は正しいように見えるが、産地を活性化させる決め手になっているかと言えば別問題である。

　2007年に導入された「新しい果樹対策」は、生産基盤の改善と生産構造の改革を基本とする「果樹経営支援対策事業」と、計画的な需給調整を基本とする「果実需給安定対策事業」の2つの軸から構成されている。前者は、産地ごとに作成された産地振興計画において今後振興すべきと明記されている品目・品種を対象に、優良品目・品種への改植、高接ぎ、または担い手への園地集積を前提とした廃園を実施した取組や、小規模園地整備、用水・かん水施設の設置等を補助する。それに対して後者は、温州みかんとりんごを対象に、生産団体の主導による計画的な生産出荷の推進（果実計画生産推進事業）や、一時的な出荷集中が発生した時に生食用果実を加工原料用に仕向けた場合の掛かり増し経費の一部に対する補助（緊急需給調整特別対策事業）を行うものである。2001～2006年までの前対策に比べて、新しい果樹対策の最大の特徴は、需給調整を実施してもなお価格が低下した場合に対する価格補てんを廃止し、生産基盤の強化や生産構造の改革を徹底しようとしたことと、「緊急需給調整特別対策事業」が導入されたことである。

　しかし実態はどうであろうか。「新しい果樹対策」に転換した2007年以降2年

間における愛媛県の実績をとってみると、果樹園改植面積は年40ha程度で柑橘栽培面積の0.2％に過ぎない。前対策期間6年間平均の49haに比べて整備面積はむしろ減っている。多くの農家が望んでいる園内道・作業道の設置についても、補助事業の受益者は年40戸程度で柑橘販売農家の0.03％しかない。受益農家数も年平均整備水準（総延長）も、ほとんどの年で前対策期間のそれを大きく下回っている（註3）。

　これらの実績で示されるように、生産基盤の強化や生産構造の改革は新しい果樹対策の目玉対策でありながら、対策のインパクトがあまりにも小さく、なおかつ前対策期間の実績に比べて大きく後退している。何が問題なのか。対策費の規模が小さく、現場からの条件整備要請に対応できるだけの財源が不足しているためなのか、それとも、補助事業の採択要件そのものが現場のニーズに合わず、財源があっても整備事業が進まなかったということなのか。事業実施のあり方と効果を検証する必要がある。いずれにしても、生産基盤の強化や生産構造の改革を軸に産地活性化を図るには、園地荒廃の速度を上回るテンポで生産条件整備を進めねばならない。そのための効果的な進め方については、農政、自治体、農業団体等関係者が知恵を出し合って検討する必要がある。

2）地域段階での所得創出

　所得確保は基本的に個別経営の問題になるが、地域段階の努力も欠かせない。理由は簡単である。農業所得を構成するすべての要素—経営規模、単収、生産物価格、経営費—は、生産者個人の努力のみならず、それぞれの生産者が置かれている地域の諸条件にも大きく依存しているためである。地域段階の努力なくして生産者の所得安定確保は、多くの場合に困難だからである。

　ここでいう地域とは、単に山、川、海といった自然要素の集合体ではない。地域には自治体、農協、生協、および食品や農業資材関連の製造・卸売・小売業者、消費者団体といった経済組織、これらの経済組織の土台となる産業、そしてヒト、モノ、カネを結ぶ市場等が集積している。地域条件は同時に組織条件、産業条件、市場条件を意味するものでもある（註4）。したがって、地域段階の努力は、当然のことながら地域農業にかかわるこれらのファクターを動かしている経済組織の努力を指す。地域農業に多くの経済組織がかかわっているが、最大の経済組織

は何と言っても農協あるいはJAグループである。農協は生産資材の供給、営農指導、農業施設の運営などの面で生産者の農業経営活動に深くかかわっており、農産物流通・販売の大半を担う農産物市場の最大プレイヤーであり、農業政策の形成や農業関連補助事業の受け皿として農政に最も大きな影響力をもつ、圧力団体とも地域農業の主体とも言われる存在である。農協を抜きにして生産者の所得安定確保は語れないという点から、農協の事業を中心に考えてみたい。多岐にわたる複雑な問題ではあるが、生産者の農業所得に直結すると思われる3つの点のみ挙げてみよう。

　1つ目は、販売事業の建て直しによる収入の確保である。前節の事例で取り上げた柑橘産地では、農家と農協は専属利用契約で結ばれ、農家の収入は農協の販売事業に大きく依存している。多くの調査によれば、生産者は販売事業に大きく期待する一方、事業運営への満足度が必ずしも高くない（註5）。西宇和とG産地の違いとして強力な共選が挙げられていることも、この点を示している。市場外流通の拡大で農協の価格形成機能が低下する一方、需要喚起やマーケット開拓の面で生産者の期待に応えられない場面が多いからである。産地の存続・活性化を図るためには、農家の収入に直結する販売事業の建て直しが不可欠である。

　その方向性も明確であろう。農協の販売事業に対する組合員農家の不満は主として同業他社に比べて生産物の手取り価格が安く、農家の経営努力に見合った対応ができていないところにある。出荷・販売事業に期待することは、主として価格交渉力の強化、直接販売やその他販売経路の拡大、契約栽培の拡大、販売先の提案等販売力の強化策が挙げられている。したがってJAグループのやるべきことは、これらの点の改善に結び付くような販売事業の立て直しを行えばよい。その際に、なぜ同業他社に比べて農協の販売価格が安いか、あるいはその反対に、なぜ農協以外の業者は農協を上回る価格で農家から買い取ることが可能であったかなど、販売事業が直面する課題を1つ1つクリアしていかねばならない。さらに、農協に比べて同業他社のサービスはどこがよかったか、農協として同等かそれ以上のサービスを継続的に提供することが可能か、可能ならばどのように、不可能ならばなぜ不可能なのかなど、事業改善のヒントとなる点も把握し整理しなければならない。こうした自主的な検証活動により問題点を明らかにし、共販事業のあるべき姿を考え、具体的な改善作業を進めていけばよい。基本方向として

は、いまなお高い市場占有率をもつ共販の強みを活かしつつ、卸売・小売、食品加工、飲食、観光旅行等大口需要者との契約販売網を構築し、新しい地産他商の形を創るとともに、地産地消の推進でローカルマーケットを掘り起こし、自らの手で市場を創っていくことであろう。販売事業の立て直しによる農家の収入確保において、農産物の価値実現に結び付く市場開拓は極めて重要なのである。

　2つ目は、経費節減による生産者手取りの確保である。JA役職員の間でよく言われる「1円でも高く売る」ような販売努力はむろん重要なことであるが、生産者の手取りを高めるもう1つの手法として、JAグループの経費削減努力も欠かせない。1点目で述べた販路開拓努力は農産物の供給過剰という厚い壁にぶつかるため限界があり、与えられた市場条件の中で生産者の諸負担を如何に減らすかを併せて考えねばならない。

　農林水産省『農業協同組合の経済事業に関する意識・意向調査』（農林水産情報交流ネットワーク事業　全国アンケート調査、2008年）によれば、肥料、農薬、農業機械の購入において農協を主な購入先としている理由は、「長年の取引をしているから」を挙げている回答者が最も多いのに対して、農協以外の業者を主な購入先としている理由の中では「価格が安いから」との答えが多い。経費節減を求める農家の経営努力は、結果的に農家の経済事業離れをもたらしていることを示唆する調査結果である。JAグループが進めている安価な資材の提供、手数料の引き下げ、予約・大口利用に対する割引等の資材価格引き下げ等に対する経営努力については、取組が「強化されたと感じていない」回答が50％を占め、「強化されたと感じる」回答の19％を大きく上回っている。そのため、84％の回答者は農協に資材「価格の引き下げ」を期待している。

　経費節減の必要性は、資材供給事業に限るものではない。図2-3-1は、G産地の年度別みかんの出荷量（線グラフ、右軸目盛り）、販売単価およびその支払い構成（棒グラフ、左軸目盛り）を示している。2つの特徴をみることができる。1つは、出荷量が多い年ほどみかんの販売単価が低く、販売単価は出荷量以上に激しく変動し著しい不安定性を示していることである。もう1つは、生産者手取りの割合は単価の低い年ほど低く、5割を下回る年（2001年、生産者手取＝32÷68＝47％）もあることである。前者はよくいわれる「隔年結果」（表年と裏年の収量差）の影響によるものと見てよいが、後者は経費負担のあり方にかかわる側面

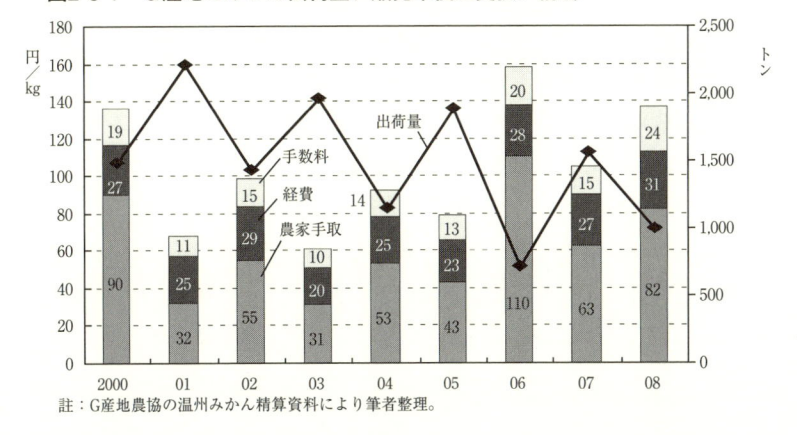

図2-3-1　G産地のみかん出荷量、販売単価と支払い構成

註：G産地農協の温州みかん精算資料により筆者整理。

もある。単価が低い年ほど農家の手取りが低いというのは、農家が農協以上に価格変動のリスクを背負っていることを意味する。人件費や施設等固定費用が出荷量と関係なく発生するため、当たり前のことではないかとみる農協関係者も多いが、生産者の手取り確保なくして産地活性化はあり得ないという点から、改善すべき課題と見るべきであろう。

いま直売所や契約販売では、販売額の1～2割程度を手数料とするいわば「流通マージン1～2割相場」が形成されつつある。生産物の輸送距離や条件等によって流通経費が異なり、流通マージンを何割にしたらよいかは一概に言えることではない。しかし、「流通マージン1～2割相場」の形成という現実に目を向ける必要がある。あらゆる面で経費節減の可能性を追求するとともに、費用負担のあり方を再考しなければならない。検討すべき点として、選果施設等農業施設関連費用（特に減価償却費）を主に施設利用者の農家に負担させるのではなく、信用・共済を含めてすべての事業で分担し、組織全体の利益が黒字であれば、基本的に生産者負担をゼロにすることを提案したい。信用事業も共済事業も農業者と無関係ではない。「農」を基本とする農協の事業であるから一定の政策恩恵を受けて成り立っている側面がある（註6）。農業施設関連費用を組織全体の共通資本費と位置づけ、すべての事業が分担するという方法は合理的な根拠はあると考える。農業関連施設費の生産者負担を基本的に無料にして生産者の手取りを確保し、農協事業の利用率向上と産地活性化を同時に図るのである。第1章第4節で

取り上げた「伊都菜彩」を運営する福岡県JA糸島はすでに減価償却費ゼロ負担を実施しており、その経験を一般化することが可能かどうかについて、JAグループ全体の課題として検討すべき時期にきているように思われる。

3つ目は、情報提供サービスの充実による経営改善と所得向上である。G産地の農家は、産地ブランドの確立に必要な優良品種の選別、品質向上、収量安定化に役立つ情報を求めている。K地区やその周辺地域では、県・農協の推奨品種「まりひめ」導入で失敗した農家がかなりあるという。糖度や単価のみを重視し、収入を構成する歩留まりや収量の安定性、栽培条件等について十分な情報を与えなかったためである。この類のことはG産地、K地区に限るものではない。農協の広域合併を進めた結果、多くの地域で営農指導の粗放化が進み、それを補う有力な手段として情報サービスの充実が考えられる。

農業以外の世界では、IT技術の進歩やそれを活かした情報網の充実によって製品やサービスの質的向上を図りながら大幅な人員削減を成し遂げ、莫大な費用節減効果を生んでいる。こうした情報革命の効果は農業分野でまだ不十分である。地域段階の経費削減を図る手法として農協の広域合併や店舗の集約再編が不可欠ならば、それによって生じてくる営農指導サービス面の空白を情報提供システムの充実で補っていかねばならない。農業経営、産地再生、地域活性化等に必要なすべての情報ニーズを組合員から集約し、生産者の経営改善努力をサポートするような情報システムを確立するのである。そのためには、農協自身も研究心と情報力に優れた組織に変貌しなければならない。

3）生産者と産地段階の経営努力をバックアップする経営所得対策の確立

前節の事例考察で明らかになった重要な事実の1つは、G産地、K地区のような極めて困難な地域でさえ強い営農意欲をもち、農地を耕すに足りるくらいの農業後継者が残っているという点である。担い手不足、後継者不足と言われながら、農業再生、産地・地域存続の人的条件は、多くの地域で温存しているのである。「農業では飯が食えないから」都会へ出て働きながら、いずれ「実家の農業を継ぎたい」と考えている「農家のこせがれ」たちの存在も、この点を強く示唆している。

しかし彼らが農業で頑張れるかどうかは条件次第であろう。K地区の例でいうと、潜在的に後継可能な者を含む農業後継者をもつ14農家のうち、柑橘作だけで

生活できる1.5ha以上の農家は2戸しかない。残りの12農家は70a〜1ha程度の中規模農家である。彼らに村の農地を集積し規模拡大していく意欲と気力をもたせるためには、上述した生産条件の整備や地域段階の所得創出努力に加え、頑張れば頑張るほど所得が増え、暮らしが楽になるような経営・経済環境を整えていかねばならない。2007年以降の果樹対策には、水田・畑作で実施しているような経営所得補償機能を含まない。価格安定機能も農業団体主導の計画的な生産出荷と、一時的な出荷集中により発生する加工向け生果の費用の一部に対する補助のみである。こういう形で一定の価格安定機能を果たしたとしても、制度が目指す「将来にわたる担い手の経営安定と所得確保」には程遠いものがある。

　その改善策として、直接所得支払い機能を有する経営所得対策の導入が考えられよう。平均生産費と市場価格との差額を補てんするような政策価格論的な発想は、現行貿易体制下の諸ルールに抵触するかどうかを抜きにしても大きな弱点がある。これまで繰り返し経験してきたことのように、平均生産費に基づいて算定される政策価格の運用は必ずと言ってよいほど過剰農産物を生み、価格下落の繰り返しを招く。農業経営を守るために構想した政策であっても、結果として、生産者に多大な不利益をもたらすことになってしまう。2007年以降、果樹経営に対する価格補てんを廃止したのも、こういった政策価格論的手法は苦労のわりに果樹産地の活性化にあまり役に立っていないという経験法則があったからに違いない。

　政策価格論的手法に代わる対策として直接支払い機能を有する経営所得対策の導入が有効と考えられているが、これも、どのような農業・農村像、担い手像を想定しているかを明確にしなければならない。生産者の自主努力と政策支援、補助金運用と競争市場との関係はもちろん、支払い要件や水準といった実務問題にも注意を払う必要である。基本は、こうした対策の実施によって規模拡大、効率改善等に向けた生産者の経営努力を損なってはならないことと、農産物市場の競争機能を低下させてはならないことであろう。農地集積の実績、農業生産活動の経営効率、環境効果等に比例して一定の所得補償金を交付し、規模拡大、品質向上、販路開拓、費用節約、環境保全等の経営努力を行っている生産者にインセンティブを与えることによって産地担い手の確保・育成につなげていくのである。

4）条件不利地域の定住促進と資源・環境保全

　西宇和のような名産地の一部を含めて不活性化要素の多い条件不利地域では、以上に挙げた諸手法で対処できない問題もあり、このままでは産地や地域社会の荒廃進行が止まらない。中山間地直接支払い制度は、「1 haの団地要件」といった条件不利地域対策としてふさわしくない点、「遡及返還義務」のような乱暴で無情な点、生産条件の不利補正だけに着目し、暮らしの視点が欠落している点、支払い対象や金額の決定に現場担当職員の裁量が大きく不公平な結果を生む点等もあって、地域活性化に目立った効果をあげていない（註7）。関連する農地・水・環境保全向上対策も何となくやっている不要不急の感があり、貴重な財源をこんな形で使ってよいかと思わせるところが多く見られる（註8）。産地や地域社会の荒廃進行を食い止めるには即効性と恒久性を併せもった制度整備が必要である。2つほど提案したい。

　1つは、国家公務員に支給する特地勤務手当のように生産・生活条件面で著しい不利性を有する地域に条件不利地域居住手当制度を創設することである。国土交通省の調査によれば、人口減少・過疎化に象徴される農村地域社会の衰退は、中心居住地域への距離、立地条件（地形）、農地や生活基盤の整備状況と密接に関係している（註9）。これらの条件は、農村地域基盤整備事業の推進によって多少改善される可能性もあるが、都会のように便利になることはあり得ない。生産・生活環境の整備は今後とも進めねばならないが、違った発想で農村地域の定住化を図る必要もある。ここで提案する条件不利地域居住手当制度の創設がその1つである。国家公務員の特地勤務手当は、赴任地域の条件を改変するために支給されるものではなく、著しく不便な地に勤務することを前提に支給するものである。こうした政策発想を農村地域の活性化対策づくりに活かせばよい。不要不急な公共事業を廃止する代わりに、中心居住地域への距離、集落の農地整備率、家族構成のほか、農業や地域保全活動とのかかわり等の要素を勘案して特地勤務手当を下回らない水準の条件不利地域居住手当を戸別に支給し（註10）、定住促進を行う。第1章表1-3-4で提示した農業財投改革試案の仕組みに照らしていうならば、右側3項の財源で賄うことになる。

　地域住民が最も高い関心を示している学校、病院、介護施設等については、これらの施設を中山間等条件不利地域で新たに整備するよりも、通学バスや遠隔地

に即応した医療体制の整備・充実など、従来と違う発想で解決策を構想する必要がある。不便さを不便さとして認め、受け入れつつも、中心居住地域の施設・サービス体制を高度化することによって遠隔地住民のニーズに対応し、サービス面での不利益を解消していく発想が必要である。

　もう1つは、図2-2-1に挙げている諸活性化策を地域住民の自主選択の下で実施し、資源・環境保全と地域活性化を図ることである。観光・交流活動への期待が大きいことを踏まえ、従来のような公共事業だけでなく、定住や観光・交流に寄与する美しい村づくりに力点を置くべきである。森、田園、農村道路、生活用排水路、共用施設のほか、居住地の街並みや住宅整備、歴史文化施設の保全等を含めて、美しい村づくり・地域づくりで農村居住空間の資産価値を高め、それを保有したい人や地域に訪れたい人を増やすことで地域社会の永続を図っていく。有機農産物認証制度や特別栽培農産物表示制度等の認証・認定制度はあるが、美しい村づくり・地域づくりを促す対策として、例えば、「美しい村」、「美しい町」を認証するような制度を創設してもよいのではないかと考える。

　以上に挙げた4つの中で、2点目以外はいずれも財源の裏付けが必要であるが、条件は十分あるとみてよいであろう。前章でも述べたように、2008年度一般会計における農業予算額は2兆6,370億円、これに追加予算、補正予算を加えると約3兆円規模になる。一般予算の補助事業とほぼ同額の出資が要求される地方出資や、総務、経済産業、国土交通、環境等省庁の関連予算をさらに加えると、年間5～6兆円の公的資金が農林水産業に投入される計算となる。他方では、2007年度農林水産総生産は6兆円弱である。この産出対投入関係で明らかなように、農林水産業への財源投入はほぼすべての農林水産物を買い取る水準に達している。これほどの大金を使っていても農業者が経営に苦しみ、G産地やK地区農家が求めている水源条件・園内作業道の整備すら遅々と進まないというのは理に叶わない。お金の使い方に問題があるとみるべきであろう。諸施策の整理・統合や関係省庁との連携も視野に入れ、農業予算の大幅な組み替えを含むお金の使い方を変えれば、産地・地域活性化に結び付く政策の遂行が可能となろう。

　農産物市場で高級品が苦戦している今日の経済情勢の下で、ブランドだけで語っていられない現実がある。しかしそういった取組で示される産地間・地域間の知恵比べは、経営主体にインセンティブを与え、農業経営や産地に変革の契機を

もたらす可能性もある。個性的で多様な地域ブランドづくりの実践は、ブランド形成の困難な産地、ブランドによらない地域づくりにも多くの示唆を与えよう。各地の取組を成功させるために、あらゆる努力を傾注すべきである。他方では、ブランドづくりで解決できる問題が極めて限られているという現実にも直視する必要があり、ブランドに入らない通常の農産物を作る生産者でも安心して農業経営に従事できる環境を整えていかねばならない。容易なことではないが、本章で示したようにそのための知恵も条件もある。これらの知恵と条件を地域活性化に活かしていくためには、産地・地域そのものよりもそこで生活する人々に目を向けることが肝要である。産地・地域社会の荒廃はその地域に住む人々の暮らしの崩壊から始まり、その流れを断つための活性化対策もまた、地域に住む人々の暮らしの再建から着手しなければならない。産地主義・地域主義から人の暮らしを大事にする人本主義への転換である。こうした転換は結果的に産地活性化をもたらし、真に豊かで穏やかな地域社会の形成につながっていくと考えられる。

(註1) 同ネットワークHP「農家のこせがれのためのネットワーク　活動趣旨」より引用。
(註2) 作物部門に限定して考えれば、〈農業所得＝作物生産量×単価－経営費〉になる。作物生産量は作付面積と単収から構成されるため、経営規模（＝作付面積）、単収、単価、経営費の4つが農業所得を構成する基本要素になる。
(註3) 愛媛県農林水産部資料『愛媛の果樹』（2009年1月）により筆者が再集計したものである。
(註4) 拙著［3］序章を参照されたい。
(註5) 例えば、2002年度食料・農業・農村白書では、大規模稲作農家、特に農業法人は出荷・販売先として農協以外を選ぶ傾向が強く、大規模農家を中心に農協の販売事業に対して満足していない調査結果を示している。2009年に公表した農林水産省『農業協同組合の経済事業に関する意識・意向調査結果』（2008年度農林水産情報交流ネットワーク事業　全国アンケート調査）において、「農業協同組合の農畜産物の集荷や販売事業に対する同業他社と比べた満足度」として、価格に「満足していない」回答は50％を占めて最も高く、「満足」の9％を大きく上回っている。「サービス」についても、「満足」の12％に対して、「満足していない」は38％である。類似の調査結果はほかにもあるが、販売事業の課題やあり方を包括的に検討した最新の成果として桂［5］、関連論考として拙著［3］（第3章、同補論）も併せて参照されたい。
(註6) 関連する論考として神門［2］（第3章）、青柳［1］、小松［4］を参照され

たい。
(註7) 2010年度から始まった中山間地域等直接支払制度第3期対策（2010〜2014年度）において、「1 haの団地要件」は「1 ha以上まとまって存在もしくは集落協定に基づく農用地の保全に向けた共同取組活動が行われる複数の団地の合計面積が1 ha以上」へと緩和された。「遡及返還義務」は、高齢や病気等の理由で協定からリタイヤしたとしても、「協定農用地全体に対して引き受け方法が決められる」「集団的かつ持続可能な体制」（集団的サポート型）ができれば、交付金の遡及返還が原則として免除されることとなった。
(註8) この点については、その後、重要な事実が判明した。農林水産省が交付した「農地・水・環境保全向上対策の積立資金」は有効に活用されず、08年度末の残高は約123億円、うち補助金相当額は約105億円にのぼっていることが会計検査院の検査で明らかになった（2009年10月10日『日本農業新聞』）。厳しい財政事情の中で驚くべきことである。

なお、この制度は、2011年に本格実施された戸別所得補償制度において「農地・水保全管理交付金」と「環境保全型農業直接支援対策」の2つに分けることとなった。
(註9)「国土形成計画作成のための集落の状況に関する現況把握調査」（2007年8月）を参照されたい。
(註10) 勤務地条件（1級〜6級）に応じて支給割合が決められるが、2006年関係省庁の実績資料によれば、特地勤務手当（準特地勤務手当を含む）の受給者平均支給月額は4万9,172円となっている。

引用文献

［1］青柳斉「JAバンクシステム下の系統信用事業の特質と展望—主に事業収益の構造の分析から」（小池恒男編著『農協の存在意義と新しい展開方向—他律的改革への決別と新提言』昭和堂）2008、pp.167-193
［2］神門善久『日本の食と農—危機の本質』NTT出版、2006
［3］胡柏『環境保全型農業の成立条件』農林統計協会、2007
［4］小松泰信「事業基盤の構造変化に対応した共済事業戦略」上掲［1］、pp.194-208
［5］桂瑛一「経済事業改革の評価と改革課題」上掲［1］、pp.119-134

第3章

不安定経営環境における環境保全型農業

第1節 農業を取り巻く環境の変化と有機農業研究

1. 農業を取り巻く環境の変化とその意味

　食料供給の安定確保と農業・農村の活性化を中長期的課題として考える場合、環境保全が極めて重要な視点となる。増大する世界人口に安全で良質な食料を適正な価格で安定的に供給するために、環境に調和した持続可能な食料生産基盤を確保しなければならないし、全国各地の地域活性化プロジェクト構想において最も重視されている観光、交流、地域ブランドの育成等（第2章、図2-2-1）を進めていくうえでも、良好な生態環境と生活環境の形成が必要不可欠だからである。

　環境保全を重視する農のあり方を考えるに当たっては、日本有機農業学会や関連研究の動きに注目する必要があろう。日本有機農業学会が設立されてからまだ日が浅く、農業関係学会の中で恐らく最も若い学会であろうが、その間の学会活動は実に目覚ましく、環境保全を重視する農のあり方やこの問題に対する学界のかかわり方を考えるうえでつねに多くの素材を提供してくれているからである。

　表3-1-1は、この10年間における学会の主要活動と関連する農政の動きを整理したものである。農業関係学会の恒例行事となっている1年1度の学会大会のほか、農政や社会に向けた発信を明確に意図し企画された各種の公開フォーラム、特定の課題に焦点を絞ったテーマ研究会なども、学会活動が軌道に乗り始めた2003年からそれぞれ年1～2回のペースで開催されてきた。これらの活動は有機農業・農業全般を取り巻くその時々の社会経済情勢や有機農業の実践から提起された諸問題に対する学会の姿勢を示し、農政、世論、有機農業運動に多大な影響を与えてきたことは周知の通りである。そのなかで特筆すべきは、何といっても「有機農業推進に関する法律」（略称「有機農業推進法」、2006）の成立に対する学会の働きであろう。同表に示すように、有機農業推進法が成立する以前の2年

表 3-1-1　日本有機農業学会設立後の主要活動

区分	総会	学会公開フォーラム	テーマ研究会	学会関連事項と農政の動き
2000	1	1		1999年12月に学会設立。食料・農業・農村基本計画策定。有機JAS認証制度実施
2001	1	1		遺伝子組換え食品表示の義務化
2002	1	1		農林水産省「『食』と『農』の再生プラン」発表
2003	1	1	2	農林水産省「農林水産環境政策の基本方針」公表
2004	1	1	2	有機農業政策研究小委員会設立
2005	1	2	2	政策研究小委員会会合4回、有機農業推進議員会合2回。有機農業推進法試案公表。JAS法改正
2006	1	公開シンポ		有機農業推進法成立。有機農業技術の到達点についての全国調査連絡会議設立、第1～4回合同調査実施
2007	1	1	1	「品目横断的経営安定対策」、「農地・水・環境保全向上対策」実施。合同調査3回実施
2008	1	1	1	合同調査2回実施

註：学会活動は『有機農業研究年報』各巻により整理。学会共催・後援の研究会を含まない。その他は筆者調べ。

間で学会がそれに向けて精力的に活動していたことが分かる。これらの活動が同法の成立という形で実を結んだのである。

また、同表には入れていないが、「有機農業振興政策の確立を求める緊急全国集会」（2006）に端を発した「農を変えたい！全国集会」を主導してきたことも注目すべきであろう。有機農業推進法の成立に向けた努力は、「在野」としての有機農業運動の歴史に終止符を打ち、農政における有機農業の位置づけを定立するために大きな役割を果たしたのに対して、「農を変えたい！全国集会」は、同法の成立を見越した新たな有機農業運動のあり方を模索し、その担い手となる生産者、自治体、農業団体、消費者の力を結集する場の形成を目指したものと言えよう。

これらの学会活動が学会のあり方としてどう評価されるべきかについては基本的に学会問題の専門家に委ねるべき問題であり、ここでの言及を差し控えたい。しかし、学会は社会にどうかかわっていくべきかという農業関係学会が直面する共通の課題に対して、日本有機農業学会のこの10年間の歩みは1つの形を提示したと言って過言ではない。農業関係学会の中で、社会に関わる活動をこれほど精力的に行い、生産者、農政、世論にこれほど強烈なインパクトを与えた学会はほかにあるだろうか。このような学会活動があってこそ、日本有機農業学会は有機農業関係者を結集させる場となり、有機農業運動を牽引する機関車的な役割を果たすことができたと言ってよいであろう。

この10年間の学会活動の1つの到達点は、21世紀の食と農における有機農業の

あり方、あるいは有機農業を到達点とする環境保全型農業へ移行することの必要性、必然性を学会自ら農政や市民社会に訴え、有機農業に対する世間の理解と関心を喚起したことにあるとすれば、これからはこうした成果を活かし、有機農業を到達点とする環境保全型農業の拡大につながる努力をしていかねばならない。その前提となるのは言うまでもなく、学会自身の発展であり、そのために必要不可欠な学術研究活動の活発化であり、活発で独創的な研究活動から生み出される知的成果を有機農業関係者、農政、市民社会と共有することである（註1）。この点を意識したかのように、『有機農業研究年報』（以下、「年報」と略称）では2004年から有機農業の研究動向に関するレビュー論文を社会科学系と自然科学・技術系に分けて1年交替で掲載し、研究活動の到達点や研究動向の点検に注意を払ってきた。ここでは、これらの成果から提示された知見に留意しつつも、内容の重複を避け、農業を取り巻く環境の変化とそこから見えてくる有機農業研究の課題について考えてみたい。

　第1章から繰り返し述べてきたように、いま、農業は極めて厳しい状況に置かれている。従来から言われてきた担い手不足、耕作放棄地の増加による食料供給力の低下といった構造的な諸問題に加え、2002年から徐々に進行してきた原油・資材高や食料価格高騰の後遺症、世界的な大不況等の影響で深刻なダメージを受けている。2002年以降における原油高の進行は燃料・肥料等石油関連資材の相次ぐ値上がりをもたらす一方、代替燃料への需要を高め、バイオ燃料と食料消費における穀物の競合利用を巻き起こす形で飼料・輸入食料品の急激な価格高騰を招いた。他方では、サブプライム・ローン問題に端を発した金融危機やそこから誘発された世界的な大不況の影響で消費の落ち込みが激しく、燃料・資材高による生産コストの上昇分を生産物価格に反映しにくい困難な状況を作り出している。図1-2-1で示したように、2004年から2008年9月までの間に農業生産資材総合価格指数は20ポイントも上昇したのに対して、農産物総合価格指数は逆に10ポイント低下している。燃料・資材高と農産物価格低下の同時進行は、農業経営の収益性を著しく悪化させ、畜産や施設栽培等の集約経営部門では廃業に追い込まれる農家が続出する事態を生んでいる（註2）。

　2009年5月現在、ニューヨーク原油先物価格はほぼピーク時の3分の1、シカゴ市場の穀物価格もピーク時の6割まで値を戻し、燃料・資材高の嵐が過ぎ去ろ

うとしている。しかし景気後退は進行中であり、農業を取り巻くマクロ的環境は厳しさを増している。資材価格も高騰する前に比べてなお高い水準にあり、原油価格は急落した年初の水準に比べて再びおよそ5割も上昇するなど、著しい不安定性を示している。

　不況の影響は食品流通業界の認識や消費者の食料購買行動にも表れている。流通業界が挙げた2009年の農畜産物販売キーワードによれば、1位は「安全・安心」、2位は「低価格」、3位は「おいしさ」である。安全・安心、値ごろ感、おいしさのいずれもが求められている。品目別売れる条件の1位として、野菜は「価格」(45%)、米は「安さ」(42%) が挙げられている。「食味」(83%) が第1の条件となっている果実も「価格」を挙げた回答者の割合が64%に達し、第2の条件となっている（註3）。景気後退に伴う生活防衛意識の高まりを見込んで、毎日の食生活に欠かせないこれらの品目の消費志向は、「安全・安心なおかつ低価格」ではなく、「低価格なおかつ安全・安心」と想定しているのである。

　こうした流通業界の想定を裏付ける証拠は、私たちの調査でも捉えている。愛媛県の消費者団体であるコープえひめの組合員300名を対象に実施したアンケート調査結果によれば、「食品を選ぶ際の目安として何を重視するか」の問いに対して、90%の回答者が「価格」を選び、「産地」の81%、「外観」の34%、「栽培方法」の15%、「生産者」の8%等項目を抑えて1位となっている。年齢や所得の高い回答者ほど「産地」、「栽培方法」を選ぶ割合が大きくなるが、1,000万円以上所得層を除くすべての階層において「価格」を選んだ回答者の割合が80%を超えている（篠崎・胡［2009］、註4）。愛媛県今治市の大型直売施設「さいさいきてや」の利用者に対する調査結果も、価格に対する消費者の強いこだわりを示唆している（橋田・胡［2009］）。

　2つの調査結果は、景気上昇局面だった2005年に行った農林漁業金融公庫「平成17年度第1回消費者動向等に関する調査の結果（インターネットを利用した食料品の購入状況に関するアンケート調査）」と大きく異なる。それによれば、「食に対する志向のうち特に強いもの」として「健康・安全志向」を挙げた回答者が最も多く26%であったのに対し、価格志向を表す「経済性志向」を挙げた回答者が15%で、「美食志向」の21%に次ぐ第3位であった。飽食で低いエンゲル係数に象徴される高い購買力を有する成熟経済において、食料価格への関心はもはや

さほど重要でないと思わせる結果であった。

　この調査と私たちの調査研究とは目的も対象も異なり、必ずしも厳格には比較できない。しかし、価格志向に見られる2時点での大きな段差が、不況による低価格志向への回帰を如実に物語っている。実態としても、不況による家計節約志向の高まりに対応して、スーパー等小売業者は100円を切るばら売りやカット売り、PB商品（プライベートブランド、独自開発商品）の値下げ、商品数の絞り込み等の手法で安さを前面に打ち出し、従来の青果物売り場に変化をもたらしている。果物、花、和牛といった高級感ある農産物は売れ行きが鈍く、価格低下傾向が顕著に表れている（註5）。

　不況はいずれ終わるであろう。しかし、再びやってこないとの保証はない。原油・資材市場の不安定状況は今後とも繰り返される可能性が高いと考えられる。こうした急激な環境変化に対して有機農業の取組は何を提示でき、どのような発信が可能か、現実問題あるいは実践的有機農業の問題として考えねばならない。原油・資材高による生産活動への圧迫や食の安全・安心志向の高まりは省資源・省エネ、環境保全や食の安全・安心を志向する有機農業への関心を高める方向へ向かわせるのに対して、食料価格高騰、農業交易条件の悪化、景気後退や所得低下による低価格志向への回帰は逆に生活防衛意識を高め、農政における有機農業の優先順位や有機農業の取組に対する世論の関心を低下させる可能性がある。有機農業を到達点とする環境保全型農業の拡大・定着を図るためには、こうした不安定な経営・経済環境から生じた諸問題に対処しなければならない。

　しかし、より重要なことはむしろ、こういった不安を内包するこれからの食と農に見合った有機農業のあり方として何が考えられるかという点であろう。注目すべきは、原油・資材高や不況の影響により、不要なものを買わず、使えるものを捨てずという家計節約志向を復活させる一方、省資源・省エネ、CO_2排出量の少ないエコ製品に対する旺盛な需要を生み出しているという点である。後者は今や大きなうねりとなっており、既存の産業構造だけでなく人々の意識やライフスタイルそのものを変えようとしている。こうした社会経済全体の動きと同じように農業の方向性としても省資源・省エネ・環境保全へ移行しなければならないならば、それに見合った有機農業の取組（中長期的課題）と、この数年間の急激な環境変化から生じた諸問題への対応（当面の諸課題）との一致点を見出すことが

可能であろう。

　その1つには、慣行農法を超越する持続性の高い農業経営モデルを提示することである。燃料や化学肥料や農薬高のため、これらの資材を多用する慣行農業は大きなダメージを受け、収益悪化を余儀なくされている。しかし、化学農薬・化学肥料の無使用または減量使用、地域内や農業内資源の循環利用を基本とする有機農業はこういった資材価格の乱高下に翻弄されない性格をもっている。原油・資材高や不況の中で、有機農業が食料生産の安定性や収益確保等の面において、慣行栽培に比べてどのような優位性が示され、どのような課題を抱えているかなどを検証し、発信する必要がある。

　2つには、慣行農法を超越する省資源・省エネ農業経営モデルを提示することである。今回の原油・資材高を経験したことの意味の1つは、農業全体を省資源・省エネ生産構造へ転換しなければならないという方向性がより明確になったことである。上述したように、2002年以降における継続的な原油高は代替燃料への需要を高め、バイオ燃料と食料消費における穀物の競合利用を引き起こす形で食料価格の高騰を招いた。このことは世界的な大不況と重なり、消費減退や食料消費における低価格志向への回帰を促す一因にもなっている。環境保全の視点だけでなく、食料供給の安定性、持続可能性を高める意味においても、省資源・省エネ生産構造への転換が必要不可欠なのである。こうした方向性が第1章で述べた各種の原油・資材高対策においてすでに明示されている。

　表3-1-2は、デンマーク農業における有機農業対慣行農業の資源・エネルギー利用効率についての推計結果を示している。有機農業は慣行農業に比べて単収が7〜32％低下するが、エネルギー利用量は31〜84％も少ない。2つの「有機対慣行比」のデータ系列を比べてみると、明らかに有機農業は優れた資源・エネルギー効率を示している。デンマーク農業の条件と違う日本や東アジア地域の有機農業も省資源・省エネの面において同様のパフォーマンスを示すことができれば、有機農業の推進にとって強い味方になろう。日本では、高水準の環境保全型農業（有機栽培、無農薬栽培等）を行いながら、経費や労働節減型経営を実現している農家が多数ある（註6）。これらの取組において省資源・省エネ型経営はすでに確立されている可能性が大きいと思われるが、大量データ検証によって確かな結論を得る必要がある。

表3-1-2　デンマーク有機農業対慣行農業の単収とエネルギー利用比

区分	単位	牧草・クローバー	穀物	条植作物	永年草地
単収	102 SFU/ha				
慣行農業	〃	65	50	104	20
有機農業	〃	52	34	97	18
有機対慣行比	％	80.0	68.0	93.6	90.0
エネルギー利用	10^6 J/ha				
慣行農業	〃	15.2	12.7	21.9	1.8
有機農業	〃	4.0	6.3	15.2	1.1
有機対慣行比	％	26.3	49.6	69.4	61.1

註：1) Tommy Dalgaard, Niels Halberg and Jes Fenger, Can organic farming help to reduce national energy consumption and emissions of greenhouse gasses in Denmark? Ekko C van Ierland and Alfons Oude Lansink, ed., Economics of Sustainable Energy in Agriculture, Kluwer Academic Publishers, 2002, pp.191-204.表13.1～13.4を整理し、計算し直したものである。なお、「条植作物」とは、「row crops」の訳語である。
2) 単収は1996年データ。
3) エネルギーには、燃料オイル、電力、肥料、農機具が含まれる。
4) SFUは、スカンジナビ地方飼料単位＝12.5MJ大麦相当代謝エネルギー。J、MJともエネルギー表示単位。

　3つ目は、食と農を変える有機農業のパワーを大きくしていくことである。2009年3月末までの集計によれば、有機認証農家は3,680戸であり、販売農家数（2005年）の0.2％しかない。この数年間の伸び率が低いことに加え、改正前JAS法で認証を受けた農家の多くが改正後有機JAS認証へ移行していないためである。

　生産実績の面では、有機農産物の格付け数量が2001年の3万3,734トンから2003年の4万6,192トンへと急増したが、その後の動きは鈍い。2008年現在の格付け量は5万5,928トンとなっている。農産物総生産量に占める格付有機農産物の重量割合は2003年の0.16％から2008年現在の0.18％へと僅かな増加にとどまっている（註7）。2009年から新しく導入した「有機JAS圃場の面積」統計では、有機JAS認証を受けた国内の農地は8,595haで全耕地面積の約0.19％を占め、格付有機農産物の重量割合とほぼ同じ数値になっている。後継者不足も、有機農業が慣行栽培より深刻である（矢本［2009］、徳川［2009］）。自治体段階の有機農業推進計画の作成・実施の進展に伴って今後は改善される可能性も大きいが、現在のような細々とした状況では、「農を変える」ほどのパワーをもち得ず、有機農業の拡大策を考えねばならない。

　この3つのうち、3点目は有機農業運動の目的あるいは目的の一部であり、1、2点目は目的を達成するための必要条件と言える。有機農業の取組を拡大し、食と農を変えるほどのパワーにしていくためには、農法転換を目指そうとしている現役の農業者やその家族、これから農業に入ってこようとしている若者に有機農業の魅力、あるいは慣行農業が直面している困難な状況や諸課題への対処法を示

さねばならない。波夛野［2006］の指摘を借りて言うならば、農業をめぐる状況には多くの困難があるなかで、「有機農業がその美化の先鋒」になることや単に「農業を華やかに飾り立てる」ための道具になってはならず（註8）、難局を打開するための道筋や手法を1、2点目で述べたような農業経営モデルを構築して具体的に提示する必要がある。農法転換を目指す農業者に夢と希望をもたせるような実践的な農業経営モデルを提示することによって、3点目でいう有機農業の拡大を可能に導くのである。

　もちろん、有機農業運動の成果は有機認証農家数や格付有機農産物の数量変化のみで測られるものではないし、こういった指標のみで測るべきでもない。有機農業運動と実践によってもたらされた重要な成果の1つは、化学農法を軸とする近代農法の弊害にいち早く警鐘を鳴らし、農業と環境の関係または農業のあり方そのものに対する認識を大きく変えたことであり、それによって農業全体を環境保全重視の方向へ移行させようとする農政の方向づけに大きく寄与したことである。有機認証農家数や格付有機農産物の数量変化そのものよりも、こちらの方が「農を変える」意味においてより重要な意義をもっている。

　しかし他方では、有機農業者や有機栽培面積のような数量的な側面から有機農業の成果を見なければならないのも、また確かな現実である。有機農業運動の目的は有機農業の発展を阻む制度的・慣習的諸障害を取り払うことによって有機農業振興の条件を作り出し、食と農を変えていく点にあるとするならば、有機農業者の増加や有機農産物の増大は当然、運動の目的の達成度合いを示す重要なバロメーターになる。細々とした有機農業の取組では、有機農業振興の目的が達成されたとは言えないからである。実際、有機農業者や有機栽培面積が少ないため有機農業推進計画づくりをどう進めればよいかに戸惑う市町村担当職員は多々あるし、僅かな農家数と栽培面積しかない有機農業を農業振興や地域活性化の方向として位置づけることは困難と見る自治体や農業団体職員も少なくない。有機農業で地域農業を牽引し、「農を変える」ほどのパワーにしていくためには、その拡大策を考えねばならないのである。

2．有機農業の拡大を阻むもの

　有機農業を「農を変える」ほどのパワーにしていくために考えねばならない重

要な課題の1つは、減農薬・減化学肥料栽培を主とする農法転換の取組から有機農業に到達するまでの連続過程を如何に創り出すかという点であろう。農林水産省の集計によれば、有機認証実績こそ動きが鈍いものの、減農薬・減化学肥料栽培を主とする農法転換の取組はかなりのペースで増えてきている。2009年3月末現在、比較的高い水準の取組を行っているエコファーマーの認定数は18万5,807件に達しており、「環境」をコンセプトとする農の取組として存在感を増している。これらの中で、減農薬・減化学肥料栽培を数年間実践し、有機栽培に近い無農薬栽培または無化学肥料栽培にまで達した取組も少なくない。農法や経営面でのノウハウをさらに蓄積していけば、有機農業に到達することが十分可能であろう。

　減農薬・減化学肥料栽培の取組から有機農業に到達するまでのプロセスを妨げる要因は多々あるが、検査・認証費用や認証関係書類の作成に対する支援のあり方などの実務問題はまず挙げられよう。近藤［2001］が指摘するように、小規模で圃場が分散しているほど、検査・認証費用が掛かる。「有機認証コストは、すべて農家ないし農家グループの負担である。それを生産物の価格に反映させれば、消費者の負担になってしまう。それでは、有機農業の普及・振興にはつながらない」(p.85)。

　有機認証を受けるための作業記録や書類作成について同氏は、「ただでさえ人手不足に悩まされている農家の記帳、記録、認証に関わる手間を増大させ、それによって農家を畑から遠ざけざるを得なくする。その結果、有機農業つぶしにつながりかねない」(p.84)。

　的を得た明快な指摘であろう。有機農法への転換に伴って多労や病虫害被害による収量や所得の不安定といった経営リスクを抱える場合があることに加え、有機認証を受けるにはこういった煩雑な書類作成や費用も掛かるため、認証実績の拡大や有機農業振興を妨げる要因になっているのである。高齢農業者の中にはパソコンを使えない人もかなりあり、彼らにとって認証関係書類の作成が大きな負担となっている。検査・認証費用への補助、認証関係書類の簡素化、書類作成に対する支援などの措置を導入することができれば、認証実績がさらに増えると思われる。

　この種の問題は農業予算の使い方に関係する政策分野の問題になるが、学会として、政策効果への検証分析によって一定の方向性を提示することが可能であろ

う（註9）。農林水産省予算資料によれば、2008年度、2009年度農林水産予算概算決定において「有機農業総合支援対策」費はそれぞれ4億6,000万円、4億5,000万円になっている。有機農業推進法が成立した直後の2007年度の5,000万円に比べて大幅に増額したように見えるが、農業関連予算の全体規模や有機農業振興の必要からみて果たして妥当な予算規模と言えるだろうか。有機農業運動としての要求事項に挙げる前に、実証研究の課題としてまず検証する必要がある。

　対策費の使途をみると、「有機農業総合支援対策」費は主に「有機農業振興の核となるモデルタウン」の育成に充てられている。全国段階の研修先の紹介等情報提供、試験研究およびその成果の提供、先進取組の表彰、地域段階の技術指導、マーケティング、消費者との交流、技術実証圃の設置、技術習得・種苗供給・土壌診断等のための拠点整備など、多岐にわたる使途を想定している。5億円にも満たないこの僅かな予算額で、果たしてこんなに沢山のことができるのか。このような形の使い方と、例えば、多くの有機農業者が望んでいる検査・認証費用の補てんや認証関係書類作成への補助に充てるという使い方があるとすれば、どちらの方がより効果的なのか。取組農家の実態調査や有機農業振興モデルタウンの事業効果分析を通じて検証するだけの価値があるように思われる。

　有機農業に到達するまでの農法転換過程を妨げるより基本的な要因は、収量や所得の不安定という経営リスクへの不安にあると言える。この点について筆者は、前著で次のように指摘している。

　「多数のアンケート調査、事例研究にみられるように、環境保全型農業を始めたきっかけやその取組で成功を収めた理由はさまざまで多岐にわたるが、成功しなかった理由といえばきわめて簡単である。『経営が上手くいかなかった』ことである。それまでの慣行栽培に比べて単収が低下し、経営費または労働時間が増える一方、収量の低下分や経営費、労働時間の増加分をカバーするほどの収益が得られず、経営の行き詰まりで取組の継続・拡大が困難になったからである。」（拙著［6］、はしがき、p.ii）

　この現状認識は、そのまま有機農業に当てはめてよいであろう。有機農業においても、慣行栽培を大きく上回る、卓越した収益形成力と経営持続力を併せもった取組もあれば、そうでない取組もある。前者は農法転換の経営的・経済的可能性を示し、取組の拡大をもたらす原動力の1つになっている。それに対して、後

者は一種の経営リスクとして農家の目に映り、取組の拡大・定着を妨げる主要因になっている。有機農業の拡大・定着を図るためには、経営リスクへの不安という制約要因を取り除き、慣行農法から減農薬・減化学肥料栽培、減農薬・減化学肥料栽培から有機農業に到達するまでの連続過程を技術と経営の両面から創り出さねばならない。

　有機農業の技術開発研究に関して長谷川［2007］は、一般化すべき技術の基本構成要素や技術開発の流れを提示し、その妥当性を多様な有機農業の調査研究を通じて検証していく考えを示している。「年報」Vol.7の「有機農業技術開発」特集に掲載された諸論文・調査報告も、有機農業技術開発のあり方について多くの知見を提示している。長谷川論文で特に強調しているのは、先進農家の成功要因を発掘することの意義である。先進農家の経験は技術開発だけでなく、有機農業の経済的可能性、経営的持続性を解明するうえでも極めて重要な意味をもっている。社会科学分野の研究において先進農家の事例分析を内容とした業績が多数あるのも、そのためである。

　しかし上述したように、農法転換を妨げる主要因の1つは「経営が上手くいかない」というところにある。有機農業に到達するための連続過程の創出を経営学や経済学の視点で考える場合、先進農家の経験だけでなく農法転換が上手くいかないというケースの制約要因の解明も同時に行わねばならない。有機農業推進法では、有機農業の推進は、農業者が「容易に」有機農業に従事し、有機農産物の流通または販売に取り組み、消費者が「容易に」有機農産物を入手できるようにならなければならないと定めている。これは言い換えれば、同法が制定されるまでの取組において、有機農業者にとって容易でなかった要素、あるいは制約要素が多々あったという認識が根底にあり、有機農業振興を図るためにそういった制約要素を取り除きながら進めねばならないということである。つまり、①高水準で持続力の高い先進的な取組は何がどのように優れているかを明らかにすることが重要であると同様、②収益力が低く経営不安を抱える取組は何がどのように劣っているかを解明することも、農法転換を前進させるうえで必要不可欠なのである。

　問題は、この制約要素を解明するためにどのような枠組みが必要かという点である。

第3章　不安定経営環境における環境保全型農業　113

図3-1-1　「経営が上手くいかない」ことを解明するための分析要素の構成

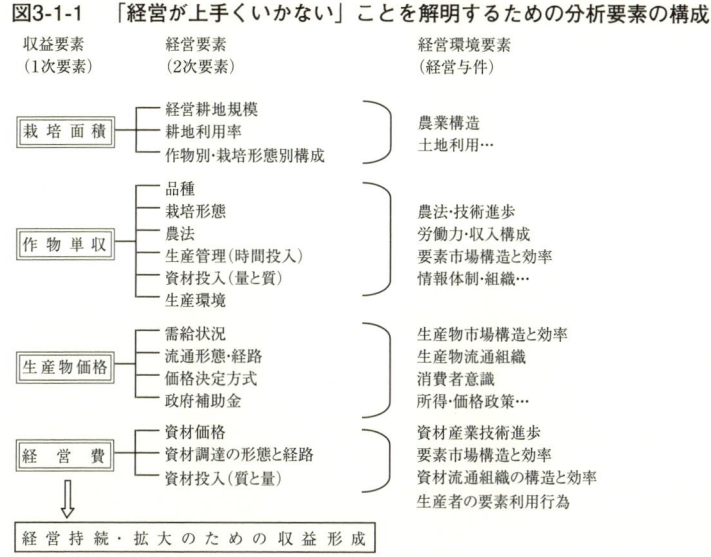

```
収益要素            経営要素              経営環境要素
（1次要素）         （2次要素）           （経営与件）

              ┌─ 経営耕地規模
  ［栽培面積］─┼─ 耕地利用率          ）  農業構造
              └─ 作物別・栽培形態別構成    土地利用…

              ┌─ 品種
              ├─ 栽培形態              農法・技術進歩
  ［作物単収］─┼─ 農法                  労働力・収入構成
              ├─ 生産管理（時間投入）   ）要素市場構造と効率
              ├─ 資材投入（量と質）      情報体制・組織…
              └─ 生産環境

              ┌─ 需給状況              生産物市場構造と効率
  ［生産物価格］┼─ 流通形態・経路       ）生産物流通組織
              ├─ 価格決定方式           消費者意識
              └─ 政府補助金             所得・価格政策…

              ┌─ 資材価格              資材産業技術進歩
  ［経営費］──┼─ 資材調達の形態と経路 ）要素市場構造と効率
              └─ 資材投入（質と量）     資材流通組織の構造と効率
                                        生産者の要素利用行為
       ↓
  ［経営持続・拡大のための収益形成］
```

　図3-1-1は、農作物を事例にした分析要素の構成を示している。農業経営の最終成果は通常、農業所得で測られている。〈農業所得＝農業粗収益－農業経営費〉の勘定式から所得の構成要素を図に示す栽培面積、単収、生産物価格、経営費といった収益要素に分解することができる。これらの要素の変化は所得そのものの変化に直結するため、1次要素と言える。収益要素を規定する要素は、経営条件や経営行為等経営過程の要素を表し、経営要素と呼ぶことができる。所得向上策を考えるにあたって見なければならない重要な要素ではあるが、所得との間に収益要素が介在しているため2次要素となる。経営要素の質・量および変化に影響を及ぼす要素は経営与件であり、経営環境要素と言ってよい。それぞれの構成要素について吟味の余地があると思われるが、有機農業に到達するための連続過程やその阻害要因を経営学的・経済学的に解明するための枠組みまたは問題の範囲設定としては、これで十分である。

　この枠組みから、少なくとも3つの特徴を見ることができる。

　1つは、経営は技術や生産管理と密接にかかわっているという点である。品種や栽培形態といった、本来、技術や農法の領域に属する諸問題が経営要素そのものになっていることがこれを示している。経営学的・経済学的解明とは言え、技術、農法、生産管理といった要素を抜きにすることはできない。

もう1つは、経営という極めて限定された分野から出発したものの、問題の範囲は実に多方面に行きわたり、有機農業を多面的に分析するための要素の集合体を形成しているという点である。農業構造や技術進歩から、貿易を含む市場構造、消費者行為、生産・流通組織といった次元の問題までの要素は経営環境要素として経営要素に影響し、さらには経営要素を通じて収益要素に影響を及ぼすことや、縦構造として「個」の領域の問題（生産者個人・グループ等による要素利用）、地域段階の問題（市場、組織）、農政段階の問題（政府補助金等政策問題）、国際問題（市場、農産物需給関係に影響を与える貿易等）が包摂されていることはこれを示している。

　3つ目は、この集合体に多くの要素を含んでいるとは言え、収益性、経営持続性という収束方向が明確なため、あくまで有限集合であるという点である。例えば、2001年に学会誌編集委員会が挙げた8つの大会セッション予定テーマのうち、①有機農業の基礎理論、②有機農業と農業政策、③有機農業と経営・流通・関係論、⑤有機農業と生産技術、⑥有機農業と地域環境の5つがこの枠組みに包含されるが、④有機農業の歴史と文化生活、⑦有機農業と教育・交流、⑧有機農業と食と医の3つが基本的に別次元の問題であり、有機農業の社会的・文化的側面の問題として検討されるべきである。

　同図にある農法または生産技術次元の要素をすべて経営という軸に集約させ、図に含まれていない社会・文化的側面をも考慮に入れれば、有機農業に関する社会・経済学的研究の領域を描き出すことが可能となろう。W. Lockeretz [1998] は、有機農業に関する社会・経済学的研究の範囲を研究対象のレベル（the level of the study）、研究内容（the topics of interest）、研究目的（the goals of the study）の3つの次元に分けて整理している。研究対象のレベルとして農場内（圃場、作目または経営部門）、農場、共同体、行政または生産地域、国家、国際の6つの段階、研究内容として経済性、市場、社会的または個人的行為（価値観、姿勢）、環境影響、政策問題の5つの領域、研究目的（＝研究方法）として記述、比較、改善提案、予測の4つを挙げている。農場つまり経営体段階、地域段階の研究方法には、線形計画法、製品ライフサイクル分析、フード・チェーン分析等の手法も挙げている。研究方法を除くこの第1、第2次元の要素のみを、図3-1-1に示した枠組みに学会編集委員会が挙げた社会的・文化的要素を加味した

うえで比較してみると、両者間の違いがほとんど見られなくなる。

　つまり、「経営が上手くいかない」という問題の解明を目指して出発した研究は単に農業経営論の領域に留まらず、学会が掲げる「トータルシステムの構造変革」（註10）にも匹敵する広く深い境地に到達することになろう。その理由は言うまでもなく、農法転換を妨げる制約要因の解明に多方面のアプローチが必要であり、有機農業に到達するまでの連続過程を創り出し、取組を前進させるうえで極めて重要だからである。

3．有機農業研究の課題と展望

　以上のような視点と分析枠組みから学会の有機農業研究を眺めてみると、どのような構図が見え、今後の研究発展を考えるうえでどのような示唆が得られるか。佐藤［2004］が言うように、有機農業を対象とする研究分野も研究内容も広範なものになっており、研究成果の点検は容易ではない。しかし、学会の研究活動は主として「年報」論文に集約されているとみてよいため、以下では、「年報」論文を通じて考察してみたい。

1）「年報」論文にみる学会の有機農業研究

　前節で示した枠組みに基づいて「年報」（Vol.1～Vol.8）論文を分類した結果は、表3-1-3に示す。上段は研究対象のレベルと研究内容、下段は研究内容と研究方法を組み合わせたものである。佐藤［2004］、澤登［2005］、波夛野［2006］、長谷川［2007］論文のように、自然科学・技術系と社会科学系に分けてみた方がよいかもしれない。しかし、「年報」各巻の第1部の「共通報告」のように自然科学・技術系研究者により書かれた社会科学風の論文もあれば、尾島ら［2007］のように社会科学系研究者と自然科学系研究者の共同作業で書かれた技術経済学風の論文もある。このような論文を2つのジャンルに分けるのは必ずしも妥当とは言えない。レビュー論文と資料、報告等を除く105本の論文を分類の対象にした。

　分析対象のレベルは経営体（農場）内を重視したW. Lockeretz［1998］の区分に、どのレベルにも含まれない「一般」ジャンルを付け加えた。内容ジャンルの区分は前項の考察を踏まえたつもりだが、かなりの無理や独断的にならざるを得ない悩ましいところもあった。例えば、「年報」Vol.4の遺伝子組換え作物に関す

表3-1-3 有機農業研究分類(『有機農業研究年報』(Vol.1〜8)論文による)

区分	計	収益性・経営	市場	社会的または個人的行為	資源・環境影響	政策・制度	生産管理・技術	思想・理論・展望
計	105	4	6	13	15	23	30	14
1)分析対象のレベル								
経営体内	20				6		14	
経営体段階	15	3	3	2		2	3	2
共同体段階	5		1	3	1			
地域段階	12	1	1	3	2	2	3	
国家段階	15					13		2
国際段階	17		1	2	2	6	2	4
一般	21			3	4		8	6
2)分析方法								
記述	45	1	2	12	10	5	7	8
比較	36	3	4	1	5	5	16	2
改善提案	23					12	7	4
予測(計量を含む)	1					1		

註:1)経営体内とは、圃場、作物、経営部門を、経営体は農家、業者を含む。地域段階は行政地域、生産地域、流域等を含む。
2)産消提携は「市場」に、食教育・文化論関係論文は「社会または個人的行為」に含まれる。
3)レビュー論文、報告、資料はこの分類に含まない。
4)1論文は1ジャンルに限定する。
5)「改善提案」には、政策評論を含む。

る諸論文は生物科学的な視点から論じたものもあれば、知的財産権という政策・制度的側面、または有機農業運動論的側面から論じたものもあり、同一のジャンルに区分できない。社会科学分野でよく見られる複数ジャンルに跨るような論文は、論文の目的と手法を総合的に吟味したうえで、排他法的に1論文1ジャンルに限定するといったやや強引なところもあった(註11)。また、表註にも示しているように「産消提携」を「市場」ジャンルに、食教育・文化論関係論文(Vol.2のⅡ、Vol.4のⅢ)を「社会的または個人的行為」ジャンルに入れることに違和感をもつ読者もあろう。これらの点に留意しつつも、同表から若干の特徴を見ることができる。

第1に、内容区分集計欄の数値で明らかなように、この間に掲載した論文のうち、「生産管理・技術」関連論文が全体の約3割を占めている。これに自然科学系が主となっている「資源・環境影響」の15論文を加え、自然科学・社会科学の両方が入る「思想・理論・展望」の14論文を論文総数から差し引くと、自然科学・技術系論文の割合が5割($45 \div 91 = 49.4\%$)を占めることになる。自然科学・技術系研究者により書かれた「社会的または個人的行為」のような社会科学系論文もある。多分野の研究者が同一の論壇に多様な研究成果を寄稿するという点は、他の学会誌に類を見ない特徴であり、学会員構成の多様性や学会が目指してきた

「多面的・総合的」研究の現れとも言えよう。

　第2に、自然科学・技術系論文（主として「生産管理・技術」と「資源・環境影響」2ジャンル）は、経営体内、特に圃場・作物を対象としたものが多く、「比較」と「記述」手法が多用されている。対して、社会科学系論文（主として「収益性・経営」、「市場」、「政策・制度」3ジャンル）では、「政策・制度」関係論文と他のジャンルとで大きく異なる。「政策・制度」以外の社会科学系論文は経営体、地域（自治体、産地等）を対象としたものがほとんどで、自然科学系論文のように「記述」と「比較」手法が使われている。それに比べて「政策・制度」関係論文は、国政レベル、国際レベルの問題に真っ直ぐ切り込むものが8割を占め、経営体内、経営体、地域段階の問題を対象にした検証論文が少ない。この点は、改善提言型が半数以上を占めるという同ジャンル論文の研究手法にも現れている。

　第3に、社会科学分野の研究成果が主となっている3つのジャンルの論文構成をみると、「政策・制度」関係論文は23本を占め、3ジャンル合計33論文の7割を占める。これに近い一部の「思想・理論・展望」論文を加えればさらに多くなる。対して、「収益性・経営」関係論文は4本、「市場」関係論文は6本で、それぞれ社会科学系論文の9％、14％、論文総数の4％、6％と比較的少ない。有機農業に関する社会科学分野の研究は、全体として政策志向が際立っている。経済学系学会誌論文によく用いられる計量検証手法がほとんど見られないのも、1つの特徴と言える。

　これらの点は言うまでもなく、通常の学会誌スタイルと大きく異なった「共通報告」、「フォーラム報告」、「個別報告」の3部構成という「年報」編集方針に大きく依存している。第3部という「個別報告」論文のみを対象にすれば、かなり違う構図になろう。しかし、編集方針が冒頭で述べたような学会活動を反映したものであることから、これらの特徴は学会設立当初から目指してきた日本の有機農業運動の思想と歴史の重視、研究と運動との連携、現場重視、物申す研究者の組織化等（註12）を実践した結果とも言える。こういった特徴を有する研究活動の成果が、冒頭で述べたように有機農業推進法の成立や有機農業関係者を結集する場の形成に大きく寄与したとするならば、関連法制度整備の進展に伴って「有機農業第Ⅱ世紀」（中島［2007］、p.8）に入った今日において、研究面でどのよ

うな新しい局面の展開が求められるのか。この点については、上述した波夛野、長谷川を含め、幾つかの指摘が参考になると思われる。

例えば、宇根［2005］は「有機農業は『高度な、理想的な、誰にでもはできない』農業だという位置付けは、有機農業や有機農業学の学者のアイデンティティの確立には寄与するだろうが、農業政策の展開においては、むしろ逆効果になっているようだ。遠く、高いところに棚上げされ、棚ざらしにされているのが現状であろう。だから、足下に引きずり戻すのである。理論的に、学問的に、である」(p.167) と述べている。政策提言に向けた研究をさらに掘り下げ、理念と現実の乖離を避けることの必要性を主張している。

有機農業経営と提携の関係を考察した高橋［2005］は、有機農業研究が状況分析、主体論、チャンネル論、機能論・成果論については多くの成果をあげた一方、提携と有機農業経営の関係、非提携と提携の比較分析については理論的にも実証的にも研究蓄積が少ないと指摘している。思想や運動論としての提携論だけでなく、農家の主体的な意志決定に着目した農業経営論的研究の必要性を説いている(p.246)。

稲葉［2005］は、防除技術またはそのために必要な栽培体系全体の再構築の視点から、「周辺環境の改善と併せて、生産者のどのような営農行為が環境再生に役立っているのかを明らかにすること」が、「今後の環境支払いを説得力のあるものとして提示するために必要になってきた」(p.152) と指摘し、有機農業の環境効果を解明することの必要性を示唆している。

そして野中［2005］は、日本の有機農業の技術的到達点に関連して「各地で相当な技術水準に達した有機農家が存在する。しかし、日本における有機農業技術の解明が行われてこなかったために、近年、有機農業の基準問題に関して単なる機械的な論議が多くなされている」(p.290) と指摘している。

波夛野、宇根、高橋の指摘からみると、野中の指摘は社会科学分野を含む有機農業研究全体にも当てはまると言えるのではないか。これらの指摘や表3-1-3から見えてくる共通点は、有機農業研究をさらに掘り下げ、より充実した実態把握と実証分析の積み重ねによって政策・行政・農業団体を動かすような理論、技術体系、経営経済装置、政策提案を創りあげていく必要があるということであろう。そのためにやらねばならないことは多々あるが、①各地域に展開している多様な

有機農業の経営実態を把握し、その特徴を経営持続性と資源・環境効果の両面から解明することと、②減農薬・減化学肥料栽培の取組から有機農業に到達するまでの連続過程を解明するための理論視座を確立することの2点が、まず必要不可欠であろうと考える。

2）多様な有機農業の経営実態の把握

　有機農業は化学合成農薬や化学肥料を使わず環境に優しいという特徴をもっていることが一般的なコンセンサスとなっている。しかし上述のように、経営持続性や省資源・省エネの面でどのような可能性をもち、どのような問題点を抱え、どのような改善策が試みられ、その改善は可能かといった問題を明確に意図し、稲葉が言う「説得力のあるものとして提示」できる研究成果はまだ少ない。実際においては、作物単収や収益性等の面で高い水準に達した取組はかなりあるし、化学合成農薬や化学肥料の代わりに稲わらや緑肥作物の鋤き込み、農産物残滓・雑草・家畜糞尿等有機質肥料の利用、米糠ペレットやアゾラ等浮き草による雑草抑制、小動物・天敵・生物農薬による防除など、農業内や地域内資源の循環利用を特徴とする多様な農法が取り入れられている。これらの農法の採用によって、省資源・省エネの面において優れた実績をあげた取組も各地で多数現れている。しかし、これらの取組は農法として研究されることが多く、経営持続性や省資源・省エネ経営モデルとしてその特徴を計量的に明らかにするような実証研究がまだ見られていない（註13）。

　その理由の1つは、こうした視点を明確に取り入れた実態調査が少なく、比較を含む量的解明に耐えるほどのデータの収集や蓄積が行われていないことが挙げられる。産業連関表分析のような完整性の高い分析結果を求めず、資材利用量を含む通常の作物生産費調査データを工夫すれば、**表3-1-2**に示すような分析も可能であろう。有機農業の経営実態を含むこれまでの大量データ調査の実績として、農林水産省「環境保全型農業推進農家の経営分析調査」はあるが、調査対象が稲作（1997年、2003年）と野菜（1999年）に限られていることや異なる調査年間の指標の不一致など改善すべき点があることに加え、2004年以降、この種の調査が全く行われておらず、有機農業の実証研究を遅らせる大きな要因の1つになっている。

有機農業の先進事例としてEUの経験がよく取り上げられる。周知のように、EUの有機農業研究において農家間の農法比較や収益性分析が大きなウェイトを占めている。そのため、作物、経営部門、農場段階の技術や経営データの収集や関連データベースの整備が重視されている（註14）。こうした、いわばデータ重視の実証主義的な風潮がEUの有機農業研究と実践を前進させる重要な要因の1つになっているのではないかと思われる。

　この現状を改善するためには、まず、「環境保全型農業推進農家の経営分析調査」のような、生産費調査項目を取り入れた有機農業の経営実態に関する統計調査の整備が必要である。1年に1度の調査が困難としても、例えば、農業センサスのような5年に1回の調査は十分考えられよう。「有機農業推進法」には、「国及び地方公共団体は、有機農業の推進に関し必要な調査を実施するものとする」条項（第12条）があり、「有機農業の推進に関する基本的な方針」においても、「国は、(中略) 有機農業の推進のために必要な情報を把握するため、地方公共団体、有機農業により生産される農産物の生産、流通又は販売に関する団体その他の有機農業の推進に取り組む民間の団体等の協力を得て、必要な調査を実施する」（第3　有機農業の推進に関する施策に関する事項、5項）としている。これらの条項の趣旨を活かして、有機農業の経営実態に関する統計調査の整備を有機農業推進策の1つとして各段階の有機農業関連事業計画に位置づけることが可能か、そのために関係機関に働きかけることが必要かどうかを含めて、学会として検討する必要があるように思われる。

　これを学会独自の事業として取り組むことも可能であろう。2005年12月の学会総会で有機農業技術の到達点に関する全国調査の実施が決定され、2008年まで9回の調査を実施できたことは評価に値する。こうした調査は今後とも継続すべきだし、これまでの調査で得た経験を活かして一歩前進を図る必要もあろう。有機農業技術の到達点を農法や技術面だけを解明するのではなく、その技術体系を支えるためにどのような資材が使われ、どこから、どのような形で、どれくらいの価格で調達し、またはその調達のためにどれくらいの労働時間や費用を要したか、これらの資材の使用が作物単収や生産物価格（品質等質的要素の擬似変数）、生産費、最終経営成果である所得の形成、そして資源・環境効果にどのような影響を与えたかなど、いわば技術の経営的・経済的・資源・環境的側面のほか、高水

準の技術に到達できた農家の労働力構成、収入構成、経営の成り立ち、経営主の考え方、地域環境なども併せて把握する必要がある。図3-1-1の関連部分で述べたように、これらの点は技術とともに有機農業の経営持続性や資源・環境効果、振興条件等を解明するうえで欠かせない要素となっているのである。

生産費調査項目を含む有機農業の経営実態把握を学会の事業として行う場合、「わたし研究する人、あなた研究される人」(註15)といった状況を避けるため、全国の有機農業者から調査に同意する農家を募り、同意農家を対象に体系的な調査を実施する手法が考えられる。調査方法としては、農林水産省「環境保全型農業推進農家の経営分析調査」が1つの参考になるが、調査指標の改善を図る必要がある。学会会員の知恵を結集し、調査対象作目や地域の特性、学会設立時の趣意、時代の要請等を反映した効果的な調査指標体系の構築を目指すべきであろう。調査結果は学会会員が共有し、個人情報保護法に抵触しないように(調査対象農家の個人名の公表や成果公表から調査対象者の特定可能性など)、一定の手続きをすれば基本的に自由な利用を認める。学会の調査と合わせて、研究者個人の経営実態調査や調査結果の学会寄付によるデータベース化も推奨してよいと思われる(註16)。こうした地道な作業と実証研究を効果的に進め、一定の技術と経営水準に達した取組の成果をまとめて示すことができれば、経営持続性に優れ、省資源・省エネ農業経営モデルとは何かを具体的に提示することができ、有機農業の拡大に貢献することも可能であろう。

3) 有機農業を拡大するための理論視座

以上の作業を効果的に進めるための前提として、認識の面で解決しなければならない問題がある。これも多々あるが、基本と思われる3点だけ挙げることにしよう。

1つには、有機認証制度をどう評価するかである。H. Willer & U. Zerger[1998]は、ヨーロッパの国別有機農業の成功要因として、①個別経営体(農場)への支持水準、②国あるいは域内共通認証マークの存在、③アクションプランの存在、④有機農産物の入手し易さ、⑤消費者教育、⑥農家への情報提供または総合サービス、⑦研究や研究機関への投資といった7つ(番号は筆者追加)を挙げ、有機認証制度を評価しているように思われる。

学会では、小川［2001］のように認証にかかわる費用過大問題を指摘しながらも、認証制度の有効性を認める考えもあれば、認証制度に批判的な見方もかなりある。制度そのものが問題なのか、それとも近藤［2001］が言う「お金のかからない監査制度」（p.86）のように制度改善を図ればよいのか、そして制度そのものが問題だと考えるならば、制度を仮に廃止した場合に乱表示から有機農産物を守る有効な手立てとして何が考えられるか、また、3項で述べたように検査・認証費用を補填するための制度確立を目指すならば、その理論的根拠は何か、などの点を理論的に明確にしなければならない。

　筆者は、環境への負荷低減という意味で、工業製品に対して実施しているエコポイント制度のように、認証費用補填の根拠は十分あると考えている。政策支援の対象を消費者ではなく、検査・認証費用を支払っている有機農業者にすればよい。有機認証を受けることによって生産物に価格プレミアムが付くから、費用補填は不要ではないかの考えもあるが、平均値的な発想であろう。有機農業者のなかで価格プレミアムを享受している農家とそうでない農家がある。価格プレミアムがあるから費用補填は不要というならば、価格プレミアムのない生産者や農法転換によって収益が低下した生産者に対して補償をやらねばならない理屈が当然成り立つことになる。こういった点も含めて、論理の整理が必要である。

　2つには、有機農業と環境保全型農業の関係をどう考えるかである。有機農業は権力に逆らう「在野」の形で始まり、農政が進めてきた環境保全型農業（在朝）とは本質的に異なるとの認識が、有機農業関係者の中で根強くある。「持続農業法」（「持続性の高い農業生産方式の導入の促進に関する法律」、1999）から「有機農業推進法」が成立するまでの期間だけをみればそう言えるかもしれないが、それ以外の期間ではこの見方は成り立たないであろう。1970年代には有機農業は減農薬栽培、減化学肥料栽培等を包摂した多様な取組であったし、推進法が成立した今日では、「在野」、「在朝」の区別がもはや意味をもたない（註17）。有機農業が細々としている中で、これまで「在朝」と見られていた減農薬・減化学肥料の取組、とりわけエコファーマーの認定を受けた取組を有機農業の予備軍として位置づけ、受け入れ、有機農業に育てあげていく度量と情熱が求められている。これが有機農業拡大の最短距離であり、唯一の道と言っていいくらいである。この点を認識論として明確にしなければ、減農薬・減化学肥料栽培等の取組から有機農

業に到達するまでの連続過程を創出することが困難であろう。行政、農業団体、地域を巻き込んだ形で農法転換を進め、有機農業を「農を変える」大きなパワーにしていくために整理しなければならない重要な課題の１つである。

　３つ目は、環境保全と生産性・効率性との関係をどう見るかについてである。有機農業を含む環境問題の関連研究において、環境保全は生産性・効率性追求と相容れず、したがって、環境保全を重視する農業へ移行していくためには生産性・効率性重視と決別しなければならないとの見方がある。果たしてそうであろうか、理論と実践の両面から検討する必要がある。

　生産性・効率性とは、１単位の資源投入に対して何単位の富を産出できるかを測るための尺度である。数式にすれば、［富の生産量÷資源投入量］で表すことができる。この値が高いほど生産性・効率性がよいとされる。そして、この数式の分子と分母を入れ換え、つまり、［資源投入量÷富の生産量］にすると、一定の富を生産するためにどれくらいの資源を消耗しなければならないかが求められ、すなわち、経済活動の資源・環境効果を測る尺度になる。この値が小さいほど同一量の富を産出するために必要な資源の量、したがって環境への負荷が少ないことを意味する。この表裏一体の関係で明らかなように、効率性の悪い経営は資源・エネルギーを多用し、環境への負荷が高い。効率性に優れた経営こそ資源節約的であり、環境への負荷も少ないのである。

　農業経営の視点からみれば、収益性が悪く再生産条件を確保できない有機農業の取組には後継者が付いてこないし、取組の存続自体も困難になる。この考えが正しいならば、環境保全を図る意味においても、有機農業の取組を拡大していくためにも、資源・エネルギーを効率よく利用し、生産性・効率性を追求しなければならないということになる（註18）。生産性・効率性への拒絶反応は、上に述べた有機農業の経営実態把握や、経営持続性に優れ、省資源・省エネ農業経営モデルの提示に向けた努力を妨げ、結果的に有機農業の拡大を遅らせる可能性がある。こういった点への検討を含め、有機農業に関する理論視座の確立に向けて学会同人はともに努力すべきであろう。

（註１）しかし、このことは有機農業に関する学術研究が有機農業拡大のためにすぐに役立つものでなければならないことを意味するものではない。有機農業の持続発

展を図るために、一見してすぐに役立たないと思われるような基礎研究も極めて重要であることは言うまでもない。

(註2) 第1章第2節を参照されたい。
(註3) 2009年1月6日付け『日本農業新聞』記事を参照されたい。
(註4) この調査は篠崎氏の卒論研究として2008年11～12月に実施したもので、有効回答数が218（回答率72.7％）である。
(註5) 2009年3月7日、4月22日付け『日本農業新聞』記事を併せて参照されたい。
(註6) 拙著[6]第2章、および次節の事例分析を参照されたい。
(註7) 重量割合という指標は農産物の品目・単価等の相違を捨象した集計結果であり、時系列比較に用いるには必ずしも妥当ではない。しかし、各種の格付け量を取りまとめる金額ベースの統計がないため、このような形の公表結果を使わざるを得ない。次の第4項で述べるが、有機農業振興の課題として取組実績関連統計の整備が求められる。
(註8) 波夛野は、「根源的にかつ現実的に有機農業の原理と実践を対象とした研究の構築」の必要性を示すために藤原辰史『ナチス・ドイツの有機農業』（柏書房、2005年、p.261）を引用して述べたものである。
(註9) 環境保全型農業関連事業の政策効果評価について拙著[6]第4章を参照されたい。
(註10)「年報」Vol.1、「発刊に当たって」を参照されたい。
(註11) 例えば、「収益性・経営」と「市場」（産消提携）の両方とも関係する高橋論文（2005年）は、論文の目的からして後者に入れることにした。
(註12) 足立[5]を参照されたい。
(註13) 稲葉[10]は、示唆に富むアプローチとして注目に値するが、こういった成果を氏の言う「説得力のある」政策根拠にしていくために社会科学分野の実証分析によるフォローが必要不可欠であろう。
(註14) 文献[1]～[4]およびそれぞれの引用文献を参照されたい。
(註15)「年報」Vol.1、「発刊に当たって」を参照されたい。
(註16) その際に、調査結果に作目生産費調査の基本指標が含まれることや著作権保護等に関する配慮等も当然必要である。
(註17) この点について、補論と併せて読まれたい。
(註18) 詳細な考察については、拙著[6]第4章を参照されたい。

引用文献（『有機農業研究年報』論文は書誌出所省略）

[1] Ansaloni F, Organic livestock production in northern Italy: An overview of some economic research projects, R.Zanoli and R. Krell（Eds.）First Sren Workshop on Research Methodologies in Oganic Farming, pp.135-138, 1998.
[2] Glenn Fox, Alfons Weersink, Ghulam Sarwar, Scott Duff, Comparative Economics of Alternative Agricultural Production Systems: A Review, Northeastern Journal of

Agricultural and Resource Economics, Vol.20（2）, 1991.
［3］ Lockeretz W, Socio-economic and policy studies working group, R. Zanoli and R. Krell（Eds.）First Sren Workshop on Research Methodologies in Organic Farming, 1998, pp.109-110.
［4］ Willer H & U. Zerger, Demand of research and development in organic farming in Europe, R. Zanoli and R. Krell（Eds.）First Sren Workshop on Research Methodologies in Organic Farming, 1998, pp.57-63.
［5］ 足立恭一郎「日本有機農業学会の設立までの経過」2001、pp.217-232
［6］ 胡柏『環境保全型農業の成立条件』農林統計協会、2007
［7］ 長谷川浩「有機農業技術開発研究の方法論をめぐって」2007、pp.225-234
［8］ 橋田あゆみ・胡柏「直売施設『さいさいきて屋』の運営実態分析」『愛媛大学農学部紀要』54、2009、pp.1-9
［9］ 波夛野豪「有機農業研究の現状とその動向―社会科学領域を中心に―」2006、pp.178-191
［10］ 稲葉光國「生物の多様性と自然の循環機能を活用した環境創造型有機稲作」2005、pp.136-152
［11］ 近藤一海「生産者の立場から見た認証制度の問題点」2001、pp.83-86
［12］ 日本有機農業学会・学会誌編集委員会「発刊にあたって」2001、pp.ii-iv
［13］ 中島紀一「有機農業推進法の施行と有機農業技術開発の戦略課題」2007、pp.8-24
［14］ 野中昌法「第2回日本の有機農業の技術的到達点に関する全国調査の構想と進め方」2005、p.290
［15］ 尾島一史・長坂幸吉・萩森学・安部順一朗・田中和夫「雨よけハウスを利用したコマツナ無農薬周年栽培を安定化させる技術体系の導入効果と課題」2007、pp.171-184
［16］ 小川華奈「有機食品の認証コスト」2001、pp.87-98
［17］ 篠崎里沙・胡柏「有機農産物についての消費者意識と生産農家の実態把握―消費者と生産者のアンケート調査より―」『愛媛大学農学部紀要』54、2009、pp.11-17
［18］ 佐藤剛史「有機農業研究、その動向把握のための第一歩」2004、pp.233-249
［19］ 澤登早苗「自然科学分野を中心に」2005、pp.249-269
［20］ 徳川祐樹「有機栽培による柑橘作経営農家の実態について～愛媛県の農家を事例として」（愛媛大学農学部、資源・環境政策学コース2008年度卒業論文）、2009
［21］ 高橋太一「有機農業経営論における提携活動分析の位置―農業経営学視点からみた論点整理」2005、pp.235-248
［22］ 宇根豊「農業政策に新しい政策スタイルを取り入れる―環境支払いの思想を掘り下げながら―」2005、pp.153-168
［23］ 矢本萌「有機農業拡大のための新規就農者支援体制の提案」（愛媛大学農学部、資源・環境政策学コース2008年度卒業論文）、2009

補論　環境保全型農業をどう捉え、どう拡大させるか

1. 環境保全型農業をどう捉えるべきか―富岡昌雄教授の問題提起に応えて―

　小著『環境保全型農業の成立条件』(農林統計協会、2007年9月刊)に対して、富岡教授から極めて有益な書評を頂いた(『農林業問題研究』第44巻第2号、2008)。周知のように、書評を書くのは一種の社会奉仕であり、大変な労力を要する骨折りの仕事でもある。雑文乱文の多い拙著ならば、なお一層の苦労が強いられる。これを承知しながらこの苦労の多い仕事を引き受けたのは、人を思いやる教授の温かい心もちと、学会の研究水準向上に対する一種の責任感によるものであろう。お礼を込めて心から敬意を表したい。

　書評全体として極めて穏やかな筆調で書かれ、著者の気持ちとしては特にリプライしなければならないほどの理由は見当たらない。しかし、教授から5つの疑念が提起されており、それに少しでもお答えできれば書評へのお礼になるのではないかとの思いと、このリプライ方式は近年から導入された学会誌の新しい試みであり、これを積極的に活かし、学会論議の活発化に少しでも役立つことができればとの思いから、編集部のご好意にお応えすることにした。

　教授が疑念として提起した5つの点は次の通りである。第1に、環境保全型農業の実績を有機JAS認証農家数やエコファーマー認定数のみで捕捉することができるか。第2に、有機農業と減農薬・減化学肥料栽培の間は、「同じ範疇の中での程度の差」ではなく、「断絶の方が大きい」のではないか。第3に、環境保全を農薬・化学肥料の削減だけでなく、生物や景観保全を含めて捉えるべきではないか。第4に、「環境と経済の両立は、たまたまある状態の下で成立したということではないか」。第5に、2007年度から始まった「農地・水・環境保全向上対策」について集落組織を「個を束縛するもの」と見てよいか。

　いずれも真摯な問題提起であり、1つ1つお答えしなければならないが、分量制約のため、環境保全型農業をどう認識し、どう捉えるべきかという基本問題にかかわる2、4点目のみに絞って私見を述べ、教授へのお礼とさせて頂きたい。

　まず、2点目についてである。教授の指摘は率直である。「評者の感覚では、有機農業と減農薬減化学肥料栽培の間は、連続よりも断絶の方が大きいように思

われる。減農薬減化学肥料の極限として有機農業があるとは思えない。有機農業推進法が議員立法とならざるを得なかったのもこのためではないか」と指摘する。そして、小著の分析結果として示した、取組水準が向上するほどJA離れが進むというのも、環境保全型農業関連事業の推進によってエコファーマーは増加したが、有機認証農家は必ずしもそうならなかったのも、「行政に支援されたエコファーマーと、在野から権力に逆らう形で始まった有機農業との断絶を反映しているのでは」ないかと述べられている。

　有機農業の歴史からみれば、そう思わせる部分があったのは確かであろう。有機農業運動に深くかかわってきた生産者・関係者の中で行政、地域、農協からの疎外感を今なお語り続ける人は少なくないし、行政や農協関係者の中には「権力に逆らう形」の有機農業のイメージしかもたない人もいよう。つまり、ご指摘の通りと思われる事実が多々あったのである。

　その通りであろうが、「在野」もそこから生まれた「断絶」の存在も、有機農業推進法の成立によって過去のものになったのではないか。有機農業はかつて農政や農協等地域主体から疎外された「在野」の歴史があったとすれば、有機農業推進法の制定をめぐる一連の動きは「有機農業を政策的に育成」（日本有機農業学会『有機農業推進法（試案）』、2005）しようとした「在野」からの脱却を目指したものであり、法律の成立によってその目的が達成されたと言ってよい。同法では、有機農業の推進に関する国および地方公共団体の責務を明確に規定し、同法に沿って定められた農林水産省「有機農業の推進に関する基本方針」では、関連推進事項を広範かつ具体的に規定したほか、2011年までに有機農業の推進体制を整備するとした都道府県の割合を100％、市町村の割合を50％以上とする数値目標まで定めている。これほど強力な法制度、政策、および行政支援の下で有機農業を進めようとしているのであるから、「在野」、「在朝」の区別はもはや必要ない。この点に関してもう少し付言すると、次の2点に留意する必要もあるように思われる。

　1つは、有機農業と減農薬・減化学肥料栽培を含む他の取組形態とは「断絶」ばかりでなく、有機農業運動の展開や有機農業経営においても「連続」的な一面があるという点である。有機農業はそもそも行き過ぎた化学農法から「あるべき姿の農法」を取り戻そうとしたところから始まり、現在でいう減農薬栽培、減化

学肥料栽培を包摂する「多様な解釈と多様な実態」(国民生活センター『日本の有機農業』日本評論社、1981、pp.61-62、pp.124-126諸図表)をもった「十人十色の有機農業」(荷見武敬・鈴木利徳『新訂有機農業への道―土、食べもの、健康―』楽游書房、1980、pp.3-4、p.22図I-2)であった。そういった実態からすれば、有機農業と他の取組形態とでは「断絶の方が大きい」とは必ずしも言えない。新規有機農業者と慣行農法から有機農業へ転換した農業者の営農技術を比較した波夛野によれば、後者は完全な無農薬無化学肥料栽培の技術体系を確立するまでの転換期間を必要とし、有機農業以外の栽培形態を含む取組から完全な有機農業者になるまでの、連続的な変化過程の存在を示唆している(波夛野豪『有機農業の経済学』日本経済評論社、1998、第4章2節)。また、農林水産省「環境保全型農業推進農家(稲作)の経営分析調査」(2003)によれば、71の有機農業者の中に無農薬栽培、減農薬栽培、減化学肥料栽培や慣行栽培を含む他の栽培形態も並行して行っている生産者が37もあり、取組が「高度化していく」「連続」過程は半数以上の有機農業において存在するのである。

　もう1つは、たとえ「断絶の方が大きい」事実があったとしても、有機農業推進法が施行された今日的情勢の下で、農業の危機打開のためにこの「断絶」の解消を目指し、環境保全に資する多様な取組形態から有機農業に到達するまでの「連続」過程を創り出さねばならないという点である。有機農業運動は単に有機農業そのものの拡大のためならば、食と農と環境を根本から変えていくほどのパワーを持ち得ないであろう。有機農業を拡げるために農業、地域、組織をどうするかではなく、食と農の危機打開、地域再生、将来世代の財産(ストック)となる地球環境の保全のために有機農業の拡大を図るべきなのである。そのためには、「在野」という過去を乗り越え、行政や地域住民を巻き込んだ形で有機農業を到達点とする環境保全型農業への移行を進めていかねばならない。

　次に、4点目についてである。「環境と経済が両立するというのは、とくに短期的には、絶対的に正しい命題ではない」とのご指摘には全く同感である。しかし、「環境と経済の両立は、たまたまある状態の下で成立したということではないか。」、「いったん無駄が省かれてしまうと、さらに環境負荷を減らすためには収益性を犠牲にしなければならないという局面にいたる」とのご指摘はむしろ、環境と経済の両立が長期的にも正しい命題とは言えないとの疑問を提示している

ようである。

　小著でも示したように、筆者は環境と経済（小著では生産性または効率性としているが）の両立が可能と見ており、より正確に言うならば、そうでなければならないと考えている。効率性とは、1単位の資源投入に対して何単位の富を生産できるかを測るための尺度であり、［富の生産量÷資源投入量］で表すことができる。この値が高いほど効率性がよいということになる。他方では、経済活動の資源環境効果とは、一定の富を生産するためにどれくらいの資源を消耗するか、つまり、［資源投入量÷富の生産量］で表すことができる。この値が小さいほど同一量の富を生産するために必要な資源の量、つまり環境への負荷が少ないことを意味する。この表裏一体の関係で明らかなように、効率性のよい経済こそ資源節約的であり、環境への負荷も少ない。環境保全と効率性、生産性とは本質的には矛盾せず、その両立を如何に図るかが新しい時代の学問と政策に課せられた課題であると思われる。

　この程度のリプライは、富岡教授の想定範囲を超えるものではないであろう。書評を拝読して深く感銘したのは、教授はご多忙にもかかわらず小著の隅々まで目を通し、他人のことを大切に思う真摯な気持ちが至る所で滲み出ている点である。小著を教授に批評して下さったことは幸運に思う。

2．有機農業の拡大をどう図るか──安井孝『地産地消と学校給食』に寄せて──

　この本を読み終えたとき、私はしばらく、確かな満足感に浸った。そして、心の底から著者に賛辞を送った。「安井さん、おめでとう。素晴らしい本を書いて！」と。本書を手にした時に知りたかったこと、期待していたことを見事に答えてくれており、賛辞を送らずにはいられなかった。そして、机に向かってこの書評を書き始めた時、幾度となく中断した。ちょっと待って、この書き方でこの本の価値を本当に読者に伝えられるのだろうかと、悩みに悩んだ。

　学校給食、有機農業、地産地消等で全国的に注目されてきた今治市の取組は、すでに多くの研究で取り上げられ、多数の成果を生んでいるが、本書は、資料価値と、今治的取組の今日的意義に対する考察の深さのどちらから見ても余人の追随を許さない水準に達している。今治市役所の現役職員である著者の手によって書かれ、それまであまり知られていない第1級の資料が豊富に盛り込まれている

のも大きな特徴の1つであるが、それだけではない。30年間にわたって進められてきた今治市の取組を一地方自治体の事例紹介にとどまらず、その時々の農政や制度のあり方と照合しながら検証し、どうしたら有機農業や地産地消が拡大するか、食と農のまちづくり、あるいは一般的に言われている農業振興や地域活性化はどう進めたら成果があがるか、その中で自治体行政・職員、農協、業者、市民がどのような役割を果たしてきたかといった重要な点を示してくれたのである。本書は最良の有機農業論、地産地消論、食育論であり、地域経済が直面する多くの難問に指針を与える優れた自治体農政論、自治体職員論でもある。

章別構成は、以下のようになっている。

プロローグ　地産地消・有機農業・食育のまちづくり

第1章　学校給食を変える

第2章　市民活動を政策化する

第3章　地域と人を結ぶ

第4章　地産地消と食育と有機農業を結ぶ

第5章　有機農業的な農政を進める

第6章　地域に有機農業を広げる

第7章　有機農業が生み出すビジネスや福祉

この構成から明らかなように、学校給食、有機農業、地産地消は各章を貫通する3つのキーワードである。しかし、それぞれのキーワードを軸に内容を編成し、章立ての形をとっているわけではない。なぜなら、「自治体と市民とまちづくりを最初につないだのは学校給食である。地産地消も有機農業も食育も、学校給食を仲立ちとして広まった」(p.178)と総括しているように、それぞれの取組が単発的で一過性的に行われてきたのではなく、地産地消力の向上をつねに意識し、三位一体の形で進められてきたからである。「加工食品と冷凍食品がふんだんに使われ、すっかり冷めた給食を口にして」「愕然とした」学校給食の現実(p.15)を変えようとする主婦たち（今治くらしの会）と、「自分たちが作った安全で美味しい食べ物を自分たちの子どもや孫に食べさせたい」(p.19)とする有機農業者たちの思いは学校給食をセンター方式から自校式へ変える運動の原動力であったが、それは同時に、地元産有機農産物や食材の供給力向上を主張し行動する強い決意表明でもあった。学校給食を舞台にしたこの日本で最も早い地産地消運動

が、その後「食糧の安全性と安定供給体勢を確立する都市宣言」の議決、地産地消体制と拠点施設の整備、食と農のまちづくり等一連の施策や市民活動へと展開し、様々な形で実を結んだ。著者はこうした今治的取組の体系化を試み、成果を収めたのである。

　本書の第1の成果は、有機農業の進め方と可能性を克明に示した点である。有機農業研究集会に駆け付けた有機農業者たちが、有機農業そのものよりも、食糧管理法によって規制されていた縁故米の合法的な流通方法を調べるためと記している点は興味深い。食管法下に置かれていた1980年代初めの農業経営に対する強い危機感が、彼らを有機農業へ駆け付けさせる要素の1つであったことを強く示唆する。この記述は、地元産農産物の学校給食納入を求める運動の先頭に立った有機農業生産者たちの行動と極めて整合的である。そして、この小さな活動が市長選にまで影響を及ぼし、有機農業推進の地域合意形成へとつながっていく。先駆的な取組として知られる今治市の有機農業を理解するうえでこの底流を掴むことが肝要と思われるが、有機農業の拡大に向けた取組の実態を詳細に記している点と合わせて本書の価値を大きく高めている。有機農産物の学校給食納入における生産者、農協、栄養士、調理員たちの努力、そのための実態把握・計画・検証プロセス、特別栽培米指針の作成や「今治市実践農業講座」等の担い手づくり、成人の食生活にも影響を及ぼす有機農業的な食育の推進、産地づくり交付金を巧みに活用した有機栽培米、特別栽培農産物への直接支払い、農地法の特例措置を活かした有機農業体験農園整備、有機農産物を食材とする学校給食メニューの開発と保護者・一般家庭への波及、学校農園の有機JAS認証、有機農業を広めるための「食と農のまちづくり条例」の制定と「有機農業推進計画」の作成、有機農業モデルタウン事業の推進など、有機農業の取組は豊富で多岐にわたる。その方法と工夫は有機農業推進で課題を抱えている多くの地域に示唆を与えるに違いない。

　本書の第2の成果は、地産地消のあり方と可能性を今治市の取組という長期にわたる社会実践に基づいて実証的に示した点である。その成果は言うまでもなく、まず学校給食に現れている。現在、学校給食に使われている地元産食材の割合は、米は100％、パンは60％で、調理場等で手間のかかる野菜・果物も約30％を占めるようになっている（p.9、表1）。学校給食を起点とした取組は、農、工、商へ

と拡がる。「農」のセクターでは、有機栽培、特別栽培、小麦・大豆の生産拡大や生産者グループ・法人の形成をもたらしている。「工」のセクターでは、地元産食材を使った豆腐、冷凍うどん、菓子パン、純米酒、芋焼酎等加工品の開発、「商」のセクターでは、加工業者・小売・飲食店等を包含する地産地消推進協力店、地産地消ホテル、農家レストラン、大型総合直売施設「さいさいきてや」等地産地消拠点群や地産地消推進サポーターの結成へとつながる。その結果としてローカルマーケットやシビックプライドが生まれている。学校給食や直売所の開設といった単発的な取組に終始するのではなく、食と農のまちづくりという志とロマンをもって全方位的に展開してきたのが今治的地産地消の特徴であることを、著者は詳細な記録に基づいて描き出している。

　評者が特に注目したのは、著者が今治市の実践を踏まえて自らの農政論、自治体農政論を提示した点である。これは本書の第3の成果であり、今治的取組の普遍的意義を見出す重要なポイントにもなっている。著者は、大規模重視、小規模・兼業農家軽視、お金のモノサシで「農業や食べ物を『経済性』という視点で計り、合理性や効率性を追求」(p.115)する農政のあり方を厳しく批判する。「自民党政権下の農政は、大規模農家の育成に予算をしぼりこみ、兼業農家を政策の対象からはずそうとしてきた。国は農業経営の側面だけから政策立案してきた」(p.134)と指摘する。また、「作ることを止めたら助成金や交付金がもらえる」生産調整のあり方、そのための補助金の使い方、「法人化自体が目的」化した農業経営法人化のあり方、農地法や農振法に縛られる農業後継者育成策や食育の進め方等にも疑問を投げ掛けている。

　その対案として著者は、安全性、環境保全、生物多様性、持続性を新たなモノサシとし、「地域に暮らし続けられる農業、市民に支えられる農業、豊かな自然を子どもたちに引き継げる農業」(p.116)、そして「競生」の農政論を提起する。例えば、「これから地域農業を振興するには、経営規模や年齢で農家を選別するのではなく、安全な食べ物を生産するために耕そうとするすべての市民を担い手として位置付ける施策を展開していかなければならない」(p.131)、「農も農以外も包含した地域振興を図って」いくためには、「兼業にも光を当て、地域で暮らし続けられるような総合的な施策が欠かせない」といった指摘である。そのモデルとして産業観光や産業福祉の考え方を取り入れた「コミュニティビジネス」、「環

境・高齢化・貧困などの社会問題の解決を目的とするソーシャルビジネス」の有効性を指摘している (pp.134-135)。

　農業、農村の惨憺たる現実からすれば、これまでの農政が果たして本当に合理性・効率性追求の農政であったかと思うところもあるが、共感できる部分が多いであろう。自らの対案を確かな根拠で裏付けているところも、生産者や消費者と甘苦を共にしてきた著者らしい堅実な仕事ぶりを示している。国の政策を如何に地域農業の推進に読み替え、減反政策に対して今治立花農協が如何にしたたかで効果的な対応をしたか等の記述や、大型総合直売施設「さいさいきてや」の取組をコミュニティビジネス、産業福祉的なソーシャルビジネスと位置付けた分析（第5章、第7章）は、いずれも農政の反省を促し、自治体農政のあり方や研究心をもった自治体職員の姿をリアルに示した、読み応え十分の内容となっている。

　本書で示した有機農業、地産地消、食と農のまちづくり等の取組は、気候温暖で多種多様な食材が生産され、17万5,000人の人口を擁する商工業のまちでもある今治市の風土から生まれたものであり、すべての地域に適用できる保証はない。しかし著者が強調するように、何かを進める時に「社会正義を楽しく広げる」くらいの気概と、「『できない』ではなく、『どうやったらできるか』」の気持ちをもつことが大切で、「小さな活動を結ぶ」持続的な努力が重要である。これらの点をいち早く心得、30年間にわたって緊張感をもち続けてきた今治市民の尋常でない努力こそ、今治の取組の真髄と言えるかもしれない。本書に示す豊富な実践に触れることで読者は新鮮な驚きと発見に出会うことを確信する。

第2節　有機農業推進法と環境保全型農業

1．有機農業推進法はどんな課題を提起したか

　環境保全型農業は有機農業推進法の施行によって新たな段階に入ったことを第1節や補論で述べた。農法転換の初期段階の生産者に主眼を置いてきたそれまでの推進体制を、推進法の成立によって有機農業を到達点とする重層的な環境保全型農業の推進体制へ再構築しなければならなくなったからである。

　推進法成立までの政策体系においても、有機農業が環境保全型農業の一形態として位置づけられていた。例えば、「食料・農業・農村基本法」（1999）後初めて

の食料・農業・農村白書の用語解説欄において、有機農業は環境保全型農業の1つであると明記しており、その後の同白書や関係文書においても、この解説に沿った記述がなされている。

しかし、実際の施策は必ずしもそのようにはなっていない。エコファーマーに象徴される農法転換の初期段階の取組に対して手堅い推進体制を敷き、確実に施策を実施してきたのに対して、環境保全型農業の一形態とされる有機農業の拡大に関しては何ら有効な施策を用意してこなかった（註1）。その結果、減農薬・減化学肥料栽培を主とするエコファーマーは勢いよく伸びてきたのとは対照的に、有機JAS認証を受けた農業者は、認証制度が始まった最初の3年間を除けば低調な動きにとどまっている。環境保全型農業の導入促進を目的とする「持続性の高い農業生産方式の導入の促進に関する法律」（持続農業法、1999年）があったにもかかわらず、その一形態とされる有機農業の推進に関してもう一つの法律を議員立法の形でつくらなければならなかったことの背景はまさにここにあった。有機農業関係者の間に根強くある「在朝」、「在野」の考えも、こうした事情を反映したものにほかならない。

同一の政策事項を2つの法律でもって推進するということは、制度設計の観点からみて望ましいことではない。実際において、推進現場に多大な負担を負わせる事態も十分考えられよう。しかし、こういう事態になった以上、それぞれの法律を補完的に活用し、相乗効果が得られるように努力しなければならない。この点に関しては、有機農業推進法において注目すべき点がある。

1つは、Codex等国際基準や有機JAS認証の実務からみて、「有機農業」の概念に一定の幅をもたせた点である。同法第2条では、有機農業を「化学的に合成された肥料及び農薬を使用しないこと並びに遺伝子組換え技術を利用しないことを基本として、農業生産に由来する環境への負荷をできる限り低減した農業生産の方法を用いて行われる農業」（傍点は筆者による）と定義している。この定義は、「農林物質の規格及び品質表示の適正化に関する法律の一部を改正する法律」（1999年法律第108号、略称「改正JAS法」）が施行された直後に定めた最初の「有機農産物の日本農林規格」（2000年農林水産省告示第59号）を踏襲したものであるが、Codex基準や日本国内の有機農産物認証の実務からみれば、一定の曖昧さまたは解釈の余地を残したと言える。

例えば、Codexの「有機食品の生産、加工、表示および販売に関するガイドライン (Guideline for production, processing, labeling and marketing of organically produced foods)」(GL32-1999、Rev.1-2001) 前文、第6項では、「有機農業は、外部投入の使用を最小にし、化学合成肥料と農薬を使用しないことを基礎とする」(Organic agriculture is based on minimizing the use of external inputs, avoiding the use of synthetic fertilizers and pesticides.) と書かれている。続く第1条 (Section 1)、1.5項では、「遺伝子操作 (GEO) や遺伝子組換え (GMO) 方法で生産されたすべての原材料、生産物は有機生産 (成長、製造、加工を含む) の原則に合致せず、したがって、このガイドラインの下で認められない」(All materials and/or the products produced from genetically engineered/modified organisms (GEO/GMO) are not compatible with the principles of organic production (either the growing, manufacturing, or processing) and therefore are not accepted under these guidelines.) と明記している。これらの規定や化学合成農薬・肥料使用の例外を認めない有機JAS認証の実務からも分かるように、化学合成肥料・化学合成農薬を使用しないこと、遺伝子組換え技術を利用しないことが必須要件であり、「基本として」よい程度のものではない（註2）。

「基本」とは、どれぐらいの幅を許容し、有機JAS認証実務との整合性をどうとっていくなど運用上の難点を残したが、今後の推進策や推進体制づくりを考える際に活かすべきところもある。同法は有機認証適格者のみではなく、それに近い高水準の栽培形態も施策の対象と想定しているため、有機農業を到達点とする重層的な環境保全型農業の推進策と推進体制を各地域の取組実態に合わせて構築することが可能と考えられるからである。

有機農業推進法において注目すべきもう1つの点は、有機農業推進の阻害要因を取り除くための条件整備の推進を強く意図している点である。同法第三条第1項では、「有機農業の推進は、……、農業者が容易にこれに従事することができるようにすることを旨として、行われなければならない」とし、続く第2項では、「有機農業の推進は、……、農業者その他の関係者が積極的に有機農業により生産される農産物の生産、流通又は販売に取り組むことができるようにするとともに、消費者が容易に有機農業により生産される農産物を入手できるようにすることを旨として、行われなければならない」と定めている。

この条文には実に興味深いことが示されている。農業者が「容易に」有機農業に従事し、有機農産物の流通または販売に取り組み、消費者が「容易に」有機農産物を入手できるように推進しなければならないということは、言うまでもなくそれまでの有機農産物の生産、流通、消費において容易でなかった要素、あるいは阻害となる要素が多々あったという認識が根底にあり、今後の有機農業推進活動はそういった要素を取り除きながら進めなければならないという意図も明白に読み取れる。紆余曲折を経験した有機農業運動の歴史や有機農業者が直面している厳しい経営環境を意識し、その改善を強く促した条項と言えよう。

　この2点のうち、1点目については、今後時間をかけて政策間・制度間の調整や推進上の工夫を検討する必要があると思われるが、2点目については、早急に取り組まねばならない課題がある。農業者が高水準の取組に「容易に」従事し、消費者がその生産物を「容易に」入手できるような条件整備を行うに当たっては、これまでの取組において「容易でなかった」阻害要素を把握しなければならないということである。有機栽培、無農薬栽培、無化学肥料栽培といった栽培形態に代表される高水準の取組は、現段階で面的な広がりをもったものが少なく、「個」として各地域に点在している。各地域に点在するこれらの実践から見えてきた問題点または阻害要素を把握し、それを取り除くための推進策と推進体制づくりに活かしていくことが、取組の面的広がりを図るための前提条件になるのである。

　現在、各都道府県は有機農業推進計画の作成を進めており、そのための意見収集や有機農業を到達点とする環境保全型農業の推進体制づくりを行っている。以下では、愛媛県を事例に現段階における環境保全型農業の実態と問題点を整理し、高水準な取組の拡大に向けて検討しなければならない課題を明らかにする。

2．環境保全型農業の現段階—愛媛県の取組を事例として—

　この数年、愛媛県の環境保全型農業は拡大している。2005年農業センサスによれば、何らかの形で環境保全型農業に取り組んでいる農業経営体の割合が農業経営体総数の45%にのぼり、2000年センサスの14%に比べて30%も上昇している。この間、生産者の環境意識が大きく向上し、環境に配慮した農法の導入が意欲的に行われてきた結果であろう。

　愛媛県の取組が全国や四国からみてどのような水準にあるかを示したのが、表

表3-2-1　愛媛県の環境保全型農業　　　　　　　　　　　　　　　　　　　　単位：戸、％

区分	農業経営（事業）体総数	取組経営（事業）体の割合	うち：		
			化学肥料低減	農薬低減	土づくり
1．農業経営体					
愛媛県	38,681	44.5	26.9	36.5	27.0
四国	117,033	47.0	27.4	39.3	25.8
全国	2,009,380	46.3	28.6	36.4	29.1
2．農家以外の農業事業体					
愛媛県	160	46.8	21.2	31.9	32.5
四国	497	50.3	26.8	36.8	32.6
全国	13,742	46.8	30.5	35.1	32.7

註：2005年農業センサスにより作成。

3-2-1である。環境保全型農業の取組は農家に限らず、農事組合法人、株式会社、有限会社といった農家以外の農業事業体を含めて多様な主体により行われているため、同表には、これらの農業事業体の取組も併せて示している。農業経営体全体としては、四国平均に比べてやや低いものの、全国平均とは1～2％の差しかなく、ほぼ同一水準にあるとみてよい。表には示していないが、2000～05年期間における同割合の伸び率も30％と全国と同じであり、愛媛県の取組は全国の1つの縮図とみてよい。

　農家以外の農業事業体について愛媛県は、減化学肥料栽培で四国平均より5％、全国平均より9％低く、減農薬栽培も四国平均より3％低い。他の地域に比べて、取組の少ない柑橘作の割合が多いためと考えられる。基幹作物の柑橘作経営において農法転換をどう進めるかが、愛媛県の環境保全型農業を考えるうえで極めて重要な視点となる。

　同表で明らかなように、何らかの形で環境保全型農業に取り組んでいる生産者はすでに4～5割の水準に達している。今後、有機栽培、無農薬栽培、無化学肥料栽培のようなより大きな環境効果を有し、かつ増大しつつある有機・特別栽培農産物への需要にも応えられるような高水準の取組を如何に増やしていくかが課題になろう（註3）。

　2000年農業センサスにおいて、愛媛県の無農薬栽培は農業経営体の1.0％、無化学肥料栽培は同1.2％であった。全国の0.9％、1.0％に比べてやや高いものの、数値そのものは小さく、いずれもスタートラインにあったと言ってよい。その後どう変わったかを知りたいところであるが、2005年センサスにおいて栽培形態別の調査項目が省かれ、前回との比較が不可能になった。こうした統計調査の不連

表 3-2-2　愛媛県環境保全型農業における高水準の取組　　　　　　　　　単位：戸、ha

区分	有機栽培	無農薬無化学肥料栽培	無農薬栽培	無化学肥料栽培	合計
栽培戸数					
2009	714				
2007	93				
2005	73	181	320	240	741
栽培面積					
2009	365				
2007	261				
2005		101.6	34.5	141.8	278
2003		110.4	37.3	121.4	269
2002		163.1	37.1	82.0	282
2001		113.7	33.9	110.1	258
2000		97.9	35.2	112.7	246
1999		132.1	38.2	81.0	251
1998		81.8	38.2	81.2	201
1997		42.2	37.9	220.4	300
1996		36.3	37.0	131.4	205

註：1）2005年までは愛媛県地域農業改良普及センター調べ（2005年3月）、その後の数値は愛媛県環境保全型農業推進会議資料による。
　　2）2005年までの無農薬無化学肥料栽培に有機栽培が含まれる。
　　3）2005年の有機栽培戸数は、改正前のJASによる認定者63戸（2009年2月まで有効）と、改正JAS（2006年11月）に基づき再認定を受けた農業者10戸の合計値である。
　　4）有機認証を受けた生産者には農家以外の法人、会社も含まれる。

続性から生じる情報ロスや統計情報の利用価値の低下といった問題をどう考えるかが農林統計制度の課題であり、別途検討しなければならないが、取組の動きを知るうえで必要なことから、地域独自の調査結果を活用するしかない。

　表3-2-2は、愛媛県独自の調査結果を示している。センサスのような全数調査でないため、多少の調査漏れまたは重複集計もあるかもしれないが、2005年センサスで省かれた高水準の取組の実態やその後の動きをみることができる。

　2005年3月まで、有機農業を含む無農薬無化学肥料栽培は12のグループと、36の個人経営で行われ、両者合わせて181経営体、102haの栽培面積となる。無農薬栽培は2つのグループと、4つの個人形態で320経営体、無化学肥料栽培は14のグループと、10の個人形態で240経営体ある。愛媛県の農業経営体は3万8,681であるので、高水準の取組を行うこの3つ栽培形態はそれぞれ農業経営体の0.5％、0.8％、0.6％を占めている。

　これらの数値を2000年センサスと比較すると、その後の5年間で無農薬栽培、無化学肥料栽培とも減少したことになるが、実態はかなり違う。2000年センサスでは有機栽培、無農薬無化学肥料栽培の集計項目はない。そのため、この2つの栽培形態に取り組んでいる生産者数は無農薬栽培、無化学肥料栽培に2度計上さ

れることになる。愛媛県の調査結果も同様の手法で、つまり、有機栽培を含む無農薬無化学肥料栽培を無農薬栽培、無化学肥料栽培にそれぞれ加算すると、無農薬栽培は1.3％、無化学肥料栽培は1.2％になる。これをもって2000年センサスと比較すると、無農薬栽培は0.3％増、無化学肥料栽培はほぼ横ばいとなる。しかし、センサスのようにすべての取組を網羅していない可能性もあるため、いずれの栽培形態も増えたとみてよい。

　この点は同表に示す2005年以降の有機栽培生産者数と栽培面積の動きからも推察できる。県庁の各地方局による調査と有機JAS認証団体への聞き取り調査を取りまとめた結果のため、多少の重複統計があると考えられるし、有機農業への理解の違いによって2009年現在の有機栽培に無農薬無化学肥料、無農薬栽培を含んでいる可能性もある。しかし、こういった点を考慮したとしても、重複集計のないと思われる無化学肥料栽培の取組を2005年と同水準に仮定すれば、取組の延べ件数は増加したことになる。

　こうした特徴は、同表に示すこの数年間の栽培面積の動きからも読みとれる。取組農家数と栽培面積の変化は必ずしも一致するとは限らないが、2000年に比べて高水準の取組が増えていることは、無農薬栽培を除く栽培面積の動きからほぼ確認できる。2005年3月まで無農薬無化学肥料栽培、無農薬栽培、無化学肥料栽培の合計面積は278haで、2000年の246haに比べて13％拡大している。2009年3月となると、有機栽培面積は365haとなっている。これに有機栽培に計上されていない一部の無農薬栽培、無化学肥料栽培を加えると、栽培面積がもう少し大きくなる。2005年農業センサスで把握した3万7,438haの経営耕地面積を基準にすれば、有機栽培は経営耕地面積の1％になる。

　同表の調査結果はここ数年間において環境保全型農業が進展していることを示す一方、高水準の取組が直面する課題も浮き彫りにしている。各年度の栽培面積の動きで明らかなように、面積が比較的少ない無農薬栽培はほぼ横ばいで推移してきたが、無農薬無化学肥料栽培や無化学肥料栽培は年によって大きく変動し、著しい不安定性を示している。この点は、表3-2-1でみた諸数値の大きさに比べると大きな落差を感じさせる。環境保全型農業は広範に行われるようになったものの、高水準の取組の伸びが鈍く、取組全体に占める割合がまだ僅少である。取組の不安定性、不確実性がその拡大を妨げているのである。

この点を有機農業推進計画の作成や有機農業を到達点とする重層的な環境保全型農業の推進体制づくりにどう活かしていくかが課題である。有機認証やエコファーマー認定の実績はこれをさらに補強する情報を示している。減農薬・減化学肥料栽培を主とするエコファーマー認定者は年を追って急速に増加し、2009年9月現在1,119件に達しているのに対して、有機認証を受けた県内農家と法人数は、愛媛県有機農業研究会によれば、62事業体にとどまっている。しかも有機認証制度が施行されてから3年目の2002年認証農家数に比べて17件減少している（註4）。急速に伸びてきたエコファーマーも47都道府県中の36位で、25～26位にある農業生産額の順位からすれば低位にある。高水準の取組を如何に増やしていくかが課題であることを改めて示す形となっている。

　高水準の取組がまだ少ないということは、2つの側面を併せもっている。1つは、高水準の取組そのものが伸び悩んでいることである。もう1つは、実際の取組よりは認証、認定を受けた取組が少数にとどまっていることである。前者は、上述したこの数年間における有機認証農家数の推移や表3-2-2でみた栽培面積の激しい変動からも明白に読み取れる。後者はよく言われていることであるが、上に示した諸資料もこれを裏付けている。2009年現在、有機栽培（有機栽培に近い高水準の取組も含まれていると思われる）を行っている農業者（法人を含む）は714農家（表3-2-2）となっているが、有機JAS認証を受けた経営体は62件にとどまっている。2つの数値の違いで明らかなように、有機栽培に関する県の調査結果に若干の重複集計があったとしても、実際の取組に比べて有機認証の実績は少なく、多くの有機栽培農家が有機JAS認証を受けていないのである。

　認証を受けない理由として、前節でも述べたように化学農薬や化学肥料を継続的に使用しない代替農法の未確立と、認証費用の高さや認証に必要な書類作成の煩雑さ等がよく指摘されている。前者は環境保全型農業の技術的・経営的課題を示しているのに対して、後者は有機JAS認証のあり方、または有機JAS認証制度に有機農業の推進機能を如何にもたせるかという政策課題を提起しているように思われる。認証・認定を受けたような高水準で一定の持続力を有する取組を増やすには、表3-2-2でみた栽培面積の激しい変動で示されるような技術と経営面の課題を改善しなければならない。しかし、こうした技術的・経営的改善を図るためには、有機JAS認証制度を含む制度面での条件整備や条件改善が必要不可欠で

ある。制度は推進体制を形作り、推進体制のあり様はまた、取組の技術的・経営的効果や取組農家の経営改善意欲に大きく影響するからである。有機農業推進法は前者について明確な方向性を打ち出し、多くの対応策を用意したが、後者については、現行の有機JAS認証制度に対する不満を滲ませながら、それに取って代わるあるべき制度の形を提示するまでに至らなかった。こうした制度上の不備は、当面、自治体の施策等で補っていかねばならない。その前提として、地域の実態や生産者の要望を反映した施策と推進体制づくりが必要不可欠と考える。

3．高水準の取組が何を求めているか─有機農業関係者意見交換会の結果考察─

　有機農業推進計画の作成や今後の推進体制づくりに向けた実態把握の一環として、愛媛県環境保全型農業推進会議専門部会は、2007年8月に県内の有機農業生産者・関係団体との意見交換を行った。農林水産省の集計によれば、この時期に推進計画の策定がすでに完了した1県を含めて、2008年度まで策定する予定の都道県は18であった。残りの府県のうち、2008年以降予定は10、時期未定は19となっている（註5）。こういった進捗状況からも明らかなように、この時期の意見交換会は全国的に比較的早い方である。そこから出された意見や要望等は愛媛県内高水準の取組の実態を知り、有機農業推進計画の作成や今後の推進体制づくりを検討する際の拠り所になるのみならず、県内市町段階や他の都道府県の推進計画の策定や推進体制づくりに示唆を与える可能性もあると考える。

　率直な意見交換を行った2日間の会合で延べ100項の意見や要望が出された。内容は多岐にわたるが、取組農家の収益に関するもの、経営に関するもの、農法転換を取り巻く環境に関するものの3つのジャンル（以下、収益要素、経営要素、取組の環境要素と略す）にほぼ要約される堅実のものであった（註6）。収益要素は、農業所得を算出する際の一次的要素となる面積、単収、生産物価格、費用、補助金、生産リスク低減等の項目から構成される。経営要素は、取組を遂行する経営行程において欠かせない資材、労働、技術、農法、生産環境、生産物販売等が含まれる。これらの要素は生産過程を経て収入または所得に転化していくため、2次的収益要素とも言える。取組の環境要素とは、主として経営過程以外の要素を指し、農法転換を取り巻く外部環境の改善を求める意見や要望が含まれる。

　ジャンル別内訳として、収益要素は17項で全体の14％、経営要素は41項で全体

表 3-2-3　収益要素の構成

要素構成	項目数	項目内容と構成
生産物価格	3	慣行農産物以上の価格を確保するための販路整備（2）、消費者認知度向上（1）
所得・費用補助	6	県独自の直接支払い（2）、認定手数料補助（2）、掛かり増し販売費補助（1）、有機振興実験圃場設置補助（1）
市場・収量リスク	8	加工施設整備・企業育成による販売リスク低減（5）、有機栽培への共済制度整備・減収補助（3）

註：1）出所：意見交換会記録と筆者のメモにより整理したものである。
　　2）カッコ内数値は、意見・要望数を示している。

の35％を占める。残り51％（延べ60項）は取組の環境要素となる。この構成で示されるように、高水準の取組を行う生産者は収益に直結するような一時的で場当たり的な対応策よりも、経営条件や取組環境の抜本的改善につながる持続可能な条件の整備を望む意見が多い。

　表3-2-3は収益要素の構成を示している。17項のうち、市場・収量リスク関係は8項で最も多く、所得・費用補助関係は6項、生産物価格関係は3項となっている。市場・収量リスク関係項目には、取組の安定性と売れ残り有機農産物等の利活用を求める有機食品加工施設の整備と、有機栽培に対する共済制度の適用または収量低減に対する補助等が挙げられ、高水準の取組が直面する市場（価格）リスクと生産（収量）リスクの大きさを強く意識したものと思われる。

　所得・費用補助関係項目には、取組農家への直接支払い、認証手数料助成、掛かり増し販売費用への補助、農家の圃場を使って有機農業振興実験圃場を設置した場合の補助措置が挙げられている。学界やマスコミ等で言われるほど多くの意見はなかったものの、いずれも取組農家にとって切実な問題であり、前節で述べた有機農業振興対策費の効果的な使い方を検討する際に留意すべき点である。経営要素や取組の環境要素においてもこれに近い意見・要望があり、合わせて吟味し対策づくりの可能性を検討する必要がある。

　価格関係項目には、努力に見合った価格確保の手段として市場環境の整備、有機農産物に対する消費者認知度向上の努力を求める意見が出されている。

　収益要素において市場リスクや収量リスクに関する意見や要望が最も多かった点で明らかなように、市場リスクと生産リスクに対する不安が高水準の取組の拡大と定着を阻む主要因になっている。こうした不安定性、不確実性を如何に低減していくかが環境保全型農業の拡大・定着を図るうえで避けて通れない課題である。この点はこれまでの研究においても度々指摘されており、今回初めて明らか

表 3-2-4　経営要素の構成

要素構成	項目数	項目内容と構成
技術・農法	3	栽培マニュアル作成（1）、有機圃場設置による技術開発の推進（1）、果樹防除技術の確立（1）
種子・種苗	2	有機種苗の確保と販売体制の整備（1）、JAによる育苗・種子供給支援（1）
周辺環境	3	農薬散布緩衝地帯の設置による飛散防止（2）
情報提供	9	有機JAS適合資材情報（2）、土づくり情報（3）、有機圃場設置支援情報（1）、生き物調査情報（2）、収益性情報（1）
市場創出・販路開拓	14	県の斡旋による販売ルート・商談の場づくり（2）、認証・表示の厳格化による市場づくり（2）、学校・公共機関における有機食材使用（8）、アンテナショップ整備（1）、産業祭等における有機農産物コーナー設置（1）
施設整備	10	有機農産物加工施設（5）、土壌・病虫害診断システム整備（1）、堆肥・有機専用施設と機械・圃場整備（2）、新規有機農業者を受け入れるための研修施設整備（2）

出所：表3-2-3に同じ。

になったことではない（註7）。しかし、どのような対策をとるのか、言い換えれば、生産者が何を望んでいるかについては、農政や農業改良普及の現場を含めて関係者が必ずしも明確なイメージと確信をもっているとは言えない。表3-2-4は、この点を補う具体的な情報を示している。41項にのぼる経営要素のうち、市場創出・販路開拓を求める意見が14項で最も多く、それに市場リスクの低減や出荷しにくい有機農産物の利活用を目的とし、「施設整備」に分類されている有機農産物加工施設の整備に関する5つの項目を加えると、全体の46％を占める。取組農家が直面する収入の不安定性や不確実性において市場創出・販路拡大問題が極めて重要であることを示唆している。その対応策として、学校給食や公共機関の食堂における有機食材の使用促進、行政の斡旋による商機創出、有機農産物アンテナショップの開設、認証を受けていない有機栽培農産物の適正表示による市場拡大などを挙げている。

　学校給食や公共食堂における有機食材使用促進のように、市場創出・販路拡大の推進役として行政に期待する意見が多数出されている点は注目に値する。これまでの有機農業運動は「計画的な生産」、「全量引取り」、「互恵に基づく価格の取り決め」等を提携の基本としてきた。これらの基本は今でも有機農業を支える理念であり、取引の重要な柱となっているが、提携の考えが唱えられた1970年代に比べて有機農業を取り巻く環境が大きく変わり、それだけで対応しきれない場面も多くなっている。環境保全型農業の拡大や有機・特別栽培農産物の取引における多様な流通業者の参入に伴って、初期のように提携の理解者として選んだ相手だけでなく、不特定多数の消費者を相手にする取引や同業他者との競合なども日

常的に起きるようになった。実際問題として、生産物の過不足や売れ残り等の問題が多発し、それを解消するための対策を意識せざるを得ない。その手法の1つとして公的機関における有機農産物利用の導入促進等の新しい価値実現機会の創出が注目されている。つまり、有機農業を取り巻く環境の変化に見合った対応を有機農業者が求めているのである。

　こうした要望は言うまでもなく、官製市場の創出による有機農産物の認知度向上や市場拡大を要請する意味をもっており、高水準の取組が直面する市場環境の厳しさを表しているように思われる。官製市場を頼りにしては健全な有機・特別栽培農産物市場の形成過程が阻害される恐れがあるが、新しい技術・産業部門形成の初期段階において、政府や自治体等公的機関の支援が必要とされるのも、またこれまで度々経験したことである。有機・特別栽培農産物のマーケット形成において公的機関は何ができるか、農政と地域の両面から検討すべき課題である。

　市場創出や販路開拓の他に、生産過程の不確実性を低減するための意見や要望も多数出されている。内容は、取組に必要な施設・機械・圃場等の整備、土づくり・有機JAS適合資材等技術・経営情報の提供、有機種苗・種子の供給体制づくり、取組の技術・農法をサポートするための技術開発や実用化可能なマニュアルの作成など、生産の準備段階、生産段階、ポストハーベスト段階の経営全行程に及んでいる。有機農業の取組は、初期段階では収量や経営不安定に見舞われやすく、数年間実践すれば安定に向かうとの見方もあったが（註8）、これらの意見や要望で示されるように、こうした見方は部分的に正しいとしても、同表の諸要素に示す経営条件が整ったならばという条件つきである。一定の栽培年数を経過した有機栽培の取組においてすらこれほど多くの課題を抱えており、1つ1つクリアしなければ、環境意識が向上したとしても高水準の取組が緩慢にしか進展しないのである（註9）。この種の条件整備は、短期的には有機農産物の収量向上、費用節減、取組の拡大等の効果をもたらし、中長期的には有機農産物価格の適正化による市場拡大や市場リスクの低減に寄与する可能性もあると考えられる（註10）。

　約半数の意見・要望は、取組環境の改善に集中している（表3-2-5）。ジャンル別にみると、有機農業への理解・PR・発信の増進を求めるものは16項で最も多い。有機農業や有機農産物への認知不足が有機・特別栽培農産物マーケットの拡大を

第3章　不安定経営環境における環境保全型農業　145

表3-2-5　取組の環境要素の構成

要素構成	項目数	項目内容と構成
実態把握・生き物調査	13	取組生産者数・規模等を含めた実態把握（5）、生き物調査（6）、土壌等を含む有機農業基礎データ整備（1）、経営・収益実態調査（1）
体制整備	9	有機農業専門部会・推進係設置（2）、有機農業団体支援（1）、県の試験研究機関による技術支援体制（1）、市町村推進体制構築（1）、研修体制づくり（1）、JAによる育苗・種子供給、加工施設活用、および取組支援体制づくり（3）
独自の支援策	11	農地・水・環境保全向上対策のまとまり要件に縛られない個別取組への支援策づくり（4）、有機JAS認証を受けていない農産物表示（1）、有機認証書類作成支援（3）、認証手数料補助（2）、県独自の目玉事業創設（1）
有機農業への理解・PR・発信の増進	16	有機農業に対する理解増進・行政意識改革（5）、消費者認知度向上（1）、慣行農産物より価格が高いことに対する消費者理解の促進（1）、消費者の関心を高めるための県民運動（2）、認証・表示への啓発（2）、有機農産物利用促進のための食育と情報発信（4）、有機農業のイメージ向上PR活動（2）
遺伝子組換え作物	2	県の考え方の明確化（1）、使用規制（1）
その他	9	県推進計画の性格と扱い方・進め方（6）、有畜農業の奨励（2）、農業高校教育における有機農業導入（1）

出所：表3-2-3に同じ。

阻む要因になっていることと有機農業関係者がみており、食育等を通して消費者の理解を高め、市場創出や販路拡大（表3-2-4）、採算価格の確保（表3-2-3）に結び付けたい思いが強く現れている。そのための手法として、各種のイベント、広報活動、食育といった通常のPR活動から行政の意識改革や県民運動まで様々な提案が出されている。これらの提案は、「環境保全を重視する農林水産業への移行」を進める農林水産省の基本方針（2003年）や「環境と調和のとれた農業生産活動規範」（2005年）にも符合するものであり、県段階の関連行事予定表に組み入れれば実行可能であろう。重要なことは、こうした活動を行政や関係団体が意識的・恒常的に行うかどうかである。

　この点と密接に関係しているのは、独自の支援策や体制整備を求める諸意見である。高水準の取組を効果的に支援するためには、地域の条件や取組の実態に見合った独自の施策づくり、施策の効果を担保するための組織体制の整備が求められる。有機農業関係者が特に重視している施策は、「農地・水・環境保全向上対策」のまとまり要件に縛られない個別取組への支援策であり、有機認証書類作成や認証手数料への補助、関連団体への支援、転換期間中の有機栽培を含む有機認証を受けていない農産物の地域独自表示等である。

　当然のことであろう。「農地・水・環境保全向上対策」の主な狙いは地域でまとまった取組を支援することにあるが、地域でまとまった取組を増大するために

は、まず「個」の取組を増やさねばならない。「個」の取組がまだ少ない状況の中では面的なまとまりは困難であり、「個」の取組に対する支援が面的広がり、まとまりにつながるとの認識は、これらの意見や要望に集約されている。地域独自の施策となる目玉事業を構想し、効果的に実行するための組織的対策として、県庁内有機農業専門部会・推進係の設置やJAの支援体制整備が求められている。

　取組現場の課題を的確に把握し、迅速に対応していくための組織的対策として、県庁内関係部署の設置とJAの支援体制整備のどちらも必要であるが、都道府県や市町村段階の有機農業推進計画を現場で確実に実施していくという意味では、JAの支援体制づくりがより重要な意味をもっているように思われる。JAは地域農業の主体であり、資材購入、営農指導、生産物販売、補助金運用など、農家との接点が多い。JAが動かなければ、有機農業推進計画の具体化は困難であろう。しかし、これまでのJA支援体制は、どちらかと言えば農法導入初期段階の取組に重点を置き、有機栽培をはじめとする高水準の取組とは接点が少なかった。この点に関してJA側と有機農業者側の両方から様々な意見の相違もあり、高水準の取組はJAの支援を必要としていないのではないかとの見方もある。しかし同表で明らかなように、有機栽培のような高水準の取組においてもJAの支援を求める意見が出されている。JAはこれに積極的に応え、農業・農村活性化の大局から高水準の取組を支援する体制を整えることは言うまでもなく、有機農業者の実践で蓄えられた農法や、販売面でのノウハウを営農指導や販売事業等に取り入れ、JAの事業活性化、組織活性化に活かす努力も行うべきであろう。そのためには、推進計画におけるJAの位置づけを明確にすることが有益と考える。

　取組の実態把握と生き物調査に関する意見や要望も、有機農業への理解・PR・発信に次いで多数示されている。見方によっては表3-2-4の経営要素に分類してもよいが、基礎データの整備によって取組農家の経営改善を図りたいとする意見と、生き物調査を地域環境保全活動の1つとして位置づけ、実施農家に対する補助を求める意見とに分かれているため、取組の環境要素に入れたが、いずれも推進計画作成や推進体制づくりに活かされるべき視点である。有機農業を含む環境保全型農業の基礎データと言えば、農林水産省の「環境保全型農業推進農家の経営分析調査」しかない。この調査も全国で数百件、1県当たり10件足らずという調査件数の少なさに加え、調査票を使うために多くの手続きが必要という統計制

度上の制約もある。都道府県が行った散発的な実態調査は調査対象が少ないうえ、連続性や体系性に欠けるといった技術面の問題もあり、取組農家にとって参考になるものは少ない。同表の意見や要望は、こうした実態を反映したものと言える。

　生き物調査を環境保全活動の一環として位置づけ、実施することは、「農地・水・環境保全向上対策」において推奨されていることであり、制度上何ら問題はない。同対策の実施が目標水準に達していない地域は現に多いことから、工夫の余地があるように思われる（註11）。しかし、実際の運用において地方財政の負担が必要なことや、上述したようにまとまり要件等に制約されることなどがあるため、県段階でどのような工夫が可能か、検討する必要がある。

　以上のように、有機農業関係者の意見や要望を収益要素、経営要素、取組の環境要素の３つのジャンルに分けて考察したが、これらは互いに無関係ではない。収益要素の改善を求める意見も取組の環境改善を求める意見も、高水準の取組を阻む阻害要因を取り除いて、持続可能な取組の技術的・経営的諸条件を地域から創り出すためである。なかには、自治体レベルで解決できない問題や現段階の制度的枠組みや財政事情の下で対応しきれない問題もあると思われるが、短期・中期・長期の視点から、または大・中・小といった次元から優先順位を整理し、一定のスパンをもって推進すればよい。この点をより明確にするため、これらの意見や要望が出された客観的背景、つまり高水準の取組の経営実態についてさらに考察する必要がある。

４．農家意向の規定要因 ― 高水準の取組の経営実態考察 ―

　環境保全型農業の経営実態について県独自の調査はないが、農林水産省の「環境保全型農業推進農家の経営分析調査」において愛媛県の事例が含まれている。以下では、2003年稲作調査にあった７戸の事例農家と、筆者が2008年に調査した２戸の米作農家を取り上げ、高水準の取組を行っている農家のおかれている経営環境や経営実態を考察する。

　表3-2-6は、事例農家の経営概要を示す。栽培面積が10～141ａの小規模経営ばかりであるが、「参考」欄の県平均水準（以下、「通常栽培」ともいう）からも分かるように、愛媛県でよく見られる作付規模であり、小規模農家に特に偏っているわけではない。９戸農家のいずれも高水準の取組に当たるが、①～④、⑧番は

表 3-2-6 愛媛県の有機栽培米作の収益性

事例農家番号および栽培形態	2003年調査結果							2008年調査結果		参考：愛媛県稲作平均
	①	②	③	④	⑤	⑥	⑦	⑧	⑨	
	有機	有機	有機	有機	無・無	無農薬	無化学肥料	有機	有機	
経験年数	18	23	6	20	6	10	15	30	4	-
栽培面積（a）	72	105	33	29	60	33	10	141	60	59
10a当たり収量（kg）	599	472	400	438	445	364	480	315	480	482
米1俵当たり価格（円）	26,100	25,891	26,667	35,083	22,200	15,113	16,000	30,000	20,000	15,823
10a当たり粗収益	260,638	204,467	180,182	252,683	172,278	90,218	124,300	157,447	160,000	127,109
経営費	92,835	59,865	28,286	116,638	95,037	44,546	101,941	70,252	158,967	89,430
所得	167,803	144,602	151,896	136,045	77,241	45,672	22,359	87,195	1,033	37,679
労働時間（時）	32	26	69	109	128	49	80	26	39	46

註：1）データは調査前年度結果を示す。2003年度調査は農林水産省、2008年度調査は筆者によるものである。
2）⑤番の「無・無」は無農薬無化学肥料栽培、⑨番は認証を受けていない有機栽培である。
3）愛媛県稲作平均データは有機農家調査の多い2003年度「米生産費調査」を用いている。

有機JAS認証を受けた有機栽培、⑨番は認証を受けていない転換期間中の有機栽培である。有機栽培の経験年数は、最短で4年、最長で30年であり、生産・販売とも一定の経験と蓄積をもった取組と言える。

　一定の経験と蓄積をもった取組ばかりではあるが、安定経営に至ったとは必ずしも言えない。県平均収量は10a当たり482kgであるのに対して、それを8～24％下回った農家は5戸ある。①番農家のように化学農薬・化学肥料を使わずに通常栽培を大きく上回る収量をあげた卓越した技術をもつ農家もあれば、そうでない農家もある。全体として高水準の取組への転換に伴って収量が低下する可能性が高いとみてよい。労働時間のばらつきの大きさも、収量と同じように経営の不安定性、不確実性を示している。

　農法転換に伴う収量変化の意味は、国民経済（あるいは政策）の視点と私経済（あるいは農家経済）の視点のどちらから見るかによって大きく異なる。国民経済的には、農法転換に伴う大幅な収量低下は食料需給関係、生産物在庫や価格、農地利用等重要な諸問題に影響を及ぼす可能性があり、そうさせないための政策努力が必要である。しかし、農家経済という私経済の視点からみてどのような意味をもつかは、生産物価格、とりわけ最終経営成果である農業所得の変化と合わせて見なければならない。収量は低下したものの、収量の低下幅を上回る価格プレミアムを手にすることができれば、収入もその分上昇し、収量低下による私経済（家計）への影響がカバーされる。反対に、収量低下分をカバーするほどの価格プレミアムが得られなければ、所得は収量変化に比例して低下し、取組の継続

が困難になる可能性もある。

　約3分の1の水田で生産量抑制を目的とする生産調整が行われている米の需給実態からすれば、同表に示す8～24％程度の単収低下幅は国民経済にほとんど影響しないことは明白である。私経済の視点に限定して各事例をみると、9事例農家のうち、収量が大きく低下した5農家を含む7農家（①～⑥、⑧）は、通常栽培を上回る10a当たり所得を得ている。通常栽培に勝る所得をもたらした要因を収益要素別にみると、4つのタイプに分けることができる。

　1つ目は、「高収量＋価格プレミアム」タイプの①番農家である。通常栽培に比べて単収は約120kg、米の1俵（60kg）当たり価格は1万233円も高いことに加え、10a当たり経営費はさほど変わらない。数少ない高生産性・高収益力のある取組と言える。

　2つ目は、「価格プレミアム＋低経営費」タイプの②、③、⑧番農家である。単収は通常栽培より低いものの、米の手取価格は2万6,000円から3万円までと高く、通常栽培の1.6～1.9倍にもなる。経営費は逆に通常栽培を大きく下回っている。高価格販売と低経営費を同時に実現した経営感覚に優れた取組と言える。

　しかし、収入増加における価格プレミアムと経費節減効果の寄与をみると、3農家の間に相違も見られる。②番農家の場合は、価格プレミアムによる増収分は7万9,202円（（2万5,891円－1万5,823円）÷60×472）、経営費低減による増収分は2万9,565円（｜5万9,865円－8万9,430円｜）であり、価格プレミアムの寄与率が73％（7万9,202円÷（7万9,202円＋2万9,565円））と際立って大きい。⑧番農家の場合は、価格プレミアムの寄与率が77％にもなる。対して③番農家は、価格プレミア対経費節減の割合が55：45で、経費低減効果も大きい。

　10a当たり所得で通常栽培を上回る残りの3農家は、対照的な2つのタイプになっている。3つ目のタイプである④、⑤番農家は、経営費は通常栽培より高いため、高い所得力は専ら価格プレミアムによりもたらされている。典型的な「価格プレミアム増収」タイプである。特に④番農家の場合は、米1俵当たり3万5,000円の高値が付き、通常栽培より約2万7,000円高い経営費を差し引いても、なお13万6,000円の高い所得を手にしている。対して、価格プレミアムのない4つ目のタイプの⑥番農家は、②番農家に次ぐ経営費の安さのみで通常栽培より高い所得を確保し、「経費節減増収」タイプの典型と言える。

このように、高い生産物価格と低い経営費は通常栽培に遜色ない所得を確保するための必須条件ではあるが、農家によってその組合せが大きく異なる。どのような条件でどのような形の組合せをすればよいかが、営農指導の立場からみて重要な視点となろう。しかしここではむしろ、事例農家にみられたこれらの違いがどのように形成され、推進計画といった拡大策を構想する際にどのような意味をもつかに注目したい。この点を明確にするには、事例農家の収益特性をさらに同類の栽培との比較においてみなければならない。つまり、通常栽培に勝る所得をもたらした諸要素の水準が同類の栽培形態において一般的なのか、そうでない特殊的なケースなのか。特殊的なケースならば、それはなぜ可能であったか等について、さらに考察しなければならない。

2003年農林水産省調査によれば、有機栽培米の平均単収は443kg、無農薬無化学肥料栽培は432kg、無農薬栽培は433kgであった。無化学肥料栽培、減農薬・減化学肥料栽培で単収はやや高く、それぞれ461kg、476kgをあげている（註12）。それに比べて、通常栽培より高い所得をあげた7農家のうち、①番農家は有機栽培平均を35％上回り、±10％の変動範囲内に収まっている②〜⑤番農家の収量からみてもずば抜けた存在である。反対に、⑥番農家は無農薬栽培平均より16％、⑧番農家は有機栽培平均より29％低く、著しい減収に見舞われている。

米の1俵当たり販売価格については、農林水産省調査に基づき計算した栽培形態別平均価格として、有機栽培は2万6,918円で最も高い。無農薬無化学肥料栽培は2万5,281円、無農薬栽培は2万1,209円、無化学肥料栽培は1万7,670円である。それに比べて、①〜③農家は有機栽培のそれとほとんど差がなく、④、⑧番農家はそれぞれ30％、11％高い。有機栽培以外の取組として、⑤番農家は無農薬無化学肥料栽培平均より12％、⑥番農家は無農薬栽培平均より29％低い。残りは、同類の栽培とほぼ同じ水準にあると見てよい。

つまり、全体的に言えることは、比較的高い所得をあげた農家は通常栽培に比べて一定の価格プレミアムを得ているが、全国の同類の栽培からみれば④、⑧番農家以外は特に高い販売価格で所得を稼いでいるのではないということである。同類の栽培と同等か、それ以下の価格水準のもとでより高い所得をあげる方法は、経営費を下げるしかない。

10a当たり経営費については、事例農家は一般的に言われる有機栽培等のイメ

ージとかなり違う結果を示している。農林水産省調査によれば、有機栽培の10a当たり経営費は調査対象農家平均で13万560円となっているが、同じ有機栽培を行っている6つの事例農家のうち、⑨番以外のいずれもこれを大きく下回っている。無農薬無化学肥料栽培の⑤番農家は、愛媛県の通常栽培よりやや高いが、全国の同類栽培平均の11万5,489円より18%も安い。無農薬栽培の⑥番農家は、全国の同類栽培（10万2,456円）の4割、愛媛県の通常栽培の5割程度にとどまり、驚くほどの低経営費、高水準取組を実現している。

　以上の比較から整理すると、以下の3つの点についてさらに考察を要すると思われる。

　第1に、有機栽培平均はもちろん、通常栽培をも大きく上回る①番農家の高収量はなぜ可能であったか。

　第2に、有機農産物平均より30％も高い④番農家、11％高い⑧番農家の価格プレミアムはなぜ可能であったか。それに対し、無農薬または無化学肥料栽培を行っている⑥、⑦番農家はなぜ価格プレミアムが得られず、通常栽培と変わらぬ価格となったか。

　第3に、同類の栽培や通常栽培の経営費を大きく下回る②、③、⑥、⑧番農家、または通常栽培よりやや高いものの、有機栽培平均より3割も安い①番農家の経費節減経営はなぜ可能であったか。対照的に、⑨番農家はなぜ全国の同類栽培を大きく上回る経営費となったか。

　まず、1点目についてである。高水準の取組で通常栽培より高い単収をあげることは簡単ではないが、不可能でもないことを、まず明確にしておかねばならない。1975年に農林中金総合研究所が行った有機栽培農家の実態調査によれば、通常栽培と同等かそれ以上の収量をあげた農家は調査対象農家（63戸）の約40％にものぼっている。そのうち、10a当たり600kg以上の収量をあげた農家も18戸あった（註13）。秋田県の有機栽培農家佐藤喜作氏や福岡県桂川町の有機栽培農家古野隆雄氏は、長期にわたって所在地域の慣行栽培に匹敵するかより高い単収をあげた実績をもっている（註14）。前節で述べた愛媛県の意見交換会においても、有機農業は慣行栽培より時間や経費がかかり、収量が低下するとの見方に対して多くの関係者から異議を唱えられ、有機農業に対する理解を深めるためにも収量の実態を正しく把握し、伝える必要があるとの意見も出されている。

しかし同表の事例や愛媛県平均単収水準（参考欄）で示されるように、有機農法で599kgの単収をあげるのは容易なことではない。①番農家がこれを実現したのは、主として2つの理由がある。1つは、同氏の慣行栽培圃場においても561kgの単収をあげており、農法的に極めて優れた農家と言える。もう1つは、化学農薬、化学肥料使用に代わる代替農法として、他の農家に比べてより多くの堆きゅう肥、稲わら等有機質肥料を使い、黒マルチ栽培等を行っており、高水準の収量確保につなげている。10a当たり非化学肥料費は1万3,860円で、通常栽培や有機栽培平均の1.6～2倍に当たる金額である。収量向上の手法として、上質な有機質肥料を比較的多く使っているのである。

　次に、④番、⑧番農家の価格プレミアムについてみる。④番農家が有機栽培平均より30％も高い価格プレミアムを手にした主な要因の1つは、合鴨農法による有機合鴨米を作っていることである。愛媛県や四国では、同農法を導入している農家がまだ少ないため、市場で高い評価を受け、同類の栽培を大きく上回る価格プレミアムを手にしたのである。消費者団体を利用した契約販売を実施していることも、安定した価格プレミアムの確保につながる一因となっている。

　⑧番農家の場合は、親子2代で有機農業を30年間実践してきた有機栽培専業農家である。有機米の販売はすべて有機農産物を扱う愛媛有機農産生活協同組合（通称「ゆうき生協」）を通して行っており、1俵当たり3万円の手取価格も、ゆうき生協の価格設定によるものである。実績ある販売経路の確保は高い価格プレミアムをもたらしている（註15）。

　対して⑥番農家は、収量が極端に低く病虫害に見舞われた可能性が高いことに加え、少量の米にもかかわらず複数の販売経路を利用している。農法、マーケティングの両面においてまだ模索段階にあり、収益不安定の課題を抱えているとみてよい。⑦番農家は300kgの米しか販売していないため、要因の特定が困難である。有機栽培平均を下回る⑨番農家は公務員兼業農家で、すべての米を自ら設定した価格で個人客に直売しているが、農法転換がなお模索段階にある。氏によれば、地元JAへの出荷単価は、通常栽培のコシヒカリ1等米すら1俵当たり1万1,600円しかない。それに比べて、2万円の価格設定は十分ではないかという。同類栽培に比べて低いものの、周辺農家の出荷価格からみれば妥当な水準とみているのである。

第3章 不安定経営環境における環境保全型農業 153

表3-2-7 低経営費で有機栽培を行っている米作農家の10a当たり経営費構成
：同類栽培との比較

単位：円/10a

費目	有機栽培					無農薬栽培		参考：	
	農家①	農家②	農家③	農家⑧	同類平均	農家⑥	同類平均	農家⑨	愛媛県平均
経営費計	92,835	59,865	28,286	70,252	130,560	44,546	102,456	158,967	89,430
雇用労賃	0	0	0	0	13,789	0	3,052	0	3,012
種苗費	484	3,886	0	4,213	1,829	1,118	3,638	6,182	4,626
肥料費	13,841	12,031	9,261	5,750	8,518	4,715	11,042	3,979	7,068
農薬費	0	0	0	0	0	0	0	0	8,725
光熱動力費	7,399	8,704	1,061	7,723	7,803	4,142	3,945	5,782	3,190
農機具費	15,961	18,286	1,745	40,271	37,025	22,448	35,314	99,288	33,000
農用建物費	4,795	0	0	4,946	5,525	0	7,076	10,053	8,653
土地改良及び水利費	748	2,971	7,091	562	5,173	7,001	3,951	1,853	2,339
諸材料費	13,713	571	2,191	468	9,443	1,934	6,323	3,908	1,389
賃借料及び料金	12,517	0	4,000	2,340	10,220	0	9,009	11,619	12,069
支払小作料	2,427	10,000	0	0	7,840	0	3,694	667	2,794
物件税及び公課諸負担	4,249	690	1,379	2,809	5,443	1,861	6,565	9,901	2,390
販売費用	135	726	1,061	0	6,222	1,069	4,035	2,967	-
負債利子	135	0	0	0	2,842	0	2,028	0	120
企画管理費	202	2,000	211	702	3,711	0	910	0	55
農業雑支出	16,229	0	286	468	5,170	258	1,874	2,770	-

註：「同類平均」欄は2003年全国調査結果の集計値、その他は、表3-2-6に同じ。

　最後に、3点目の経営費の安さについてである。表3-2-7は、高水準の取組で比較的安い経営費を実現した①～③、⑥、⑧番農家、参考として他事例より際立って高い経営費となっている⑨番農家の経営費の構成を、同類の栽培や愛媛県通常栽培農家との比較を示している。各費目の金額から分かるように、①～③、⑥、⑧番農家の経営費の安さは、主として以下の要因によっている。

　第1に、雇用労働費がかかっていないことである。5農家の作付面積は最小で33a、最大で141a（表3-2-6）である。この程度の規模ならば、人を雇わなくてよいとみてよい。平均面積59aしかない愛媛県の通常栽培において雇用労賃が発生しているのは、人を雇った経営とそうでない経営の数値を平均したためであり、この面積でもこれぐらいの雇用労賃が必ず発生することを意味するものではない。

　第2に、1点目とも密接に関連しているが、①番農家以外は賃借料及び料金がほとんどかかっていないことである。同費目の中味は主として労賃から構成されているため、家族労働力が中心であれば、この費用は発生しないか、低く押さえることも可能である。

　第3に、愛媛県平均や同類の栽培において大きなシェアを占めている農機具費、農用建物費は格段に安く、農用建物費がゼロの農家も3件ある。③番農家は安すぎる感もあるが、減価償却期間が過ぎた中古機械を使い、追加償却のみを計上す

る場合はあり得ないことではない。農用建物費についても、この種の建造物をもたなければ、費用は発生しない。

　以上の4費目のほか、種苗費、農薬費、小作料等費目で1万円以上の費用節減を示した農家もある。③、⑥番農家は、ここに挙げたすべての点が揃っているため、10a当たり経営費を通常栽培の半分以下に抑えることができたのである。

　対して、⑨番農家は県平均や同類の栽培を大きく上回る経営費を示しているが、特殊な要因によるものである。同氏は、近年、172万円のトラクターと、250万円のコンバインを相次ぎ新規購入したことで減価償却費が膨らみ、関係する物件税等も増えたためである。参考欄数値と比較すると分かるように、農機具費、物件税及び公課諸負担の2費目は愛媛県平均や同類の栽培を大きく上回り、経営費全体の69％を占めている。高価な農機具の所有は、農業経営費を押し上げる大きな要因になることを示した典型例である。第1章第4節、第2章第3節で述べたように、農機具保有と利用のあり方については地域農業の課題として検討する必要がある。

　このように、高水準の取組を行いながら、経費節減を実現した農家は事例農家の半数になっているが、これは他地域では通用しない特殊な事例ではなく、どの地域でも存在する経営である。その意味で同表の事例は、農業経営における経費削減の可能性を示した好例と言える。問題はむしろ、②、③、⑥、⑧番農家のように経営費の格段の安い農家もあれば、①、④、⑤、⑦、⑨番農家のように通常栽培より高い経営費を示した農家もあるという点である。②、③、⑥、⑧番農家は同類の栽培並みの経営費が生じるとなれば、所得が大きく低下し、赤字に転落するケース（⑥番農家）も現れる。また、③、④、⑤、⑦番農家のように通常栽培を大きく上回る労働時間の費用を考慮に入れれば、純収益ベースで採算を取れる農家は①、②、⑧番農家のみとなり、多数の農家が自己搾取を強いられる。つまり、長年の経験年数をもった取組とは言え、拡大再生産可能な収益力をもっている取組はまだ少数に限られていると言える。

　環境保全型農業は大きく拡大しているが、持続的で高水準の取組がまだ少ない。取組を継続するにはなお多くの不確実性、不安定性を抱えているからである。高水準の取組の多くは所得ベースで高い収益力を示しているが、それは「安全」、「環境」をコンセプトとする有機食品市場から与えられた一定水準の価格プレミアム

と低い経営費、場合によっては多大な労働投入のうえに成り立っている。これらの条件は地域や農家によっても異なり、時とともに変化する。そのどちらかが崩れれば、収益力は大きく低下し、取組の継続が困難になる可能性もある。高水準の取組はつねにこの種のリスクに直面し、経営不安を抱えている。愛媛県の意見交換会で多数の意見や要望が出されたのも、こうした事情を反映した側面があり、取組環境の抜本的改善を有機農業関係者が農政や自治体に求めたのである。有機農業推進法に書かれているように、農業者が有機農業に「容易に」従事し、消費者が有機農産物を「容易に」入手できるようにするためには、有機農業関係者の意見や要望を真剣に検討し、そこで示された阻害要素を取り除くことによって高水準で持続可能な取組の環境を整えていかねばならない。都道府県や市町村段階での推進計画作成や推進体制づくりの基本は、ここに置かれるべきであろう。施策・制度づくりは、究極的にはそれを必要とする人々のためのものであり、彼らが直面する諸問題の解決に役立つものでなければならない。有機農業関係者が直面する諸問題を１つ１つ解決することによって有機農業を到達点とする環境保全型農業の面的な拡大を図り、安全・安心で良質な食料の生産と地球環境保全をともに目指していくことが望まれる。

(註１) この点については、拙著［１］第４章補論を参照されたい。エコファーマーとは、「持続農業法」第４条に基づき「持続性の高い農業生産方式の導入に関する計画」を都道府県知事が認定した農業者（認定農業者という）の愛称である。エコファーマーには一定の奨励金を支払うことになっているほか、各種の制度資金を利用すること、または施設の導入に伴う税制上の優遇措置等を受けることもできる。
(註２) 環境保全型農業の取組において化学農薬、化学肥料を使用しない「無農薬無化学肥料栽培」形態がある。有機農業において化学農薬や化学肥料を使用しないことを「基本として」よいならば、有機農業は無農薬無化学肥料栽培より緩い基準となり、環境保全型農業の到達点として成り立たなくなる。
　　　有機農産物の認証等に関しては、以上の引用文のほか、Ms. Birthe Thode Jacobsen［４］も併せて参照されたい。
(註３) 農林水産省の調査によれば、55％の消費者が条件次第で有機農産物を購入したい意向を示しており、旺盛なニーズがあると言える（2007年11月６日付け『日本農業新聞』記事を参照）。
(註４) 2002年の件数は、同年４月20日付け『日本農業新聞』記事による。
(註５) 2007年度中国四国ブロック環境保全型農業調査研究会資料による。2010年３

月現在の実績として、37都道府県が推進計画を策定した（2010年6月14日付け『日本農業新聞』）。
（註6）基本的には事務局の記録によるが、筆者のメモに基づき1人の意見を数項目に分けたものもある。類似の意見は併合せず、並列的に扱うことにしている。
　　　また、1つの意見が複数のカテゴリーに跨ると思われる場合は、それぞれのカテゴリーに該当するものとし、したがって、カテゴリー別の延べ意見・要望数は、上に述べた100項目を上回ることになる。
（註7）拙著［1］第2章を参照されたい。
（註8）国民生活センター［3］、pp.48-52を参照されたい。
（註9）愛媛県の有機農業者の生産実態に関する調査によれば、10年以上経験した有機農業者の中でも、収量や品質が安定しないと回答した農家が40％を占めている（三井・胡［5］、を参照されたい。この調査は、愛媛大学農学部農業経営研究室2008年度卒業生篠崎里沙氏が実施したものである）。
（註10）上掲（註3）で示したように、消費者の5割以上が価格等の条件次第で有機農産物を購入したいと考えており（2007年11月6日付け『日本農業新聞』記事を参照）、有機農産物の価格引き下げが市場拡大に結び付く可能性を示唆している。
（註11）2007年8月3日付け『日本農業新聞』記事を参照されたい。
（註12）全調査農家の個票により筆者が集計した結果であり、農林水産省が公表した加重平均の数値とは違う場合もある。詳細は、拙著［1］第2章第1節を参照されたい。
（註13）荷見・鈴木［6］、pp.56-57およびp.229を参照されたい。
（註14）両氏については拙著［1］第2章第3節、および佐藤［7］、古野［2］を参照されたい。
（註15）環境保全型農法で生産された米の販売経路別価格差については拙著［1］第3章第1節、ゆうき生協については同第3節を参照されたい。

引用文献
［1］胡柏『環境保全型農業の成立条件』農林統計協会、2007
［2］古野隆雄『無限に拡がる　アイガモ水稲同時作』農文協、1997
［3］国民生活センター『日本の有機農業運動』日本経済評論社、1981
［4］Ms. Birthe Thode Jacobsen, Organic farming and certification. International Trade Centre UNCTAD/WTO, 2002
［5］三井梨紗子・胡柏「有機農業の農法と経営」『第11回日本有機農業学会大会資料集』2010、pp.73-75
［6］荷見武敬・鈴木利徳『新訂有機農業への道―土、食べもの、健康―』楽游書房、1980
［7］佐藤喜作「有機農業の経緯と私の有機農業」『全国有機農業の集い：今治大会』（2004年日本有機農業研究会全国大会）大会資料、2004、pp.17-18

第4章

バイオ燃料用資源作物の生産と農地利用問題

第1節　バイオ燃料農政の形成

1．バイオ燃料農政の背景

　食と農と環境、そしてエネルギー問題と結ぶ重要な問題の1つとして、バイオ燃料問題が近年大きく注目されている。学界やマスコミだけでなく、湾岸戦争（2001年）以降急速に進行してきた世界的な原油高を背景にこの問題に対する農政の関心も高い。毎年の農業・農政の動きをまとめて示す公文書として食料・農業・農村白書はあるが、2000年度以降の同白書においてバイオ燃料に関する内容が毎年取り上げられ、取り扱う視点またはスタンスも大きく変わってきている。

　2000年度（2001年6月公表）から2004年度までの白書においてこの問題を取り上げた視点は、主として生物由来未利用資源や農業・食品産業から排出される副産物・廃棄物等の利活用による農業の自然循環機能の維持増進、または地球温暖化防止といった点に置かれ、バイオ燃料そのものに対する関心は必ずしも高くなかった。2005年度白書では、主要国のエタノール生産量やその原料構成等を冒頭のトピックスに取り上げ、かつてないほどの関心を示したが、基本スタンスは従来と大きく変わるものではなかった。

　農政におけるバイオ燃料政策の方向性を明確に示したのは、2006年度白書である。「循環型社会の形成に資するバイオマス等の地域資源の利活用」や地球温暖化防止への貢献といったそれまでの政策スタンスを受け継ぎながら、燃料またはエネルギーとしてのバイオマスの利活用に軸を置くようになったのである。

　バイオマスの利活用と言えば、燃料のほかたい肥や飼料、食品等工業用原料など様々な形態があり、何も燃料利用に限るものではない。しかし同白書では、それまでに示してきた資源循環型利用としてのバイオマス利用を改めて強調したのではく、バイオ燃料としての利用形態を「農林水産業の新たな領域の開拓」、「農

業・農村の新境地の開拓」と位置づけたのである。こうした基本スタンスの変化は、「バイオマスの利活用は農林水産業の新たな領域を開拓」の項から読み取ることができる。

「バイオマスは、太陽のエネルギー等から生物が作り出す有機性資源で、エネルギーや工業製品に利用可能である。また、バイオマスを燃焼する際に放出される二酸化炭素は、生物の成長過程で大気から吸収されたものであるため、バイオマスには大気中の二酸化炭素を増加させない『カーボンニュートラル』と呼ばれる物質がある。

そのため、バイオマスの利用は、地球温暖化防止や循環型社会の形成という視点に加え、従来の食料等の生産の枠を超えて、耕作放棄地の活用を通じて食料安全保障にも資するなど、農林水産業の新たな領域を開拓するものである。」(p.131)

この文面で注目すべき点は2つある。1つは、エネルギーとしてのバイオマス利用を強調した点である。「エネルギーや工業製品に利用可能」、「燃焼する際に放出される二酸化炭素」の「カーボンニュートラル」性に着目した文言はこれを表している（註1）。もう1つは、こういう形の利用を「従来の食料等の生産の枠を超え」、「農林水産業の新たな領域を開拓するもの」とみている点である。前者はバイオマス利活用の重点方向としてバイオ燃料に着目したのに対して、後者は農業側としてそれをどう活用し、それによってどのような「新境地」（＝従来の食料等の生産の枠を超えたバイオ燃料の生産）または波及効果（＝耕作放棄地の活用）が期待されるかについての展望を示したと言える。

こうした方向性を具体化するための施策として、バイオマス・ニッポン総合戦略推進会議（2003年2月設置）が作成した「国産バイオ燃料の生産拡大工程表」（2007年2月）が引用され、「今後、この工程表に基づき、有効な利用がなされていない稲わらや木材等セルロース系原料や耕作放棄地を利用した資源作物からエタノールを高効率に生産する技術開発等を進めることが重要」であり、そのため「多様な手法について検討する」（pp.133-134）と明記されている。

つまり、バイオ燃料にかつてないほどの関心を示しながら、「化石資源に過度に依存しない経済社会を構築していくうえでも、バイオマスや風力等の地域資源の利活用は重要な課題となっている」(p.205)という、課題の指摘にとどまっていた2005年度白書とは大きく異なる。ここでは、目的、手段、期待される政策効

果を含むバイオマスの燃料利用の方向性を明確に打ち出し、バイオエタノール等「バイオ燃料の生産拡大」を農政の目玉施策の1つに位置づけたのである。

バイオ燃料農政の登場と言うべきであろう。

バイオ燃料農政を登場させた背景には、バイオマス利用をめぐるここ数年間の政策環境の変化と、冒頭で触れた世界的なエネルギー事情の変化がある。前者については、2006年度白書が公表される（2007年6月）までの1年余りの間に、バイオマスの利活用政策をバイオ燃料政策に大きく傾斜させる重要な出来事があった。

その1つは、京都議定書の発効（2005年2月）と、その2カ月後に「京都議定書目標達成計画」が閣議決定されたことである。京都議定書に定められている温室効果ガス排出削減目標を達成するため、燃料燃焼分から排出される二酸化炭素の21％を占める輸送部門において、2010年までに原油換算で50万klのバイオ燃料導入が新エネルギー対策の1つとして「京都議定書目標達成計画」に明記され、それに相応した政策展開が求められるようになったからである（註2）。農林水産省としてはこの流れに沿った取組の推進を、より積極的に行う意味があった。第1章で述べたように、2006年度白書が公表される数年前から始まった原油や関連資材価格の高騰がここにきて深刻さを増し、施設農業、畜産、漁業を中心に農漁業経営と地域経済に深刻なダメージを与え、その打開策を求める現場の声が日増しに強くなってきたことである。それに加え、30数年間にわたって推し進めてきた米の生産調整も限界にきた感があり、水田をはじめとする農地利用のあり方について新機軸を打ち出す必要に迫られたのである。バイオマス発生量の多くを扱い、その利活用の企画・立案および推進事項の多くを所管する省庁として「京都議定書目標達成計画」が求めるバイオ燃料生産を主導し、水田の有効利用、農業・農村の活性化、農政の現状打開に一役も二役も買いたいといった思いが、「新たな領域」、「新境地の開拓」といった活気あふれる白書の文言に表れている。

もう1つの出来事は、2006年3月に新たな「バイオマス・ニッポン総合戦略」（以下、「2006総合戦略」と略称）が策定され、関連する推進策づくりが動き出したことである。この総合戦略の初版はすでに2002年12月の閣議で決定されているが（以下、「2002総合戦略」と略す）、「京都議定書が発効し、実効性のある地球温暖化対策の実施が喫緊の課題となるなど、バイオマスの利活用をめぐる情勢が変化」

(まえがき)してきたため、見直しが必要とされた。その結果が「2006総合戦略」、そしてその1年後の2006年度白書に反映されたのである。

「2006総合戦略」でいう「バイオマスの利活用をめぐる情勢」の変化とは、言うまでもなく異様とも言える2002年以降の原油価格高騰と、それに関連するアメリカ、ブラジル、EU、中国等関係諸国や地域の動きを指している。2002年頃には1バレル当たり20ドルほどだったニューヨーク先物市場の原油価格(WTI)は、2003年に40ドル、2005年に60ドルへと凄まじい勢いで上昇し、2007年には90ドルの大台(年平均)に乗せる異常事態となった。そのため、バイオ燃料は再生可能な代替エネルギーとして再び脚光を浴び、上記の国や地域を中心に急速な生産拡大を見せてきた。ドイツの調査会社F.O.Lichtによれば、2000年頃に約2,900万kℓだった世界のバイオエタノール生産量は2007年に5,000万kℓに達し、7年間で倍増している。こうした動きに対する関心の高さやバイオマス政策への影響については、関係者の寄稿等からみることができる。

例えば、「2002総合戦略」の構想から策定までの実務を担当し、「この総合戦略の言い出しっぺ」とも自認する元農林水産省食品環境対策室長の末松広行は、策定の経緯や基本的な考えについて次のように述べている(註3)。

「政府レベルでの論議では、石油ショック等をきっかけとして、石油を中心とする化石由来エネルギーの代替エネルギーとしてのバイオマスが論議されてきました。

このときは、政府においてサンシャイン計画やグリーン・エナジー計画等の計画に基づいた技術開発が進められ、メタン発酵技術等各種の技術開発が進みました。しかし、単純なエネルギーとしての観点しか考慮されなかったため、その価値は石油との単純な競争にならざるを得なかった面がありました。

従って、原油価格の下落とともに経済的な優位性の確保に関しての可能性が低下したとき、バイオマスの利活用の機運も沈静化する展開をたどらざるを得なかったのだと思います。」

総合戦略の構想から策定に至るまでの考えについて、同氏は、

「筆者はバイオマス戦略の策定を検討していくに当たり、それは、単にエネルギーの一部の転換策ではなく国全体を『バイオマス資源を活用する社会』に転換していくべきこと、さらに、農林水産省だけでなく『国(ニッポン)全体として

進めるべきものであること』、という思いを込めて名前を付けたものです。」

「バイオマスを個別の施策ではなく、全体的に捉えるべきではないか、という観点からの検討……を踏まえ、農林水産行政の転換の一つのポイントとして、バイオマスの利活用を進めることとし、『作物の生産振興から生物系資源の循環利用』をキャッチフレーズとして掲げることとなりました。」
とも述べている。

この文脈で明らかなように、「2002総合戦略」は代替エネルギーとしてのバイオマスの利活用に重点をおいたのではなく、むしろそういった旧来の発想から脱却し、単なるエネルギーの代替でない「生物系資源の循環利用」への転換を図ろうとするものであった。

しかし、このスタンスはその後、上述した諸事情とりわけエネルギー事情の急激な変化によって大きく変わり、総合戦略の見直しに至った。この点に関して農林水産省官房環境政策課長（2006年当時）の藤本潔は、輸送用バイオ燃料問題が「2002総合戦略」の「改定の大きなポイント」であったことを率直に述べている（註4）。2006年3月に公表した同省「新たなバイオマス・ニッポン総合戦略の見直しポイント」においても、「世界的にバイオマス輸送用燃料の導入が進む中、我が国でも国産バイオマス輸送用燃料の導入の道筋を描くこと」、「国産バイオマス輸送用燃料の利用促進」が必要であることを強調している。

つまり、生物系資源の循環利用を出発点としたバイオマス総合戦略の考えは、2006年の見直しをきっかけに、末松が批判した「化石由来エネルギーの代替エネルギーとしてのバイオマス」利用戦略へ回帰したと言ってよいであろう。

この流れは、京都議定書の発効や「2006総合戦略」の決定を機に一層加速するようになった。「2006総合戦略」決定後の5月に経済産業省は「新・エネルギー国家戦略」を公表し、国産バイオエタノールの生産拡大をエネルギー国家戦略に位置づけ、それに向けた地域の取組を支援することとした。

6月に農林水産省は省内に「国産輸送用バイオ燃料推進本部」（以下、「推進本部」と略称）を設置し、国産輸送用バイオ燃料の利用促進を図るための検討体制の強化に着手した。8月に行われた同本部第2次会合では国産輸送用バイオ燃料の本格的な実用化への取組を「攻めの農政の一環として」位置づけ、2007年度予算において「中長期的視野に立ち、資源作物の導入に向けた研究開発の実施」に

必要とされる21億円を含む計106億円の予算要求を決めた（註5）。

　そして、11月に安倍総理大臣の指示を受け、バイオマス・ニッポン総合戦略推進会議において国産バイオ燃料の生産拡大に向けた課題を整理し、そのシナリオを取りまとめた報告書「国産バイオ燃料の大幅な生産拡大」（以下、「推進報告書」と略称）を作成した。

　この一連の動きをまとめて示したのは2006年度白書である。2008年に入ると、国産バイオ燃料の製造と原料生産を支援する「農林漁業有機物資源のバイオ燃料の原材料としての利用の促進に関する法律」（略称「農林漁業バイオ燃料法」）が5月の参議院本会議で可決され、バイオ燃料農政を後押しする制度化の取組が本格的に始まった。同法では、燃料の製造業者と原料生産者が共同で事業展開する場合、製造業者の固定資産税を3年間半減することを柱に製造業者と原料生産者の安定的な原料取引を促進し、農業振興とエネルギー供給源の多様化につなげるとしている。また、当時の与党である自民党の「日本の活力創造特命委員会」（委員長：谷垣禎一政調会長）がまとめた内需拡大や成長促進策に関する中間報告の素案（2008年5月）では、米の生産調整を見直し、休耕田を活かしたバイオエタノール用原料米や飼料用米の栽培を新世代資源戦略として支援することを明記し、経済財政運営の指針となる「骨太の方針」に反映させるとした。

　食料価格の高騰が続くなか、「バイオ燃料より食料を」と題する『日本農業新聞』の論説に象徴されるように、バイオ燃料に関する世論の動向に変化も見られたものの（註6）、バイオ燃料を推進する政策の基本に変化はなかった。第1章第3節で述べたように、バイオ燃料生産の拡大は、農林水産の通常予算項目に計上されただけでなく、2007年以降各年度の燃料・資材高対策にも盛り込まれている。省エネ農業構造への転換という中長期的な政策ビジョンにおける位置づけは、極めて明確な形で付与されたのである。

　この点は、政権交代後も基本的に変わっていない。政権交代翌年の2010年に導入された戸別所得補償モデル事業において、バイオエタノール用原料米生産の10a当たり補償金交付額はそれまでの約5万円から8万円に引き上げられ、前政権以上にバイオ燃料の生産を重視する姿勢を示した。同年12月に公表された「バイオマス活用推進基本計画」（以下、「バイオ基本計画」と略称）では、バイオマス・ニッポン総合戦略における目標の達成状況と課題を総合的に点検した結果として

「総合戦略を発展的に解消」するとしつつも、バイオマス「活用の推進に関する施策の更なる加速化が求められ」、バイオマスの推進において国が達成すべき目標として「現行施策の延長で達成可能な目標ではなく、新規施策の導入によって達成が可能となる意欲的な目標を設定する」としている。政策の調整を必要としながらも、それまでの取組を後退させない姿勢を示したと言える。

　以上の流れで明らかなように、バイオマス・ニッポン総合戦略の作成やその後の政策展開を主導してきたのは農林水産省であり、農林水産省主導の下で関係省庁や経済財政諮問会議の支持を取り付け、バイオ燃料農政の流れを作り世論の関心を引き寄せたのである。戦後の日本農政は1950年代の食料増産農政や60年代からの生産性農政、70年代からの構造調整農政、80年代からの地域・国際化対応農政を経て99年以降の新基本法農政に移行し、ほぼ10年ごとに変わってきた。70年代以降約40年間にわたって、守りの農政として多くの批判を浴び、農業における耕境縮小のようにつねに守勢に立たされる立場にあった。今回のように、他省庁の支持を取り付け、財界や世論を大きく動かしたことは、食料増産の一時期を除けばほとんどなかった。その意味では、バイオ燃料農政は農林水産分野の特性をフルに活用し、主体性を巧みに発揮した戦後農政史上初めての快挙と言えよう。バイオ燃料農政を登場させることによって、食料・農地・森林保全等「農」の領域の諸問題を地球温暖化防止、原油価格高騰への対応といった「資源」、「エネルギー」、「環境」問題へと結び付け、「農業・農村の新境地」の開拓だけでなく、農政の「新境地」を切り拓こうとする意気込みもあったように思われる。

2．バイオ燃料農政の問題点

　しかし、上に示した「農業・農村の新境地の開拓」を如何に進めていくかについて検討すべき課題も残されている。その1つは、バイオ燃料の大幅な生産拡大と食料安定供給の確保を如何に両立させるかであり、もう1つは、セルロース系バイオマスの燃料利用と環境保全型農業への移行を如何に両立させるかである。
　まず、1点目についてみよう。もちろん、「2006総合戦略」をはじめ、バイオ燃料関連施策においてこの重要な点を見落としたわけではない。例えば、「推進報告書」では、「国産バイオ燃料の大幅な生産拡大を図るためには、食料や飼料等の既存用途に利用される部分ではなく、水田にすき込まれている稲わら……等

から発生する未利用バイオマスの活用や耕作放棄地等を活用した資源作物の生産に向けた取組を進めることが重要である」(傍点は筆者による。以下同じ。)と強調し、この点に慎重な配慮を示している。

利用すべき原料作物については、「原料作物としての・食・料・用・・飼・料・用との競合にも留意して、さとうきび糖みつ等の糖質原料や規格外小麦等のでん粉質原料等、安価な原料や廃棄物処理費用を徴収しつつ原料として調達できる廃棄物を用いて生産を行う」ほか、「今後バイオ燃料用資源作物として品種開発されるソルガム、イネ、かんしょ等バイオ燃料用の資源作物を耕作放棄地の一部に新たに作付けする」(同参考資料「中長期的観点からの生産可能量設定の考え方」)としている。

資源作物の生産に利用可能な耕作放棄地を使ってバイオ燃料用資源作物の生産を行う際の方法として、「・約・38・.6・万・ha(2005年農業センサス)存在する耕作放棄地等を活用して、食料生産に悪影響を与えない形で効率的に資源作物を生産することも重要である。その際、極めて粗放的に低コストで作付けできるようにする必要がある」としている。38.6万haにのぼる耕作放棄地の活用により、効率的に原料生産することでバイオ燃料の産業化を目指す考えを示している。

これらの点で示されるバイオ燃料農政の考えは、「推進本部」の論議を経て順次実施されるようになった。2006年8月に開催された同本部第2回会議では、2010年までに「・安・価・な・原・料・調・達・が・可・能・な・も・の(食料生産の副産物、規格外農産物等)からバイオ燃料を製造・導入」するとし、「可能性ある作物」として「推進報告書」で述べたさとうきび、糖みつ、規格外小麦等のほか、交付金対象外のてん菜、くず米等も挙げている(会議資料1「農林水産省におけるバイオ燃料の実用化」)。

2007年9月の「推進本部」第7回会議では、「当面は、規格外農産物等の安価な原料を用いて、2011年度に単年度5万klの生産を目指し、中長期的には、・食・料・供・給・と・競・合・し・な・い稲わら、間伐材等のセルロース系原料や資源作物を活かして、国産バイオ燃料の大幅な生産拡大を図る」とし、食料供給と競合しないバイオエタノールの生産量を盛り込んだ推進計画を具体的に示している。

これらの点からバイオ燃料農政の概要をつかむことができる。傍点を加えた部分はそのポイントを示しており、次のように要約できる。

第1に、バイオ燃料の生産拡大は食料・飼料等既存用途と競合することはせず、

第4章　バイオ燃料用資源作物の生産と農地利用問題　　165

未利用バイオマスの利活用や耕作放棄地を活かした資源作物生産で行う。

　第2に、食料・飼料等既存用途と競合させない手法として、2010年頃までの当面の期間ではさとうきび、糖みつ、規格外小麦、交付金対象外のてん菜、くず米等安価な規格外農産物や未利用バイオマス、原料として調達できる廃棄物等を活用する形で対応する。

　第3に、中長期的には、「食料や飼料等の既存用途に利用される部分ではなく」、未利用バイオマスの利活用のほか、38.6万haの耕作放棄地等を活かして、資源作物を極めて粗放的に低コストで生産し、バイオ燃料の大幅な生産拡大を図る。

　この3点のうち、1点目はバイオ燃料政策の基本スタンスを示したと言えよう。食料は国民生活にとって欠かすことのできない基本的な生存物質であり、適正な価格で安定的に供給することがバイオ燃料の大幅な生産拡大によって脅かされてはならない。「食料供給と競合しない」ことを繰り返し強調したのは、こういった認識があったからにほかならない。

　しかし、こうした考えは理念として正しいとしても、食料と同じように農地を使ってバイオ燃料用資源作物を「大幅な生産拡大」の方針のもとで生産するという以上、食料供給との競合も想定しておいた方がよいであろう。農地利用は約285万農家世帯により行われており、市場等の動向や利用主体の考えによって絶えず変化する。「大幅な生産拡大」を前提とするバイオ燃料用資源作物の生産も、基本的に経営主体の自主判断あるいは市場経済の枠組みのなかで行われるならば、食料供給との競合が経営選択の結果としてあり得ないことではない。重要なことは、食料供給との競合が起きるかどうかではなく、起きる可能性あるいはリスクはつねにあることを前提に、そうなった場合においても食料安定供給の確保に支障を来さないような対策を準備用意しておくことである。そのためにどのような準備をどのようにすればよいかが、検討すべき政策課題である。

　2点目についても、基本的には賛同できるものである。「2010年頃まで」という極めて短期間の設定で「当面」の施策と位置づけているし、「安価に調達できる」ものに限定していることもあって、食料や飼料としてまだ十分利用されておらず、安価に調達できる「規格外農産物」、未利用バイオマス、原料として調達できる廃棄物等があれば、当然、バイオ燃料用資源作物の生産に活用してよい。これら資源の完全かつ有効な利用によって、環境負荷の軽減、燃料生産の拡大、産業や

地域活性化等多様な効果をもたらすことも考えられよう。

　その際の課題はむしろ、原料調達の仕組みをどう作るかという点である。これらの資源も3点目で挙げている稲わら等セルロース系バイオマスのように「広く、薄く」存在し、少量・分散といった性格をもっている。農林水産省の試算によれば、これらのバイオマスを利用する際のバイオエタノールの最大生産量は約7万5,000kℓであり、「規格外農産物」の所要量は約11万2,000トンになる。「推進報告書」において「規格外農産物」によるバイオエタノール相当のエネルギー生産量を5万kℓと設定しているから、中長期的にはかなり高い利用率を想定しているとみてよい。当面の期間に限定した実証試験的なバイオ燃料の生産ならば可能であろうが、5万kℓのエタノールに相当するバイオ燃料生産を継続的に行う場合、または一定の地域範囲で飼料や肥料利用との調整や複数の利用主体が出現した場合は、その収集、運搬、保管に係る費用が膨らみ、競合利用の発生等によって安価であった原料の調達費用が上昇し、安価でなくなる可能性もある。こういった問題にどう対処するかが、実際問題として浮上してくるであろう。つまり、当面の期間とは言え、中長期的な視点に立った利活用体制の整備を早急に進めねばならない。

　筆者が特に問題視しているのは、中長期的推進策として挙げられている3点目施策の中身である。つまり、「食料や飼料等の既存用途に利用される部分」を除外し、バイオ燃料の原料となる資源作物の生産を「約38.6万ha（2005年農業センサス）存在する耕作放棄地等」に限定してよいものか、言い換えれば、38.6万haの耕作放棄地を前提に資源作物の生産を行うという考えが、果たして賢明で現実的な選択と言えるかどうか、という点である。

　2005年農業センサスで把握した38.6万haの耕作放棄地、あるいはその後の5年間で増加した1万ha（2010年農業センサス）や今後とも増えてくるであろうと思われる耕作放棄地を含めて考えるにしても、バイオ燃料用資源作物を生産するということだけならば、何ら問題はないかもしれない。しかし、そうではない。「国産バイオ燃料の生産コストの目標を100円/ℓ」（「推進報告書」）に抑えるという大前提があり、そのために「原料となるバイオマスを低コストで安定的に供給すること」（「2006総合戦略」）が求められ、「低コスト」で「効率的に」「大幅な生産拡大を図り」、なおかつ「安定的に供給」しなければならないという厳しい条件を付けている。これらの条件を前提とした場合、「食料や飼料等既存用途に利

第4章 バイオ燃料用資源作物の生産と農地利用問題　167

表 4-1-1　耕作放棄地の分布

分類	単位	合計	総農家 計	総農家 販売農家	総農家 自給的農家	土地持ち非農家
世帯数	千戸	4,050	2,848	1,963	885	1,201
経営耕地	千ha	4,045	3608	3447	162	436
耕作放棄地のある世帯数	千戸	1,383	829	517	312	554
耕作放棄地面積	千ha	386	223	144	79	162
1世帯当たり経営耕地	a	100	127	176	18	36
1世帯当たり耕作放棄面積	a	28	27	28	25	29
耕作放棄地のある世帯の割合	%	34.1	29.1	26.3	35.2	46.1
耕作放棄地面積の割合	%	9.5	6.2	4.2	48.9	37.2

註：1）2005年農業センサスにより整理。
　　2）「合計」欄の数値は、総農家数と土地持ち非農家数の合計値より算出。
　　3）1世帯当たり耕作放棄地面積＝耕作放棄地面積÷耕作放棄地ある世帯数

用される部分」を除外し、バイオ燃料用資源作物の生産を耕作放棄地等に限定して行うというのは、最善の選択になるかどうかを吟味しなければならない。

　周知のように、耕作放棄地は一定の地域や農地所有者にまとまって存在するのではなく、全国各地に散らばっている多数の所有または利用主体の間に点在している。統計上では38.6万haという大きな数値になっているが、いざ利用するとなると、この頼もしい統計数値とはかなり違う現実に直面することになろう。

　表4-1-1は、「推進報告書」が依拠している2005年農業センサスに基づいて作成した耕作放棄地の所有または利用主体別構成を示している。38.6万haにのぼる耕作放棄地は、約83万戸の農家世帯と55万戸の土地持ち非農家世帯に分布している。つまり、現有の耕作放棄地は約138万世帯にものぼる管理主体の下におかれている。管理主体の性格別面積構成をみると、農業に従事していない土地持ち非農家が42％、経営規模が極めて零細な自給的農家が20％を占め、残りの38％、つまり14万4,356haを販売農家が所有している。これらの数値から分散の度合いを計算すると、耕作放棄地のある世帯の1戸当たり耕作放棄地面積は25～29aとなる。

　この数値だけでも耕作放棄地が如何に零細分散であるかを知ることができるが、実際においては、この1世帯当たり25～29aの面積も水田、普通畑、樹園地に分かれ、数カ所に分散しているケースが多い。この点も考慮に入れれば、零細分散の度合いはさらに高くなるはずである。

　つまり、現有の耕作放棄地を集計すれば、38.6万haという大変魅力的で頼もしい数値になり、バイオ燃料用資源作物の生産に利用できる農地資源が豊富にあるように思えるが、全国各地に点在する多数の所有または利用主体に分散しているため、まとまって利用できるのではなく、現状のままではあってないような帳簿

上の数値合わせに過ぎない。これを前提にバイオ燃料用資源作物を作ろうとした場合、多少生産することは可能であるにしても、「大幅な生産拡大」の下で「低コストで安定的に供給」することは不可能である。

現在の耕作放棄地を前提に考える場合、同表で見た零細分散のほかに、その生産力特質にも注意を払う必要がある。水田でも畑でも共通して言えることは、耕作放棄地は条件の悪い農地面積の割合が高く、平均生産力が低いという点である。用排水不良水田、冷湿田、未整形棚田、急傾斜地、日照時間の少ない果樹園地等の多くは耕作放棄地となっている。このような農地を使ってバイオ燃料用資源作物の大幅な生産拡大を図るには、上述した農地の零細分散性への対応を含めてしっかりした生産力対策が必要不可欠である。

「推進報告書」では、「バイオマス量の大きな資源作物の育成や、省力・低コスト栽培技術の開発」、「ゲノム情報を利用した多収品種」の資源作物の導入などを挙げる一方、「その際、極めて粗放的に低コストで作付けできるようにする」としている。政権交代後の「バイオ基本計画」においてもこの考えを受け継ぎ、「耕作放棄地等において資源作物の粗放的な生産技術……等を推進する」(第2の2「資源作物の生産拡大」の項) としている。しかし、物質収支 (産出／投入) の基本法則からすれば、零細・分散、なおかつ生産力の低い耕作放棄地にバイオマス量の大きい多収品種を導入し、安定的な生産を図るには、農地改良やそれに見合った肥培管理などが必要不可欠であり、「極めて粗放的に低コストで」できるものではない。「極めて粗放的に低コストで作付けできるようにする」ならば、低コストになるかもしれないが、収量も粗放の度合いに応じて低下すると考えられる。その結果、収量対費用効果が不明となり、「バイオマス量の大きな資源作物」を「大幅な生産拡大」の下で「安定的に供給」することは困難となろう。全国各地に点在する多数の経営主体の下に置かれている平均生産力の低い耕作放棄地を前提に置きながら、バイオ燃料用資源作物を「大幅な生産拡大」の下で「極めて粗放的に低コストで」作付け、なおかつ「安定的に供給」するとしているのだから、農林水産省は一体どのような秘策をもっているのであろうか。

耕作放棄地を含む現在の農地利用状況は、すべて経営主体の合理的な経営選択の結果ではなく、これまで度々批判されてきた生産調整の進め方に象徴されるように、経営主体の意にそぐわない政策推進の結果による部分もかなりある。こう

した実態や経緯からすれば、白書が示すように「農林水産業の新たな領域の開拓」、「農業・農村の新境地の開拓」として、バイオ燃料用資源作物を「低コストで安定的に」生産していこうとするならば、現在の耕作放棄地を基本に考えてよいのか、それとも「食料や飼料等の既存用途に利用される部分」との調整をも視野に入れて考えるべきなのか、農地資源の合理的かつ効果的な利用の視点から検討しなければならない。

次に、2点目に挙げた作物セルロース系バイオマスの燃料利用と環境保全型農業への移行を如何に両立させるかについてみよう。

以上にも触れたように、バイオ燃料農政においてセルロース系バイオマスの利活用が重要視されている。「推進報告書（別紙）」では、2030年まで生産可能とされている約600万kℓのバイオ燃料（原油換算約360万kℓ）のうち、380～420万kℓ、つまり、全体の6～7割がセルロース系バイオマスによって賄うとしている。

バイオ燃料用有力なセルロース系バイオマスとしては、「2006総合戦略」と「推進報告書」を総合的にみると、木質系廃材・未利用材（木質系）約500万トン（2006年発生量1,240万トンのうち、製材工場等残材430万トンの約5％、林地残材約340万トンおよび建設発生木材470万トンの30％）、稲わら・麦わら・もみ殻等農作物非食用部（草本系）約980万トン（年間発生量約1,400万トンの70％）等を挙げている。両者合わせて約1,500万トンの乾燥物重量となり、原油換算で660万kℓ（約1,100万kℓのバイオエタノール相当）のエネルギー量に相当すると試算している。そのため、「2030年頃までの中長期的な観点からは、稲わらや木材等のセルロース系原料や資源作物全体から高効率にバイオエタノールを生産できる技術の開発等により、他の燃料や国際価格と比較して競争力を有する国産バイオ燃料の大幅な生産拡大を図る」としている。

セルロース系バイオマスの利活用において稲わら、麦わら、もみ殻等作物副産物が重視されている点に注目したい。「推進報告書」では、2030年度に稲わら、麦わら、もみ殻等から180万～200万kℓのエタノール相当バイオ燃料の生産が可能と試算している。これは「国産バイオ燃料生産可能量」の3割、セルロース系バイオマスにより生産されると見込まれているバイオエタノールの5割に当たる数値である。バイオ燃料の原料構成において、これらのバイオマスが極めて重要な位置を占めている。

作物セルロース系バイオマスが注目される主な理由は、これら資源の有効利用が不十分であり、バイオ燃料への活用がその有効利用を促すものと考えられている点と、1点目で述べたようにこれらの資源のバイオ燃料利用が「食料供給と競合しない」と見られている点にある。例えば、「2006総合戦略」では、「稲わら、もみ殻等の農産物非食用部については、年間発生量約1,300万トンのうち、約30％がたい肥、飼料、畜舎敷料等として利用されているが、発生する稲わらのうち約70％が農地にすき込まれるにすぎないなど、大半が低利用にとどまっている」との認識を示している。この考えに沿って「推進報告書」では、「食料や飼料等の既存用途に利用される部分ではなく、水田にすき込まれている稲わら……等から発生する未利用バイオマスの活用……が重要」と指摘している。600万kℓのエタノールに相当するバイオ燃料生産目標のうち、180万～200万kℓを約900トン（年間発生量の70％）の農産物非食用部分で賄おうとしているのである。

問題は、「水田にすき込まれている稲わら」等の作物副産物を未利用バイオマスとしてバイオ燃料生産に用いることは、農政のもう1つの軸となっている環境保全型農業推進の視点からみて整合性を取れるかという点である。

周知のように、食料・農業・農村基本法（以下、「新基本法」）以降の農業政策において環境保全型農業への移行は食料政策とともに重要な柱の1つとなっている。環境保全型農業の推進においては、稲わら等副産物・作物残さの農地還元利用が推奨されている。「新基本法」直後に成立した持続農業法は、環境保全型農業を支える「持続性の高い農業生産方式」に関する技術を土づくり技術、化学肥料の使用低減技術、化学合成農薬の低減技術の3つに分け、その導入促進に関する諸施策を定めている。それぞれの技術の内容や導入上の留意事項等についても、農林水産省は「持続性の高い農業生産方式の導入の促進に関する法律の施行について」（1999年農産園芸局長通知第6789号）において具体的に提示している。「たい肥等有機質資材の施用」が土づくりや化学肥料の使用低減とも関係する最も基本的な技術とされ、「たい肥等有機質資材の範囲としては、たい肥のほか、稲わら、作物残さ等が含まれる」（同通知「別記」：「農林水産省令で定める技術の具体的内容及び導入上の留意事項」）と明記している。

持続農業法以降、環境保全を重視する農政の流れはより広範な政策展開のもとで加速してきた。2003年に農林水産省は「農林水産環境政策の基本方針」を作成

し、「農林水産省が支援する農林水産業は環境保全を重視するものへ移行」すると宣言した。その中で「農林漁業者が環境保全を重視する生産活動に積極的に取り組むことができるように、生産振興、農地整備等の補助事業については、環境を重視するものに順次移行して」いくとするなど、環境保全を重視する農業への移行を促すために補助金等の政策手段を傾斜的に運用していく方針を示している。

2005年に「環境と調和のとれた農業生産活動規範」（一般的には「農業生産工程管理」または「GAP」：Good Agricultural Practiceと略称）が策定され、その普及・推進を図るための「点検活動の手引き」において、「原則として１年に一度以上、家畜排せつ物等を堆積、発酵させたたい肥のほか、家畜の飼料、敷料などに利用しない稲わら・麦わら等の作物残さ、緑肥などを土に施用することが必要」と解説し、持続農業法に定められている土づくり技術の導入を農業生産活動規範の内容としても確実に進めていくとしている。

さらには、2006年に有機農業推進法、2007年に「農地・水・環境保全向上対策」が施行され、有機農業を到達点とする重層的な環境保全型農業や良好な農村環境の形成に関する事項が農政の重点推進施策となった。前者に基づき策定された「有機農業の推進に関する基本方針」（2007年）においては、持続性の高い生産方式の導入を「有機農業者等に積極的に働きかけ、導入計画の策定及び実施に必要な指導及び助言、特例措置を伴う農業改良資金の貸し付け等による支援に努める」とし、後者においては、持続農業法のもとで薦められてきた「持続性の高い農業生産方式」の導入を「支援の対象とする活動」に指定し、事業採択や事業効果評価の要件として用いられている。

この一連の政策展開は、生産現場を動かす大きな推進力となっている。農林水産省が2003年２月に実施した「米政策改革に関する意向調査」結果において、「米政策改革大綱」に基づく改革で評価される点として「消費者が求める有機栽培や減農薬栽培等の特色ある米づくりに、これまで以上に取り組める」と答えた米作農家は46％を占め、最も高い評価点となっている（註７）。2006年度から2007年度にかけての産地づくり交付金の活用についても、「加工用・有機減農薬米・直播等」への助成と答えた地域協議会の割合は、「米以外の作物の作付への助成」、「農地流動化への助成」に次ぐ３番目の大きさを占めている（註８）。有機栽培、減農薬栽培等環境保全型農業への取組は、水田農業の経営確立や特色ある産地づく

りにおいても重要な選択肢の1つになっていることを示唆している。これらの動きは当然、「持続性の高い農業生産方式」に含まれる稲わらや作物残さ等有機質資材の使用を促すものとなる。

　一連の動きや取組から分かるように、稲わら、もみ殻、麦わら等副産物・作物残さを水田に鋤き込む形で利用することは、「持続農業法」や「品目横断的経営安定対策」と「車の両輪をなす」と言われる「農地・水・環境保全向上対策」等をはじめ、農業環境関連施策において推奨事項となっている。「2006総合戦略」でいう「低利用」ではあるものの、「推進報告書」でいう「未利用バイオマス」の見方とは大きく異なる。バイオ燃料関連施策はこうした政策の流れを十分踏まえたうえで構想されるべきと考えるが、この点は明確ではない。

　例えば、「2006総合戦略」において「農林水産業、農山漁村をバイオマス生産、利用の場として展開し、その活性化を図っていく……場合、健全な水環境等を保全するという観点から、窒素が過剰な地域では、地域間での製品移動や、炭化、エネルギー化等多様な利用について検討する必要がある。また、需要サイドにとって使いやすい形でのたい肥の供給や飼料としての稲わらの供給など実効性のある耕畜連携の取組を進めるとともに、たい肥の投入等による土づくりを適切に行う環境保全型農業を推進する等バイオマス製品を使用することを前提とした農業生産のビジネスモデルを提示し、このモデルを核とした産地形成を推進することが必要である」と指摘する一方、農地に鋤き込まれているとされる発生量の70％に相当する稲わら等を「低利用にとどまっている」として、バイオ燃料用への利用転換を強く示唆している。「推進報告書」では、「稲わら、もみ殻、麦わら等の草本系については、畜産用の粗飼料、農地に還元する等への必要量を考慮しつつ」、バイオ燃料の生産可能量を試算しているというものの、稲わらや麦わら等作物副産物発生量の7割を「未利用バイオマス」としてバイオ燃料生産用原料に含めている。いずれも「たい肥等有機質資材の範囲としては、たい肥のほか、稲わら、作物残さ等が含まれる」とする持続農業法関係施策の考えや「原則として1年に一度以上、……家畜の飼料、敷料などに利用しない稲わら・麦わら等の作物残さ、緑肥などを土に施用することが必要」とする「農業生産活動規範」をほぼ無視する形となっている。原則として1年に一度以上、家畜の飼料や敷料などに利用していない稲わら・麦わら等を、着実に土に施用していくならば、これらの副産物

発生量の7割をバイオ燃料生産に用いることができなくなるからである。

　稲わらや麦わら等作物セルロース系バイオマスは、従来から貴重な自給資源として大切に使われてきた慣習がある。付加価値の高いわら類加工品、家畜の餌、家畜の餌にした後の肥料や燃料としての利用、敷料やその後の堆きゅう肥利用、水田で焼却してからの肥料利用、そして農地への鋤き込みなど、利用形態は多岐にわたる。様々な利用形態の中で、農地への鋤き込みはどちらかと言えば粗放的で、効率的な使い方とは言えない。農地に鋤き込んでから作付けまで、期間が短い場合、田植え等の作業を妨げ、生育期間中に発酵が発生するなど、作物生育に障害を与えることもある。そのため、刈り取れない残さ部を除けば、積極的に推奨されるほどの利用形態ではなかった。資源の効果的利用という点からすれば、こうした「低利用」形態からより高度な利用形態に変え、農地への有機質補給は一連の利用形態の最終段階、つまり、加工利用の残さや家畜排泄物等の形で行えばよい。農地に鋤き込む形で利用されている稲わら等副産物を未利用バイオマスと見て、バイオ燃料生産用原料として利用可能とする「2006総合戦略」や「推進報告書」にはこうした考えがあったのかもしれない。

　しかしそれにしても、農地への鋤き込みは有機質補給方法の1つとして広範に利用されてきた実態があり、農業労働力の高齢化の進行によるたい肥づくりのための労働時間の減少等によって、こういう形の地力補給方式を採用する農業者の割合は今後減少していくとみる合理的な根拠が見当たらない。「持続農業法」、「農業生産工程管理」、「有機農業推進法」、「農地・水・環境保全向上対策」等環境保全型農業関連諸施策の推進によって化学肥料の使用量を減らし、稲わら等副産物や作物残さの鋤き込みを実施する生産者の割合がむしろ増えていくと考えられる。こうした動きや政策間の整合性を十分考慮に入れ、どれくらいの農畜副産物をバイオ燃料用原料に用いることが可能かについて検証しなければならない。バイオ燃料関連諸施策には、その収集・運搬の低コスト化やエタノールに変換するための関連技術の開発等を「大幅な生産拡大のための課題・検討事項」に挙げているが、この問題への言及はなかった。石油価格の急騰や安倍元総理大臣の指示を受けて極めて短期間で政策を取りまとめた経緯があり、堅実な政策構想に必要な準備期間や政策間の調整に目を配るほどの時間的余裕がなかったのであろう。しかし、バイオ燃料政策を確実かつ効果的に進めていくためには、これらの資源の利

用実態や将来動向を的確に把握し、バイオ燃料生産に使うことの可能性と条件、解決すべき課題等を明確にしなければならない。

(註1)「カーボンニュートラル」とは、燃焼時に放出する二酸化炭素（CO_2）と、植物成長過程で吸収したCO_2が相殺され、大気中のCO_2は増えも減りもしないという性質を指し、バイオエネルギーの環境効果を評価する際の用語として使われている。
(註2)輸送部門のCO_2排出量は文献［1］、p.1の図1による。同資料によれば、2003年度日本国内のCO_2排出量は約11億9,000万トンである。そのうち、運輸部門は約2億6,000万トンで21％を占め、産業部門の40％に次ぐ第2位となっている。
(註3)末松［2］、pp.32-33、を参照されたい。
(註4)藤本［3］を参照されたい。
(註5)2006年8月24日に開催された会議資料「農林水産省におけるバイオ燃料の実用化」を参照されたい。
(註6)2008年5月8日付け『日本農業新聞』を参照されたい。この論説では、今回の食料価格高騰の「最大の引き金は、トウモロコシを原料とするバイオエタノール生産の急増である」とし、「本来、食料や家畜の飼料となるはずの穀物が、燃料の原料に回」ることに疑問を呈している。同様の論調は、この2年間の食料高騰をきっかけにテレビをはじめ他のマスメディアにも多く見られるようになっている。
(註7)2003年度食料・農業・農村白書、p.165図Ⅱ-48を参照されたい。
(註8)2007年度食料・農業・農村白書、p.25、図Ⅰ-18を参照されたい。

引用文献
［1］環境省地球環境局企画、全国地球温暖化防止活動推進センター編集『地球温暖化対策ハンドブック（交通編）』2006
［2］末松広行「バイオマス・ニッポン総合戦略の策定について」『新政策』2004
［3］藤本潔「新たな『バイオマス・ニッポン総合戦略』と輸送用バイオ燃料について」『砂糖類情報』2006、http://sugar.lin.go.jp/japan/view/iv 0608a.htm.

第2節　バイオ燃料用資源作物の栽培を含む水田利用形態の選択

1．水田利用調整の経済効果：モデル分析

バイオ燃料生産拡大工程表において、資源作物を原料とするエタノール相当バイオ燃料の生産量を200万～220万kℓと試算している。現在のエネルギー変換効率（原料米対バイオエタノール転換比率≒0.45としている）からすると、約450万ト

ンの米に相当する原料を要することになる。これほど大量の資源作物を安定的かつ効率的に生産するには、38.6万haの耕作放棄地のみに着目するのが困難であろう。耕作放棄地の活用を念頭に置きつつも、限られた農地資源の完全かつ効果的利用の視点から「食料や飼料等既存用途に利用される部分」との調整を含めて考えなければならない。

　農地利用の現状からすれば、耕作放棄地に限らず、転作が行われている農地の中で有効に使われていない部分もかなりの面積にのぼる。樹園地や普通畑もそうであるが、水田はその代表例と言える。

　「2006総合戦略」直後の「耕地及び作付面積統計」(2007)によれば、全国の水田面積は253万haある。そのうち、稲の作付けを行っているのは166万9,000haで、残りの86万ha、つまり、水田面積の34％が転作田のほか、調整水田、水田預託、自己保全水田、通年施工、景観形成等転作とみなされているいわば計画休耕田、作付けされていない「不作付地」のどちらかである。この状況は、その後も大きく変わっていない。2009年現在、水田面積は約251万ha、稲の作付面積は163万7,000haとそれぞれ若干減少したが、米作付け以外の水田の面積は約87万haで1万haほど増えている（註1）。こうした水田農業の実態に着目して、東北大学両角和夫は、転作田をバイオエタノール生産に活用すべきだと提案している（註2）。

　転作田の中には、麦、大豆、米粉加工用米、飼料米等政策奨励品目の栽培に使われている面積もあり、現在の政策枠組みの中ですべてをバイオ燃料用資源作物の栽培に充ててよいというものではない。しかし、バイオ燃料用資源作物の導入を機に農地の完全かつ効果的利用のあり方を再考する意味において、検討に値する貴重な問題提起と言えよう。

　食料生産力を確保するために転作田をどう活用するべきかは、つねに水田農業の中心課題であり、農業政策の中心課題でもある。バイオ燃料用資源作物の導入によってその有効利用の道が開かれるならば、当然それに越したことはない。しかしこのような場合においても、前節の耕作放棄地関連部分で述べたように、これらの水田は零細分散で使いにくいという問題があるため、転作田に限らず主食用米の作付けが行われている圃場との利用調整を含めて検討すべきである。そうすることによって現在の転作田を上回る規模の水田面積をバイオ燃料用資源作物を含む主食用米以外の作物の栽培に回すことが可能だと考えられる。この点につ

いては、簡単な図形モデルを使って説明する。

2つの基本モデルを想定する。1つは、現在（「2006総合戦略」直後の2007年）の水田利用構造すなわち米の生産調整実態を前提とし、バイオ燃料用資源作物を含む主食用米以外の作物の栽培が既存用途との調整をせずに行うとする水田利用モデル（モデルA）である。もう1つは、既存の水田利用構造を前提とせず、バイオ燃料用資源作物を含む主食用米以外の作物の栽培が主食用米の生産等に利用されている部分との調整を含めて行うとする水田利用モデル（モデルB）である。どちらがより効果的な利活用形態になるかについて、試算してみる。

図4-2-1（a）は、モデルAを示している。水田の利用形態を主食用米の作付けと転作田の2形態とし、麦、大豆、飼料作等に転作する水田や様々な形の計画休耕田、不作付地および耕作放棄水田などはすべて転作田に含まれるとする。全国253万haの水田面積を単収の高い優等田、平均的な単収水準を有する中等田、単収の低い比較劣等田の3つの生産力水準に分け、試算の便宜上、それぞれ85万haずつ均等に分布するものとする。10 a当たり米収量は、生産力の高い水田順にそれぞれ600kg、500kg、400kgと仮定する。すると、すべての水田で主食用米の作付けを行った場合、米の生産量は現在の生産能力にほぼ匹敵するくらいの1,275万トンとなる。しかし、2007年の生産量（≒需要量）は870万トン程度である。残り約400万トンの米生産量が余剰生産力であり、生産調整の対象になる。

米の生産調整は、2003年までは国による転作面積の配分（いわゆるネガ配分）を30数年間にわたって行ってきたが、2004年以降、米政策改革大綱の実施によって国による生産数量目標配分（ポジ配分）へと変わった。それに伴って、転作田の利活用は諸制度の支援を受けながら、各地域が主体的に取り組むようになった。この改革は米政策の大転換と言われたが、ポイントとなる米の生産数量目標配分は、結局、面積に換算した形（需要量の面積換算値）で各都道府県に提示し、都道府県が市町村に再提示する形で行われたため、要調整水田面積の地域配分という基本性格は従来と大きく変わるものではなかった（註3）。こうした状況や米の作付け実態等を考慮に入れて、生産調整を要する水田の割合を水田生産力の高い順にそれぞれ25％、35％、40％と設定する。筆者の限られた調査で得た感触ではあるが、この設定は、転作田の分布実態と概ね合致するものである。

これら設定の下で、優等田から比較劣等田までのすべての水田で主食用米の作

第4章 バイオ燃料用資源作物の生産と農地利用問題　177

第4-2-1図(a)　既存用途との調整を行わない場合の水田利用モデル（モデルA）：
－現在の米生産調整を前提として－

水田面積（万ha）

優等田：転作率 25%　21.25万ha／米作付け：63.75万ha／生産量：382.5万トン

中等田：転作率 35%　29.75万ha／米作付け：55.25万ha／生産量：276.25万トン

比較劣等田：転作率 40%　34万ha／米作付け：51万ha／生産量：204万トン

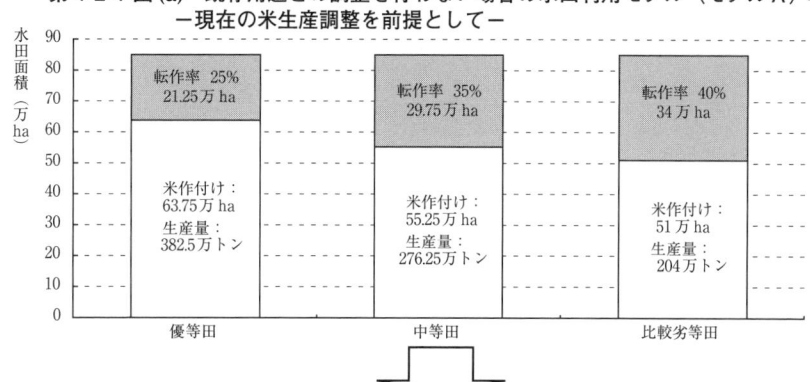

第4-2-1図(b)　既存用途との調整を行う場合の水田利用モデル（モデルB）：
－主食用米の生産を水田生産力の高さ順に優先配置することを想定して－

水田面積（万ha）

優等田：転作率 0%／米作付け：85万ha／生産量：510万トン

中等田：転作率 16.9%　14.4万ha／米作付け：70.6万ha／生産量：353万トン

比較劣等田：転作率 100%　85万ha

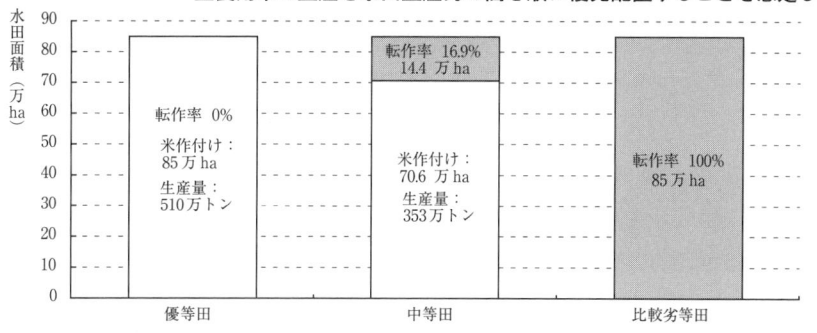

付けが行われると、作付面積は170万ha、生産量は約863万トンになる。これは、2007年の生産実態にかなり近い数値である。他方のバイオ燃料用資源作物を含む主食用米以外の作物の栽培可能な面積は、図の影部分で示すように85万haになる。これも、2007年の実態（86万ha）に近い数値である。生産力水準別では、優等田は21万2,500ha、中等田は29万7,500ha、比較劣等田は34万haとなる。

モデルAでは、現在の転作田や耕作放棄水田のみをバイオ燃料用資源作物の栽培に利用するため、バイオ燃料用資源作物の導入は、主食用米との競合も起こらなければ、米の生産効率に影響を与えることもない。

対して、モデルBは既存の水田利用構造を前提とせず、つまり、主食用米の生産に利用されている水田との調整も視野に入れ、バイオ燃料用資源作物を含む主食用米以外の作物の栽培可能な面積の試算結果を示している。このモデルの下で

水田利用の調整は、①現段階の米消費量（≒需要量）を前提に主食用米の生産に必要な水田面積を確保すること、②主食用米の生産に必要な水田面積を生産力（単収）の高い順に割り当てていくことを前提とする。①点目は、主食用米の安定供給を確保するための、いわば「食料安定供給確保原則」というならば、②点目は水田生産力を重視し、なおかつ過度な分散利用を避けるための原則であり、主食用米の優良水田優先利用と転作田の適正集積利用を併せもったもので、「主食用米の優良水田優先利用と転作田の適正集積利用の原則」と言ってよいであろう。

この2つの原則の下で、モデルAで算出した863万トンの生産量まで水田面積を生産力の高い優等田から順次割り当てていくと、まず、85万haの優等田がすべて主食用米の生産に充てられ、510万トンの主食用米が生産される。残り353万トンの主食用米の生産も中等田から比較劣等田へと割り当てていかなければならないが、中等田だけで425万トンの生産能力があるため、比較劣等田での主食用米の生産が不要となる。中等田で353万トンの主食用米を生産するため70万6,000haの水田を利用し、残り72万トンの生産能力をもつ14万4,000ha、つまり、中等田の17％に相当する面積は、比較劣等田と合わせてバイオ燃料用資源作物を含む主食用米以外の作物の栽培に充てることが可能となる。すべての優等田を食用米の生産に、すべての比較劣等田を転作に使うのが、このモデルの特徴である。その結果、バイオ燃料用資源作物を含む主食用米以外の作物の最大可能な栽培面積は、同図の影部分で示すように延べ99万4,000haとなる。

両モデルの試算結果を比較してみると明らかなように、「既存用途に利用される部分」との調整を行わないとするモデルAよりも、「既存用途に利用される部分」との調整を含めて行うとするモデルBの方が、バイオ燃料用資源作物を含む主食用米以外の用途に使える水田面積は14万4,000ha多い。両モデルとも主食用米の安定供給確保を前提としていることから、どちらを採用しても主食用米の生産を脅かすことはないが、バイオ燃料用資源作物を含む利用可能な転作田の面積が大きく変わる。モデルAに比べて、モデルBでは14万4,000haもの「面積稼ぎ効果」を生むのである。

2. 水田利用調整の経済効果：経営主体および市町村段階の検討

しかし、2つのモデルとも水田面積と生産力を3等分するという極めて単純な

条件設定下のものであり、零細分散で多様な生産力を有する水田農業の実態とはかなり懸け離れている。こうした水田利用の実態からバイオ燃料用資源作物の栽培に利用できる水田面積を如何に割り出すかが実際問題として重要であり、実務レベルで綿密な検討作業が必要と考える。その際、米作の経営主体（米作農家、農家以外の米作事業体等）まで考慮するか、それとも地域段階で十分とみるかによって作業量がかなり違ってくると思われ、検討しておかねばならない課題である。

地域とは、生産条件の類似性という点からJAの営農地域は最適ではないかと思われるが、JAが農地利用管理の責任主体でないという大きなデメリットもある。地域範囲とぴったり一致する責任主体でなければ、利用権の設定やそれに伴う諸利害関係の調整、水田利用計画の作成等に必要な基礎統計資料の利用等の面において多くの問題が生じると考えられるからである。農地利用管理の責任主体は市町村や都道府県になるが、多数の市町村を擁する都道府県は、水田利用の計画地域として明らかに大きすぎる。市町村段階の自治体も、2005年からのいわゆる平成の市町村大合併によって大きくなり過ぎた嫌いがある。しかし、市町村は農地管理の主要責任主体であり、豊富な統計資料を有する行政の末端組織としてこれをおいてほかにはない。そこで合併後の新市町村を基本とし、それ以下の地域の細かい調整は、JAの営農地域、合併後の行政支所になっている合併前の市町村、場合によって旧町村や中心集落といった組織を活用して行うことも可能であると考える。経営主体と地域主体のどちらをベースにするかによって、積算される主食用米以外の作物の利用可能な面積が違ってくる可能性もあり、その違いはどの程度のものかを把握しておかねばならない。

図4-2-2は、農林水産省「米生産費調査」における10ａ当たり収量の度数分布表を用いて作成した10ａ当たり収量階層別水田面積および生産量の分布を示している。収量度数分布表は単収15kg刻みで44階級に分けて作成されているが、収量調査の対象が米作農家なので、10ａ当たり収量の度数分布は経営主体ベースの生産力構成を表しているとみてよい。横軸は上、下の２つになっている。上方の軸は10ａ当たり収量を表し、左から右へいくにつれて単収が低くなるように表示している。下方の軸は栽培面積（作付面積）であり、上方の軸に示す単収階層に対応した階層別累積栽培面積を示している。縦軸も２つになっている。左軸は10

図4-2-2　10a当たり収量階層別米作の栽培面積と生産量分布（2003〜05年平均）

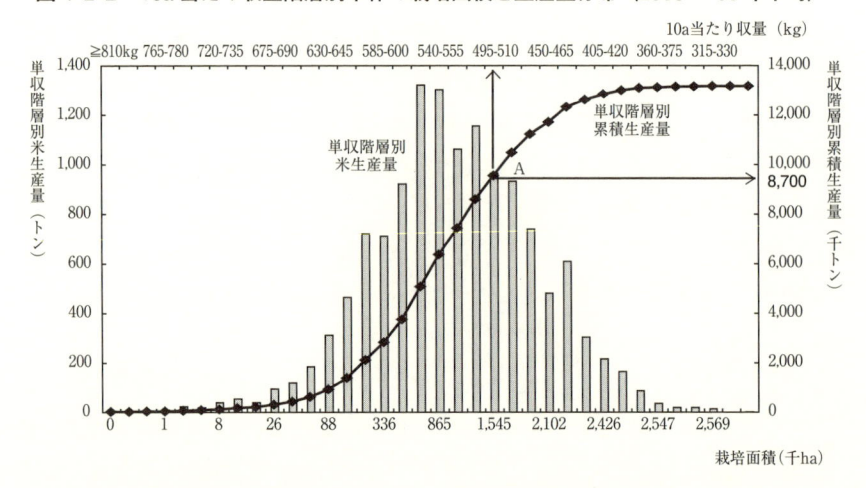

10a当たり収量（kg）
≧810kg 765-780 720-735 675-690 630-645 585-600 540-555 495-510 450-465 405-420 360-375 315-330

単収階層別米生産量（トン）
単収階層別累積生産量（千トン）

単収階層別米生産量
単収階層別累積生産量

A
8,700

栽培面積（千ha）
0　1　8　26　88　336　865　1,545　2,102　2,426　2,547　2,569

a当たり収量階層別米生産量を棒グラフで、右軸は左軸に対応した階層別累積生産量を累積生産量曲線で示している。したがって、主食用米の生産に必要な面積を単収の高い順に割り充てていくと、一定量の主食用米を生産するためにどれくらいの生産力（単収）をもつ水田まで利用しなければならないかを同図から読み取ることができる。年度別単収変動の影響を小さくするため、直近期3カ年（2003〜05年）の平均データを用いた。

　一定量の主食用米を生産するというのは、基本的に一定時期の消費量を満たすに足りる米の生産を確保することである。同図では、考察の対象となる2007年の米生産量を米消費量の目安としているが、需要の変化を見ながら柔軟に設定することも容易であろう。前述したようにこの年は約870万トンの米が生産され、そのために166万9,000haの水田で作付けが行われた。残り86万haの水田は転作か、作付けされていない様々な形の計画休耕田か、不作付地または耕作放棄水田である。つまり、バイオ燃料用資源作物を含む主食用米以外の用途に使える水田は、最大でこれくらいである。

　ところが、同図のA点に対応した右の縦軸と下方の横軸の目盛りから読み取れるように、既存の水田利用構成に拘らず、主食用米の生産に必要な栽培面積を生産力の高い順に割り当てていくと、2007年と同じ量の米を生産するために必要な水田面積は約154万6,000haとなる。これは、同年度の実際の作付面積（166万

9,000ha）に比べて12万3,000haも少ない。主食用米の最後の1単位まで生産しなければならない、いわば主食用米生産の限界水田の10a当たり収量は、上方の横軸に示すように495〜510kgの範囲にあるが、その中間値を取るならば約503kgになる。この単収水準を下回る約98万3,000haの水田面積が、バイオ燃料用資源作物を含む主食用米以外用途に用いることが可能である。実態の86万haに比べて、「食料や飼料等既存の用途に利用される部分」との調整によって12万3,000haの「面積稼ぎ効果」を生み、モデルBの分析にかなり近い結果を得たのである。

　次に、地域主体となる市町村ベースで同様の試算をしてみよう。市町村ベースの積算は、言うまでもなく市町村別米生産統計を使わねばならない。これも、米生産費調査データを使った農家ベースの試算同様、年度別の収量変動を考慮しなければならない。10a当たり収量については直近期の2004〜06年データがあるが、上述したように、この間、2005年の市町村大合併や2006年以降の断続的な市町村合併もあって、統計の対象となる市町村の数は2004年の2,522から2006年末の1,805まで激減した。そのため、10a当たり収量の計算はこの間に名前が消えた市町村を除いて行う必要がある。また、2005年、2006年に新しい名称で誕生した市町村については、1、2年間のデータしか使えないこともある（註4）。こういう形で割り出した市町村別10a当たり収量と2006年末の水田面積により作成した市町村の平均単収別栽培面積および生産量の分布が図4-2-3である。上方の横軸は市町村の平均単収、下方の横軸は平均単収に対応した市町村の累積栽培面積を表し、左の縦軸は米の累積生産量を示している。

　米の生産量を単収の高い市町村順に集計していくと、2007年の米生産量（870万トン）に最も近い累積生産量に達する地域、つまり、主食用米の需要を満たすために最後の1単位の米を生産しなければならない限界地域を割り出すことができる。同図に示すように、この地域は京都府与謝野町であり、同町までの累積生産量は870万トンの実需量に最も近い869万1,000トンになる。この数値に等しい縦軸の目盛りから引いた矢印線と累積生産量曲線との交点はこれを示している。この交点から上と下の横軸に向かって矢印線を引き、両横軸との交点でこの累積生産量に至るまでの、最後の1単位の米を生産するために用いられる同地域水田の平均単収（上方の横軸）と、この生産量をあげるために必要な延べ水田面積（累積栽培面積）を読み取ることができる。

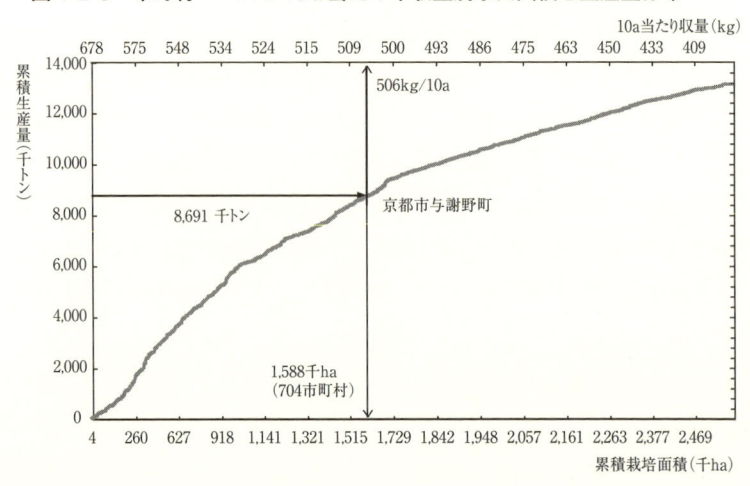

図4-2-3　市町村ベースの10a当たり米収量別水田面積と生産量分布

両横軸の数値で示されるように、主食用米の生産に利用しなければならない水田を単収の高い市町村順に割り当てていくと、現段階の米需要量と見られる2007年度産米（約870万トン）とほぼ同量の米（869万1,000トン）を生産するために必要な水田面積は158万8,000haである。京都府与謝野町は、この需要量を満たすために最後の1単位の米まで生産しなければならない主食用米優先配置の限界地域に当たる。同町の10a当たり米収量は506kgであるため、主食用米の作付面積を生産力の高い順に割り当てていくとしたら、これを上回る生産力を有するすべての市町村の水田は主食用米に、それ以外すべての市町村の水田はバイオ燃料用資源作物を含む主食用米以外の用途に充てることになる。

付表4-2-1に示すように、京都府与謝野町以上の単収をあげている市町村は708で、下回っている市町村は1,097である。後者から米作を作っていない157の市町村を除けば940市町村になる。つまり、前述した「主食用米の優良水田優先利用と転作田の適正集積利用の原則」を厳格に適用するならば、単収506kgを下回る940市町村の約94万haの水田は主食用米の生産から外し、バイオ燃料用資源作物を含む主食用米以外の用途のみに充てる、ということになるのである。

以上の分析をまとめてみると明らかなように、既存用途との利用調整を行わずにバイオ燃料用資源作物の栽培を進めるよりも、「食料や飼料等既存用途に利用される部分」との調整を含めて進めた方が、次に述べる2つの点で優れている。

第4章　バイオ燃料用資源作物の生産と農地利用問題　183

　第1に、主食用米の生産を生産力の比較的高い水田へ集積させること、言い換えれば、それ以外の用途を中等田以下の水田へ集積させることによって、バイオ燃料用資源作物を含む主食用米以外の作物栽培に利用可能な水田の面積は現有の転作田より多くなる。これが、上述した「面積稼ぎ効果」である。この点は、単純化した図4-2-1（a）と（b）のモデル分析においてすでに明らかになったことであるが、実際の米生産データを使って試算した結果によってモデル分析の結論を裏付けたのである。2007年の生産実績では、約870万トンの米を生産するために約167万haの水田を使い、耕作放棄地を含む主食用米以外用途に使える転作田は最大で86万haであった。それに比べて、モデルBの考えに沿って行った経営主体ベースの積算結果では、2007年と同量の米を生産するために必要な水田面積は154万6,000haで、実際の作付面積に比べて12万3,000haも少ない「面積稼ぎ効果」を生む可能性を示した。市町村レベルの積算結果では、米の生産に必要な水田面積は約159万haで、経営主体ベースのそれよりやや少ないが、これも約8万haの「面積稼ぎ効果」を生み、既存の米生産用途からそれ以外の用途に回すことが可能である。いずれにしても、「既存用途に利用される部分」との調整を行わない場合に比べて、「既存用途に利用される部分」を含めて水田利用を全体的に見直し、栽培面積の調整を行った方が、バイオ燃料用資源作物の栽培を含む主食用米以外の用途に使える水田の面積は多くなる。

　経営主体（生産者）をベースとする図4-2-2の試算結果に比べて、市町村をベースとする図4-2-3の試算結果では、主食用米以外の用途に使える水田の「面積稼ぎ効果」は約4万ha少ない。この違いは、市町村ベースで計算した平均単収が農家ベースで計算したそれより精度を欠き、前者よりも後者の方が米作の生産力（単収）をよりきめ細かくより正確に捉えているからである。しかし、全国の水田面積の大きさからすれば、この程度の相違は容認できないほどのものではないであろう。重要なことはむしろ、全く違う性格のデータを使ったにもかかわらず、どちらも「面積稼ぎ効果」を生む可能性を示した点と、2つの試算とも主食用米の生産に必要な面積や生産力水準が比較的近い結果を得ている点である。どの主体をベースにしても試算結果に大差はないということから、水田利用の調整作業はそれぞれの地域の実態にあった方法を選び、柔軟に行えばよいと思われる。

　第2に、主食用米の生産を生産力の比較的高い水田へ集積させることによって

図 4-2-4　稲作の収量階層別費用と収益（1978 年）

60kg 当たり費用
10a 当たり費用および粗収入

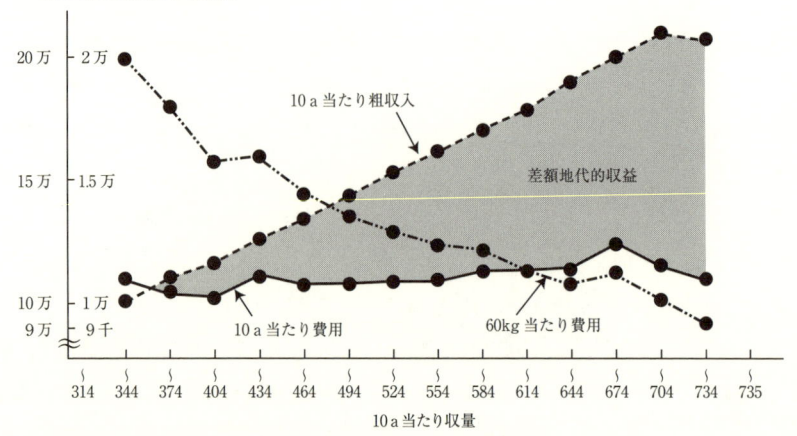

[グラフ：縦軸左 10万〜20万（10a当たり費用および粗収入）、縦軸右 9千〜2万（60kg当たり費用）、横軸 10a当たり収量 314〜735。10a当たり粗収入、10a当たり費用、60kg当たり費用の3曲線と「差額地代的収益」の網掛け領域]

註：1）梶井功著作集第七巻『食糧需給政策と価格政策』筑波書房、p.200 第3図を引用。
　　2）対象農家は米の生産費調査の対象となる全国 1.0〜1.5ha 階層農家。
　　3）その他は、原著を参照されたい。

中山間等生産力の低い比較劣等田での主食用米の生産は不要となるため、主食用米の生産の効率性や収益性が大きく向上することになる。「主食用米生産の効率性・収益性向上効果」とも呼ぼう。

梶井功は1978年産米の10a当たり収量と収益性との関係を図4-2-4のように検出している（註5）。10a当たり収量が高くなるにつれて粗収入は急速に上昇する一方、10a当たり費用は明らかな上昇傾向を示さない。その結果、米の60kg当たり生産費は単収の上昇に伴って急速に低下し、地代収益力（差額地代的収益）は急上昇する。つまり、単収の高い水田ほど米作の効率性も収益性も優れているということである。この傾向が一般的に成立するならば、主食用米の栽培を生産力の比較的高い水田へ集積させることによって米作の効率性と収益性は向上することになる。

しかし、梶井が検出したこの傾向は30年前のものであり、しかも1.0〜1.5ha農家層のみを対象にしている。この傾向は農家の階層分化が大きく進展した今日でも成り立つか、また1.0〜1.5ha農家層のみでなく、すべての米作農家に当てはめる一般的な傾向として成り立つかどうかについて、検証を加える必要がある。

図4-2-5は、その検証結果を示している。農林水産省「米生産費調査」の2005

図 4-2-5　米の単収と 60kg 当たり全算入生産費（2003 〜 05 年）

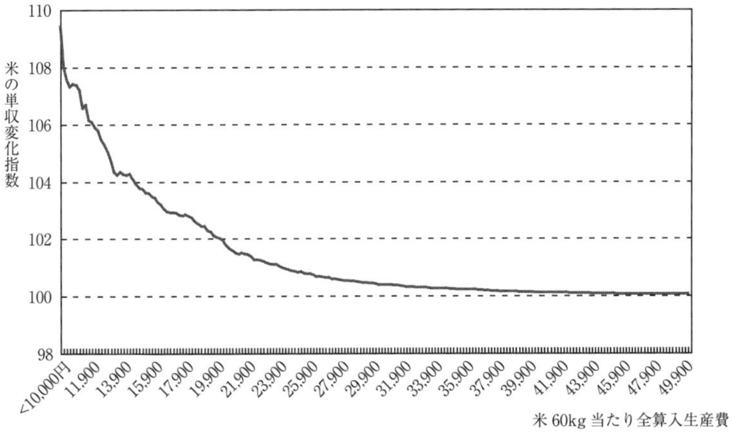

註：米生産費調査における階層別度数分布表により作成。

年産米の60kg当たり全算入生産費階層別度数分布表を用いて単収変化指数（縦軸）を作成し、その変化を60kg当たり全算入生産費（横軸）の変化に対応させて示したものである（註6）。同図で明らかなように、60kg当たり全算入生産費が増大するにつれて単収変化指数曲線は右方に向かって急速に低下していく。60kg当たり生産費の安い農家ほど単収は高い。言い方を変えれば、単収の高い農家ほど60kg当たり生産費が安く、単収の悪い農家ほど生産費が高いということである。梶井が検出した、単収の高い水田ほど米作の効率性も収益性も優れているという傾向は、今日でも成り立っているということである。

　以上のように、図4-2-1（b）で示したモデルBの考えに沿って水田利用調整を行い、主食用米の生産を生産力の比較的高い水田に集積させることができれば、それ以外の用途に使える水田面積の増大をもたらす「面積稼ぎ効果」と、主食用米生産のコスト低減をもたらす「主食用米生産の効率性・収益性向上効果」を共に手にすることが可能である。この2つの効果をまとめて「水田利用調整の経済効果」と呼ぶことができる。こうした効果がある以上、現状肯定的な政策でなく、2つの効果とも最大限得られるように政策目標として掲げ、主食用米の生産とバイオ燃料用資源作物の生産のあり方をセットで再検討すべきであろう。「2006総合戦略」や「推進報告書」に示したバイオ燃料の方向性に照らして言うならば、バイオ燃料用資源作物の栽培を38.6万haの耕作放棄地に限定して行う必要はない

だけでなく、米の生産調整で奨励栽培されている麦、大豆、飼料米等転作作物や主食用米作との調整を含めて考えねばならない、ということになろう。

3．主食用米以外の作物の低位生産力水田集積に伴う諸問題の考察

しかし、主食用米を生産力の比較的高い優良農地へ集積させ、それ以外の用途、例えばバイオ燃料用資源作物の栽培を低位生産力水田に集中させることは、実践のうえで考えなければならない問題点もある。主な問題点として2つだけ挙げよう。

1つは、有機栽培米、特別栽培米のように単収の高さのみで水田利用の是非を判断できないということで、いわば特色ある個性的な取組を奨励する仕組みをどう確保するかという点である。

もう1つは、バイオ燃料用資源作物を含む主食用米以外の作物を低位生産力水田に集中させることによってこれらの作物の生産効率や収益性が低下し、上述した「主食用米生産の効率性・収益性向上効果」を相殺してしまうのではないか、という点である。

まず、1点目についてみよう。有機栽培、無農薬栽培、無化学肥料栽培、または化学農薬、化学肥料の使用量とも当地の慣行栽培基準に比べて50％以上削減し、農林水産省の特別栽培農産物表示制度に基づき表示されている特別栽培米等は、必ずしも慣行栽培より収量が低下するとは限らないが、平均的には慣行栽培より7～8％ほど低く、かつ10～20％の上下変動幅をもっていることが、これまでの調査で明らかになっている。無農薬無化学肥料栽培、無農薬栽培のような転換期間中の有機栽培に相当する諸栽培形態の場合、収量の低下幅や収量の不安定性を示す上下変動幅はもっと大きくなるケースも多い（註7）。

通常栽培においても似たようなケースがみられる。例えば、食味の良さで最上級ブランド米として知られる魚沼米を生産する新潟県魚沼市の10a当たり収量は2004～06年平均で509kgであり、**図4-2-3**でみた主食用米生産の限界地域（京都市与謝野町）の単収水準にかなり近い。米の生産力を優先して主食用米の生産地域を単収の高い市町村順に割り当てていくとしたら、こういった特色のある個性的な取組は主食用米の生産から排除されてしまう可能性がある。

これを避けるためには、持続農業法や有機農業推進法に沿った対応が必要であ

り、各地域の産地づくり、地域ブランドづくりの実態に対する配慮も不可欠である。特色のある個性的な取組の面積と生産量を別途把握し、米の需要量からそれを差し引いたうえで主食用米生産の限界地域の線引きをすればよいと考える。

次に、2点目についてみよう。図4-2-1のモデルBで示したように、主食用米の生産が一定生産力水準以上の優良水田へ集積するように農地利用の調整を誘導することは、同時にバイオ燃料用資源作物の栽培を低位生産力水田へ集中させることを意味する。こうした利用調整に伴って主食用米の生産コストは確実に低下する一方、バイオ燃料用資源作物の生産コストは逆に高くなるのではないかとの考えも当然あり得よう。吟味しなければならない点である。

モデルBで示したように、優等田や中等田でも一定の割合を占める転作田でバイオ燃料用資源作物を栽培するならば、生産力の比較的高い水田であるだけに資源作物の単収も生産効率もよいと、通常は考える。しかし第1節で指摘したように、全国各地の農家世帯や土地持ち勤労者世帯に散らばっている状態では、利用可能な水田のすべてをバイオ燃料用資源作物の栽培に利用できるかどうかがまず問題であるし、仮に利用できるとしても、零細分散的な農地利用による費用増大や主食用米との交雑防止等の面で相応の費用が発生し、通常の生産力水準や生産効率が発揮できるかどうか、というもう1つの問題もある。

農地の分散利用が作物の生産費を高め、著しい非効率性を生むため、その改善を図るための農地基盤整備、交換分合・大区画化・組織化等による規模経営の努力が優れた労働時間節減、生産費低減効果をもたらすというのは、これまで多数の研究蓄積により得られた知見であり、いまさら論考を加えるまでもない。しかし、バイオ燃料用資源作物を現在の耕作放棄地のままで作るよりも、図4-2-3のように市町村単位で農地利用を調整し、一定のまとまりをもって栽培した方が効果的であるという上述の結論を関連分野の研究蓄積から再確認する意味で、水田のみを対象にした矢尾板（1990）、松岡（1997）の研究に注目してみたい（註8）。

米どころの福井県大野市を対象にした矢尾板の調査によれば、水田利用の組織化と大区画化が稲作生産に大きな省力効果をもたらすことを示している。個人経営の10ａ区画田に比べて、同じ区画条件下の生産組合化は米作の全行程にわたって30％の労働時間節減効果を生む可能性がある。特に種子予措管理、育苗、基肥施用、集荷、乾燥、調製諸作業では50〜80％の労働時間節減にもなる。同じ組織

条件（生産組合化）の下で、10 a 区画田に比べて50 a 以上大区画田では米作の労働時間が55％少ない。水田の大区画化は本田準備、畦ぬり・代かき、除草、用排水管理、刈取等作業において特に優れた省力効果を発揮している。

また、個人経営の10 a 区画田に比べて生産組合の大区画田では、全行程で69％の労働時間が省かれ、水田をまとまって利用できる組織化と大区画化を同時に行えば、ほとんどの作業において7割の労働時間節減効果をあげることが可能であると示唆している。

愛媛県広見町（現鬼北町広見支所）を対象にした松岡の研究では、圃場の分散度と農業公社による作業受託コストとの関係を計測し、圃場の分散が如何に農作業効率を低下させるか、言い換えれば、圃場分散状況の改善が如何に農作業の効率改善に寄与するかを示している。詳細は原論文を参照して頂きたいが、ここで問題にしている点と最も関係すると思われる計測結果を若干計算し直したうえで取りまとめたのが、表4-2-1である。

圃場の分散度の違いが如何に作業時間と費用変化に影響を与えるかを作業受託費用の圃場分散度弾力性とha当たり受託作業総費用の増加率で示している。キーワードとなる圃場分散度は、農作業学分野で使われている実作業率（＝1日の圃場内作業時間÷1日の作業時間×100％）で測っている。同表で明らかなように、圃場分散度が1％増加（または減少）した場合、機械作業時間と労働費は1.66～1.67％、燃料・潤滑油費用は0.98～3.23％増加（または減少）する。同一の水田区画と形状の下で、圃場分散度の小さい受託地区に比べて圃場分散度の大きい受託地区は、ha当たり受託作業の総費用が41.5～42.6％も増大する（註9）。言い換えれば、圃場分散度を改善する努力は受託作業のコストを大幅に低減させることになる。

研究の対象も着眼点も全く違うが、両氏の研究は、ここで問題にしていることに対して極めて示唆的である。図4-2-1の設定下では、バイオ燃料用作物の栽培を優等田から中等田へ集積させることによって単収が約2割低下し、中等田から比較劣等田へ集積させることによって単収がさらに2割ほど低下する。優等田から比較劣等田へ集積するならば、3分の1の単収低下も起こる。しかし他方で両氏の研究で示すように、バイオ燃料用資源作物の栽培を零細分散的な個別農家の取組から市町村段階の地域的な取組に集積させることによって、7割ほどの労働

時間節減と4割ほどの費用節減効果をもたらす可能性がある。2004～06年の米生産費調査結果によれば、米の10a当たり全算入生産費は約12万円である。そのうち、労働費は約4万3,000円で全算入生産費の36.3％を占め、残りの63.7％は物財費等になる。両氏の調査で示したように、水田の適正な集積と組織化利用によって労働時間（≒労働費）は約7割、他の費用は約4割節減が可能であれば、バイオ燃料用資源作物を低位生産力水田へ集中させることによって10a当たり全算入生産費は51％削減される。つまり、2～3割の収量低減分をカバーしてもなお相当の効率改善分が残る、ということである。

　特定の地域を対象とする事例研究の成果をどこまで一般化できるかについて吟味を要するところであるが、はっきり言えることもある。バイオ燃料用資源作物の栽培を低位生産力水田へ集中させることは必ずしもバイオ燃料の原料生産コストを高める結果になるとは限らない、ということである。バイオ燃料用資源作物を導入する際に、個々の農家に散らばっている現有の耕作放棄地または転作田の活用のみを対象とするよりも、主食用米、酒米・米粉加工用米、飼料米、麦、大豆といった「既成用途に利用される部分」との調整を含めて圃場分散利用の改善を積極的に図った方が、資源作物の低位生産力水田の集中によって発生すると見られる収量低下分を上回るほどの効率改善効果を生む可能性があるからである。また、こうした選択と集中によってより効果的な多収量試験栽培を行うことや、主食用米と資源作物との交雑防止を効果的に行うことも可能であり、両氏の研究で示した効率改善以上の効果も期待できよう。

　図4-2-3および付表4-2-1で示すように、現有の水田面積を単収の高い市町村順に振り分けていくと、米作栽培を行っている約1,650市町村は主食用米のみを生産する市町村と、バイオ燃料用資源作物を含む他用途作物のみを生産する市町村に分かれる。地域内でほぼ均一の生産力水準を有する市町村ならば、それはそれでよいが、ほとんどの場合はそうではない。前述したように、平成の市町村大合併によって新市町村の範囲はかなり大きくなり、同一の市町村と言っても水田の生産条件や生産力が多様である。市町村平均単収とは、その地域にある多様な生産力を平均し、人為的に割り出した水田生産力の1つの目安に過ぎない。実際の水田利用調整は、「主食用米の優良水田優先利用と転作田の適正集積利用の原則」で割り出した限界市町村の平均単収を目安としつつも、各市町村内の生産力分布

表 4-2-1　圃場分散の作業受託費用増大効果：愛媛県旧広見町の事例

費用分類	作業受託費用の圃場分散度弾力性			同一水田区画・形状下の ha 当たり受託作業総費用増大%
	トラクター (30ps)	田植機 (5条植)	コンバイン (割幅1.2m)	
作業時間	1.66	1.66	1.67	41.5～42.6%
労働費	1.66	1.66	1.67	
燃料・潤滑油費	0.98	3.23	1.58	

註：1）松岡論文により算出。
　　2）圃場分散度は圃場での実作業率を70%基準に60～80%の範囲内に設定。
　　3）水田の区画・形状は、「区画・形状良」と「区画・形状悪」の2条件設定。

実態に即して柔軟に行うことが肝要である。しかし、それにしても過度の分散利用は避けるべきであろう。市町村内の水田面積を生産力水準に照らして幾つかの主食用米地域とバイオ燃料地域にまとめ、それぞれの用途を中長期的な水田利用ビジョンの下で計画的に検討した方がよい。水田以外の農地についても、同様の考えで利用調整を行うべきである。

　以上に示した諸試算結果は、図4-2-1のモデル分析を裏付け、食料供給とバイオ燃料用資源作物栽培とのバランス関係を考えるうえで重要な意味がある。「2006総合戦略」や「推進報告書」が示したように現有の耕作放棄地をベースにバイオ燃料用資源作物の栽培を進めるよりも、食料や飼料等既存用途に利用されている農地との調整を含めて農地利用の全面的な見直しを行ったうえで進める方が、より効果的な水田利用構造の形成につながる可能性が高いからである。試算では「面積稼ぎ効果」と「主食用米生産の効率性・収益性向上効果」、引用事例への考察では水田の適正な集積と組織化利用による労働時間節減・経費低減効果などを示したが、バイオ燃料用資源作物の地域集積による交雑防止など、数量化しにくい効果も考えられる。「食料や飼料等既存用途に利用される部分」に固執し、バイオ燃料用資源作物の栽培を耕作放棄地に限定するという考えでは、これらの効果が得られない。バイオ燃料生産を「農林水産業の新たな領域の開拓」、「農業・農村の新境地の開拓」というように位置づけ、推進していくならば、耕作放棄地の活用という漠然とした考えを改め、バイオ燃料用地の効果的な配置による食料安定供給の確保と、バイオ燃料の安定かつ効果的な生産の両立を図るべきである。そのためには、以上に示したように現有の農地利用構造または既存用途にこだわらない農地利用調整を行わねばならない。

（註1）このこともあって、2007年を基準にした以下の試算結果はそのまま活かし、

最新データ（2009年）に合わせて試算し直す作業を省くことにした。
（註2）2007年4月17日および2008年7月28日付け『日本農業新聞』を参照されたい。これらの考えをまとめたその後の成果として、矢部・両角［8］を併せて参照されたい。
（註3）政権交代（2009年）によって水田農業政策は戸別所得補償制度へと大きく変わったが、米の生産数量目標の配分は、岩盤対策と言われる固定支払いの条件として引き継がれている。
（註4）市町村合併の経緯や範囲の変化を調べ、データの接続を行ったうえで3ヵ年平均10a当たり収量の計算や作図も可能であるが、膨大な作業が必要なため省いた。
（註5）梶井功［2］、p.200、第3図の註以外の部分をそのまま引用したものであるが、図の説明については原著を参照されたい。
（註6）農林水産省「米生産費調査」における度数分布諸表に単収変化指数という指標はない。したがってこの指標は、同調査報告書における「60kg当たり全算入生産費階層別分布」表にある「生産量数量分布－累積度数」を「作付面積分布－累積度数」で除して作成したものである。1より大きい数値は、作付面積のウェイトが小さいにもかかわらず比較的多くの生産量をあげたことを意味するので、単位面積当たり収量、つまり単収が高いと言い換えることができる。逆の場合は、同様の意味で単収が低いと言える。
（註7）詳細は、胡［5］第2章を参照されたい。
（註8）両氏の研究成果の詳細は以下の引用文献を参照されたい。関連研究成果として長谷部［4］、石田・木南［1］、川崎［3］も併せて参照されたい。
（註9）研究手法が全く異なるが、川崎の最近の研究［3］では、圃場数、団地数を適正に集積させることによって、約35％の米生産費低減が可能であるという計測結果を示している。

引用文献
［1］石田正昭・木南章「換地紛争の社会経済学的分析―ある集落の経験」『農業経済研究』第61巻第4号、1989、pp.204-217
［2］梶井功『食糧需給政策と価格政策』（梶井功著作集第七巻）筑波書房、1988
［3］川崎賢太朗「零細分散錯圃の経済効果」2008年日本農業経済学会個別報告資料
［4］長谷部正「圃場整備同意率に影響を及ぼす経済的要因の計量分析」『農業経済研究』第62巻第1号、1990、pp.12-21
［5］胡柏『環境保全型農業の成立条件』農林統計協会、2007
［6］松岡淳「圃場条件を考慮に入れた作業受託コストの計測―愛媛県広見町における農業公社を事例として―」『農林業問題研究』第32巻第4号、1997、pp.19-27
［7］矢尾板日出臣「大区画整備田の投資分析」『農林業問題研究』第26巻第1号、1990、pp.10-15
［8］矢部光保・両角和夫編著『コメのバイオ燃料化と地域振興』筑波書房、2010

付表 4-2-1 「主食用米の優良水田優先利用と転作田の適正集積利用」を原則とする主食

都道府県名	食用米の優先生産に該当する市町村								
北海道	沼田町	鷹栖町	旭川市	比布町	深川市	美瑛町	妹背牛町	美唄市	秩父別町	東神楽町
	東川町	剣淵町	幌加内町	当麻町	新十津川町	和寒町	岩見沢市	美深町	留萌市	奈井江町
	遠別町	新篠津村	中富良野町	滝川市	石狩市	士別市	芦別市	蘭越町	共和町	愛別町
	三笠市	砂川市	雨竜町	赤井川村	小平町	上川町	伊達市	浦臼町	当別町	厚沢部町
	由仁町	月形町	南幌町	せたな町	南富良野町	初山別村	ニセコ町	倶知安町	栗山町	壮瞥町
	長沼町	北斗市	安平町	洞爺湖町	羽幌町	森町	江別市	北見市	新冠町	七飯町
	大空町	恵庭市	古平町	江差町						
青森	中泊町	鶴田町	つがる市	藤崎町	板柳町	田舎館村	黒石市	五所川原市	平川市	青森市
	鰺ヶ沢町	五戸町	三沢市	南部町	十和田市	蓬田村	八戸市	三戸町	田子町	おいらせ町
	西目屋村	六ヶ所村	横浜町	階上町	七戸町	新郷村				
岩手	盛岡市	八幡平市	紫波町	矢巾町	岩手町	滝沢村	花巻市	雫石町	遠野市	奥州市
	軽米町	宮古市	九戸村	平泉町	岩泉町					
宮城	登米市	涌谷町	名取市	石巻市	美里町	多賀城市	大郷町	松島町	岩沼市	亘理町
	富谷町	色麻町	東松島市	村田町	大和町	大崎市	柴田町	角田市	大衡村	山元町
	栗原市	仙台市	白石市							
秋田	横手市	湯沢市	羽後町	三種町	八峰町	美郷町	大仙市	にかほ市	能代市	仙北市
	鹿角市	北秋田市	由利本荘市	秋田市	井川町	上小阿仁村	東成瀬村	小坂町	大潟村	五城目町
山形	全35市町村									
福島	湯川村	会津坂下町	会津美里町	会津若松市	磐梯町	須賀川市	北塩原村	猪苗代町	中島村	大玉村
	泉崎村	昭和村	郡山市	喜多方市	白河市	柳津町	金山町	鏡石町	原町市	南会津町
	西会津町	浅川町	三島町	棚倉町	国見町	天栄村	下郷町	三春町	双葉町	桑折町
	石川町	玉川村								
茨城	筑西市	つくば市	茨城町	稲敷市	潮来市	下妻市	水海道市	河内町	鹿嶋市	水戸市
	かすみがうら市	つくばみらい市	大洗町	美浦村	龍ヶ崎市	土浦市	ひたちなか市	東海村	利根町	桜川市
	牛久市	石岡市	守谷市	阿見町	五霞町	小美玉市	鉾田市	常陸太田市	結城市	坂東市
栃木	芳賀町	真岡市	大田原市	高根沢町	二宮町	上河内町	さくら市	宇都宮市	益子町	市貝町
	上三川町	那須烏山市	那須町	塩谷町	那珂川町	下野市	小山市	野木町	藤岡町	鹿沼市
群馬	川場村	沼田市	高山村	中之条町	昭和村	東吾妻町	みなかみ町	前橋市		
埼玉	杉戸町	幸手市	羽生市	松伏町	加須市	久喜市	宮代町	騎西町	鷲宮町	春日部市
	大利根町	三郷市	行田市							
千葉	旭市	東金市	大網白里町	九十九里町	銚子市	横芝光町	匝瑳市	東庄町	多古町	神崎町
	長生村	印旛村	山武市	栄町	本埜村	一宮町	芝山町	茂原市	成田市	佐倉市
	酒々井町	長柄町	印西市	睦沢町	市原市	我孫子市	御宿町	四街道市	いすみ市	木更津市
	千葉市	白井市	勝浦市	柏市	野田市	富里市	大多喜町			
東京	西東京市									
神奈川	平塚市									
新潟	燕市	新潟市	弥彦村	神林村	胎内市	新発田市	村上市	聖籠町	田上町	荒川町
	小千谷市	阿賀野市	刈羽村	長岡市	加茂市	五泉市	見附市	川口町	関川村	阿賀町
	柏崎市	南魚沼市								
富山	全15市町村									
石川	川北町	野々市町	白山市	能美市	加賀市	金沢市	小松市	津幡町	かほく市	内灘町
福井	坂井市	あわら市	福井市	大野市	鯖江市	越前市	越前町			

第4章　バイオ燃料用資源作物の生産と農地利用問題　193

用米の優先生産地域と選択的生産地域区分の市町村別分布

		食用米の選択的生産に該当する市町村									
名寄市	北竜町	北広島市	岩内町	千歳市	室蘭市	津別町	八雲町	浦河町	小樽市	様似町	札幌市
仁木町	余市町	上ノ国町	苫前町	美幌町	新ひだか町	夕張市	島牧村	日高町	乙部町	幕別町	黒松内町
上富良野町	赤平市	函館市	知内町	増毛町	訓子府町	豊浦町	奥尻町	真狩村	木古内町	京極町	福島町
下川町	富良野市	寿都町	池田町	音更町	松前町						
厚真町	平取町										
今金町	むかわ町										
弘前市	六戸町	今別町	平内町	野辺地町	外ヶ浜町	深浦町	むつ市	東通村	大間町	佐井村	風間浦村
東北町	大鰐町										
北上市	二戸市	一関市	山田町	金ヶ崎町	住田町	久慈市	藤沢町	川井村	葛巻町	陸前高田市	大槌町
		野田村	釜石市	大船渡市	西和賀町	田野畑村	洋野町	一戸町	普代村		
大河原町	利府町	丸森町	川崎町	七ヶ宿町	七ヶ浜町	本吉町	気仙沼市	南三陸町	女川町	塩釜市	
加美町	蔵王町										
藤里町	大館市	男鹿市	潟上市								
八郎潟町											
		該当なし									
矢吹町	只見町	浪江町	南相馬市	いわき市	大熊町	矢祭町	富岡町	小野町	飯野町	福島市	平田村
本宮市	西郷村	楢葉町	広野町	二本松市	伊達市	塙町	古殿町	川内村	川俣町	鮫川村	葛尾村
相馬市	新地町										
那珂市	取手市	三和町	神栖市	城里町	笠間市	常陸大宮市	古河市	北茨城市	日立市	大子町	高萩市
行方市	八千代町										
矢板市	那須塩原市	日光市	都賀町	栃木市	大平町	岩舟町	足利市	佐野市			
茂木町	壬生町										
		富士見村	館林市	邑楽町	玉村町	千代田町	明和町	高崎市	渋川市	板倉町	大泉町
		藤岡市	伊勢崎市	長野原町	太田市	安中市	桐生市	富岡市	甘楽町	吉岡町	榛東村
		吉井町	嬬恋村	みどり市	下仁田町	六合村	片品村				
吉川市	栗橋町	蓮田市	北川辺町	越谷市	白岡町	鴻巣市	桶川市	蓮蒲町	さいたま市	草加市	伊奈町
		吉見町	志木市	朝霞市	上里町	八潮市	上尾市	川島町	美里町	北本市	川越市
		富士見市	東松山市	熊谷市	坂戸市	本庄市	神川町	川口市	深谷市	戸田市	滑川町
		秩父市	東秩父村	嵐山町	鳩ヶ谷市	和光市	鶴ヶ島市	狭山市	東秩父村	春日部市	ふじみ野市	小川町
		小鹿野町	鳩山町	毛呂山町	長瀞町	皆野町	日高市	越生町	飯能市	横瀬町	所沢市
		ときがわ町									
袖ヶ浦市	白子町	富津市	八街市	流山市	鴨川市	館山市	鋸南町	南房総市	習志野市	船橋市	松戸市
香取市	長南町	市川市									
君津市	八千代市										
		多摩市	昭島市	府中市	日野市	稲城市	八王子市	町田市	国立市	青梅市	羽村市
		あきる野市	調布市	日の出町	東村山市	特別区					
		開成町	南足柄市	伊勢原市	厚木市	海老名市	藤沢市	大井町	小田原市	秦野市	茅ヶ崎市
		寒川町	綾瀬市	座間市	愛川町	大磯町	横浜市	箱根町	中井町	山北町	大和市
		相模原市	松田町	横須賀市	三浦市	川崎市	葉山町	清川村	鎌倉市		
津南町	三条市	出雲崎町	上越市	十日町市	新井市	山北町	糸魚川市	湯沢町	佐渡市		
朝日村	魚沼市										
		該当なし									
宝達志水町	羽咋市	志賀町	中能登町	七尾市	輪島市	珠洲市	能登町	穴水町			
		勝山市	若狭町	美浜町	永平寺町	小浜市	敦賀市	高浜町	大飯町	南越前町	池田町

付表 4-2-1（続き）

山梨	北杜市	韮崎市	甲斐市	富士吉田市	西桂町	甲府市	都留市	中央市	富士河口湖町	南アルプス市
	増穂町									
長野	佐久市	立科町	南箕輪村	諏訪市	伊那市	箕輪町	茅野市	小諸市	東御市	波田町
	安曇野市	駒ヶ根市	松本市	宮田村	岡谷市	塩尻市	飯島町	下諏訪町	麻績村	中川村
	御代田町	大町市	佐久穂町	富士見町	筑北村	上田市	原町	軽井沢町	高森町	喬木村
	松川町	飯田市	小海町	青木村	下條村	長和町	飯島市	信濃町	豊田村	木島平村
	阿南町	白馬村	売木村	根羽村	野沢温泉村	小布施町	山ノ内町	須坂市	坂城町	中野市
	泰阜村	千曲市	高山村	小谷村	長野市	大鹿村	木祖村	南相木村	信州新町	北相木村
	王滝村	栄村	中条村	小川村	天龍村					
岐阜	高山市	瑞浪市	飛騨市	中津川市	恵那市	可児市	御嵩町			
静岡	三島市	清水町	函南町	藤枝市	伊豆の国市	大井川町	吉田町	焼津市	御殿場市	小山町
	裾野市	新居町	御前崎市	牧之原市	長泉町	菊川市	森町	沼津市	掛川市	磐田市
	岡部町	富士川町	静岡市							
愛知	安城市	刈谷市	西尾市	高浜市	知立市	飛島村	常滑市	幸田町	岡崎市	東浦町
	碧南市	吉良町	弥富市	一色町	半田市	美浜町	武豊町	南知多町	津島市	蟹江町
	大府市	名古屋市	設楽町	東海市	幡豆町	東郷町	日進市	豊橋市	春日井市	小坂井町
	東栄町	新城市	豊田市							
三重	玉城町	伊賀市	伊勢市	明和町	木曽岬町	名張市	鈴鹿市			
滋賀	近江八幡市	竜王町	安土町	守山市	野洲市	草津市	東近江市	彦根市	愛荘町	甲良町
	湖南市	栗東市	湖北町	高月町	虎姫町	甲賀市	長浜市	多賀町	高島市	
京都	亀岡市	久御山町	八幡市	精華町	宇治市	城陽市	京田辺市	宇治田原町	木津川市	京丹後市
	長岡京市	井手町	大山崎町	綾部市	与謝野町					
大阪	能勢町									
兵庫	たつの市	豊岡市	加古川市	稲美町	太子町	上郡町	佐用町	神戸市	篠山市	相生市
奈良	川西町	三宅町	田原本町	安堵町	大和郡山市	広陵町	橿原市	大和高田市	斑鳩町	葛城市
	香芝市	上牧町	御所市	天理市	桜井市	生駒市	高取町	明日香村	三郷町	奈良市
和歌山	該当なし									
鳥取	米子市	大山町	日吉津村	江府町	伯耆町	南部町				
島根	飯南町	斐川町	邑南町	出雲市						
岡山	吉備中央町	真庭市	里庄町	浅口市	笠岡市	瀬戸内市	総社市	早島町	矢掛町	岡山市
	和気町									
広島	世羅町	東広島市	三原市	三次市	安芸高田市	府中市	庄原市	福山市		
山口、徳島、香川：該当なし										
愛媛	松前町	松山市	伊予市							
高知、福岡、佐賀、長崎、熊本、大分、宮崎、鹿児島、沖縄：該当なし										

第4章　バイオ燃料用資源作物の生産と農地利用問題　　195

忍野村	昭和町	市川三郷町	甲州市	山中湖村	大月市	笛吹市	山梨市	上野原市	道志村	身延町	鰍沢町
		南部町	早川町								
松川村	池田町	木曽町	平谷村	清内路村							
山形村	辰野町										
豊丘村	生坂村										
阿智村	朝日村										
大桑村	南木曽町										
上松町	南牧村										
		白川町	土岐市	東白川村	白川村	関市	郡上市	美濃加茂市	富加町	美濃市	海津市
		八百津町	下呂市	多治見市	川辺町	七宗町	坂祝町	岐阜市	北方町	神戸町	垂井町
		本巣市	輪之内町	大野町	安八町	池田町	大垣市	各務原市	瑞穂市	山県市	関ヶ原町
		笠松町	岐南町	羽島市	養老町	揖斐川町					
島田市	湖西市	富士市	伊豆市	富士宮市	川根町	南伊豆町	松崎町	芝川町	西伊豆町	川根本町	下田市
袋井市	浜松市	伊東市	河津町	東伊豆町	由比町						
知多市	阿久比町	大治町	豊川市	御津町	長久手町	音羽町	三好町	豊山町	尾張旭市	蒲郡市	春日町
美和町	豊明市	甚目寺町	北名古屋市	愛西市	瀬戸市	清須市	岩倉市	田原市	稲沢市	大口町	一宮市
七宝町	小牧市	犬山市	扶桑町	江南市	豊根村						
		松阪市	桑名市	多気町	度会町	津市	四日市市	東員町	川越町	志摩市	菰野町
		いなべ市	大紀町	亀山市	朝日町	鳥羽市	御浜町	紀宝町	南伊勢町	熊野市	大台町
		紀北町	尾鷲市								
豊郷町	日野町	大津市	米原市	木之本町	西浅井町	余呉町					
南丹市	向日市	京都市	福知山市	宮津市	和束町	舞鶴市	伊根町	笠置町	京丹波町	南山城村	
		堺市	富田林市	羽曳野市	豊能町	高槻市	茨木市	松原市	枚方市	岸和田市	貝塚市
		泉佐野市	箕面市	田尻町	大阪狭山市	阪南市	和泉市	藤井寺市	河南町	忠岡町	泉南市
		高石市	泉大津市	熊取町	島本町	八尾市	岬町	太子町	交野市	四條畷市	豊中市
		寝屋川市	摂津市	東大阪市	千早赤阪村	大阪市	池田市	大東市	吹田市	門真市	守口市
		河内長野市	柏原市								
		福崎町	加西市	三田市	小野市	姫路市	明石市	朝来市	洲本市	市川町	加東市
		川西市	赤穂市	宍粟市	伊丹市	淡路市	養父市	新温泉町	猪名川町	宝塚市	丹波市
		西脇市	播磨町	高砂市	三木市	香美町	尼崎市	神河町	西宮市	南あわじ市	多可町
		芦屋市									
河合町	王寺町	宇陀市	山添村	五條市	大淀町	曽爾村	御杖村	吉野町	下市町	黒滝村	十津川村
平群町		東吉野村	下北山村	天川村	野迫川村						
		全29市町村									
		岩美町	琴浦町	日南町	八頭町	鳥取市	北栄町	智頭町	湯梨浜町	日野町	若桜町
		倉吉市	三朝町	境港市							
		安来市	松江市	大田市	津和野町	東出雲町	奥出雲町	雲南市	美郷町	浜田市	隠岐の島町
		益田市	海士町	川本町	江津市	吉賀町					
倉敷市	久米南町	奈義町	勝央町	赤磐市	玉野市	鏡野町	津山市	新見市	井原市	新庄村	美咲町
		美作市	備前市	高梁市	西粟倉村						
		広島市	神石高原町	熊野町	尾道市	北広島町	廿日市市	竹原市	大竹市	安芸太田町	呉市
		海田町	大崎上島町	府中町	坂町	江田島市					
		山口：全22市町村、徳島：全24市町村、香川：全16市町村									
		東温市	久万高原町	西予市	今治市	宇和島市	鬼北町	砥部町	内子町	西条市	松野町
		愛南町	新居浜市	大洲市	八幡浜市	上島町	四国中央市				
		高知：全35市町村、福岡：全66市町村、佐賀：全23市町村、長崎：全23市町村、熊本：全48市町村、									
		大分：全17市町村、宮崎：全30市町村、鹿児島：全40市町村、沖縄：全9市町村									

第3節　農産系セルロースのバイオ燃料利用と環境保全型農業

「2006総合戦略」や「推進報告書」が想定するように、2030年までに稲わら、もみ殻、麦わら等農産系セルロースや木質系セルロース等の非食用バイオマスから380～420万kℓのエタノール相当バイオ燃料を作れるかどうかは、主に2つの要因に規定されると考えられる。1つは、セルロース系原料からバイオエタノールを効率的に製造する技術を確立できるかどうかであり、もう1つは、これらのセルロース系原料が予想通りに集められるかどうかである。前者は技術開発の課題であり、エタノールの発酵・精製技術の今後の進展に左右されるが（註1）、後者は「2006総合戦略」や「推進報告書」に挙げているセルロース系原料の収集体制のほか、環境保全型農業の今後の進展とも密接にかかわっている。

以下では、2点目、とりわけ予想される環境保全型農業の拡大が農産系セルロースのバイオ燃料利用にどのような影響を与えるかに絞って検討したい。

農産系セルロース原料と言えば、多様な作物残渣が利用可能と思われがちであるが、第1節で述べたように、そのほとんどは稲わら、もみ殻、麦わらが占めている。野菜等の残渣は、主産地以外の地域でまとまって発生する量が少ないことに加え、乾物または糖分含有量が低く、バイオ燃料製造に使えるものは限られている。他の作物残渣も、稲わらや麦わらのように大量に発生するものが少ない。そこで以下の検討は、もみ殻を含む稲わら系セルロースのみに限定する。

環境保全型農業の拡大がバイオ燃料生産にどのような影響を与えるかを検討するに当たって、通常の農業や環境保全型農業において稲わらがどのように、どこまで利用されているかについての実態解明がまず必要である。そのうえで、現在の利用水準は妥当なのかどうか、今後どのように変わっていくか等についても、バイオ燃料生産への供給可能性を考えるうえで明確にしておかねばならない。

1．通常の農業生産における稲わら利用

「2006総合戦略」では、「稲わら、もみ殻等の農産物非食用部については、年間発生量約1,300万トンのうち、約30％がたい肥、飼料、畜舎敷料等として利用されている」としている。この数値は「推進報告書」に挙げている1,400万トンよ

表4-3-1　米作における稲わらと堆きゅう肥利用　　　　単位：kg/10a

項　目	2003	04	05	3カ年平均
稲わら	0.5	1.0	0.0	0.5
たい肥・きゅう肥	43.3	39.0	42.1	41.5
参考：				
堆・きゅう肥原料相当量	129.9	117.0	126.3	124.4

註：1）参考欄以外は米生産費調査による。
　　2）堆・きゅう肥原料相当量＝堆肥・きゅう肥数量×3より算出。
　　3）その他は本文参照。

りやや少ないが、試算条件の設定によって100万トン程度の相違があり得ることであり、両方ともかなり信頼できるものと言ってよい。問題はむしろ、環境保全型農業の展開に伴って利用可能な量が今後どう変わっていくかということであるが、これを検討するに当たって、数値が出された時期に農業生産の現場においてどれくらいの稲わらが利用されていたかをみなければならない。

表4-3-1は、米作における稲わらおよびたい肥・きゅう肥の全国平均使用量を2003〜05年米生産費調査データで示している。「2006総合戦略」の策定時期からすれば、その前の3カ年データを使うのはベストであるが、違う考え、例えば、2004〜06年間のデータを使うべきではないかの考えもあり得よう。いずれにしても、1年くらいの時間ズレで実態把握上著しい不都合が生じるとは考えにくい。同総合戦略策定時の米作における稲わら等有機質資材の利用実態を把握するには、この3年間のデータで十分である。

農業における稲わらの利用は、たい肥、飼料、畜舎敷料等の使用があるほか、苗床材料、結束用いなご、つなぎ、結束わらなどの補助材料としてもよく使われるし、「2006総合戦略」や「推進報告書」において低利用とされている農地への鋤き込みも、省力的な有機質資材の補給方法として一般的に使われている。従来の米生産費調査ではこれらの利用形態も含まれていたが、生産費調査指標の簡素化や、多くの場合、利用量そのものの減少で統計として掴みにくくなったといった事情もあって、補助材料としての利用形態は生産費調査から外されてしまった。その意味では、同表に示す数値は不完全な統計と言わざるを得ない。そのためこうした不完全な統計を使わねばならないが、以下では、この欠陥を多少とも補うため他の統計調査や事例分析と併せて検討を進めたい。

同表に示すように、対象期間の稲作において稲わらの直接利用量は10a当たり0.5kg程度しかない。これだと、ほとんど使っていないと言った方がよいかもし

れない。しかし、この数値は全国平均値であり、地域によってもっと多く使っているところもあれば、全く使っていないところもある。また、直接利用のほか、同表に示す堆きゅう肥の副資材として利用する場合も多い。農林水産省「平成16年持続的生産環境に関する実態調査（たい肥等特殊肥料の生産出荷状況調査）」によれば、わら類、もみ殻、チップおがくず、戻したい肥、バーク等を副資材として生産されたたい肥の年間数量は全国で約317万トンであり、そのための原料搬入量は868万トンにのぼる。たい肥生産量と原料搬入量の両方から約43万トンの戻したい肥を差し引くと、たい肥製品対原料搬入量の比はちょうど1：3になる。つまり、1トンのたい肥をつくるために約3トンの原材料が必要である、という計算になる。

　問題は、たい肥づくりの原材料構成において稲わら類がどれくらいの割合を占めているかという点であるが、これも、一概に言えるものではない。たい肥を作る際にどのような原材料をどれくらい使うかは、各地の農業生産構成、とりわけ農畜産の構成に依存する。畜産の盛んな地域では家畜からの排せつ物が多用され、稲わら等の副資材の割合がその分少なくなるし、畜産の少ない稲作地帯では、稲わら等の副産物はむしろ副資材ではなく、原材料構成の大半を占める場合も多々ある（註2）。はっきり言えることは、米作における稲わら類の実際利用量は表4-3-1に示す直接利用量より多いということであろう。この点に関して、農林水産省「農業生産環境調査」結果報告書（2000年）の数値は参考になる。

　この調査は、報告書の序に書かれているように「農薬・肥料の投入実態等に関するデータを整備」し、「農業諸施策、特に、農業環境政策の推進に当たっての基礎資料として広く関係者に利用されること」を趣旨として行われたものである。調査範囲は、販売農家のうち、稲作、麦類、畜産、養蚕等に特化したいわゆる単一経営農家（これらの経営部門の生産物販売額が総販売額の80％を超える農家）を除いた農家を対象とし、1万6,158戸の標本農家を抽出して行った大がかりなものである。いわば、普通に農業生産を行っている生産者の農薬・肥料投入の実態を把握しようとして実施した調査である。

　表4-3-2は、この調査で明らかになったわら類の利用実態を作物別に示している。麦わらの利用はごく僅かなため、もみ殻を含む稲わら類のみをみてもよい。平均的には、調査対象となったすべての作物での利用実績を示しているが、作物によ

表4-3-2 たい肥化資材としての稲わら等の利用量　　単位：kg/10a

作　目	稲わら	もみ殻	麦わら
露地野菜	32.1	20.2	3.7
果菜類	78.3	12.1	1.0
葉茎菜類	39.5	24.4	7.8
根菜類	8.5	0.5	0.2
その他	9.1	76.9	-
施設野菜	96.2	88.9	5.0
露地果樹	22.6	3.2	0.3
施設果樹	18.0	1.2	-
露地花卉	7.6	3.4	-
施設花卉	149.2	78.2	8.0
畑作物	8.1	6.0	0.9
水稲（参考）	135.8	4.3	0.4

註：農林水産省「農業生産環境調査報告書」（2000）により作成。

って大きく異なる。施設花卉での使用量が最も多く、10a当たり227kgとなっている。施設野菜も185kgと比較的多い。「参考」とされている水稲作では、10a当たり136kgの稲わら、4.3kgのもみ殻、0.4kgの麦わらをたい肥化資材として使用している。稲わらともみ殻の合計値を表4-3-1で推計した2003年（表4-3-2の調査時期に最も近い年）の「堆きゅう肥原料相当量」数値と照らし合わしてみると分かるように、稲作に使用されている堆きゅう肥原料のほとんどが稲わら類からなっている。稲作用たい肥づくりにおいてこれほど多くの稲わらを使用しているかと思うところもあるが、この調査結果からすれば、かなりの稲わらがたい肥化資材として使われていることは確かであろう。施設花卉、施設野菜、稲作の3大作目のほか、露地栽培の果菜類、葉茎菜類、果樹作など、ほとんどすべての作物において稲わら類が使用されている点も注目すべきである。

　調査実施年度の10a当たり米収量は、米の生産費調査によれば全国平均で510kgであった。それに1.1～1.15の稲わら対米産出比をかけると、稲わらの産出量が560～587kgになる（註3）。稲作のたい肥化資材として使用されている136kgという数値は、稲わら産出量の23～24％を占める計算になる。これに同表に示す他の作物での利用や飼料等の用途を加えると、「2006総合戦略」や「推進報告書」に挙げている30％という数値にかなり接近する。地域や農家によってばらつきが大きいことも考えられるが、同表の調査結果は、平均的意味において通常の農業生産における稲わら等の利用状況をよく表していると言ってよいであろう。

2. 環境保全型農業における稲わら利用—統計分析—

「農業生産環境調査」が公表される1年前の1999年に、農業環境3法と言われる持続農業法、改正JAS法、「家畜排せつ物の管理の適正化及び利用の促進に関する法律」が成立され、「持続性の高い農業生産方式」の導入促進、有機農産物認証、特別栽培農産物表示の実施、耕畜連携による家畜排せつ物の有効利用等をセットとする環境保全型農業の拡大・定着が政策的に進められることとなった。これらの法制度の整備や諸施策の実施によって、環境保全型農業への取組は急速に増えてきた。2010年3月末現在、有機JAS認証制度に基づき認証された全国の有機認証農家は3,815戸と少ないものの、格付け有機農産物の生産量は、認証制度が始まった2001年度からほぼ安定的に増えてきている。持続農業法に基づき認定されたエコファーマーの件数は19万6,749件にまで増加し、環境保全型農業の取組は大きく拡大してきている（註4）。こうした傾向は今後も続くと思われるので、取組農家の農業経営において、どれくらいの稲わらが利用されているかは、バイオ燃料生産における稲わら系セルロースの利用可能性を検討する際の基礎データとして、把握しておかねばならない。

表4-3-3は、環境保全型稲作の取組における稲わら等の利用状況を示している（註5）。上に述べたように、統計上では、稲わらをそのまま肥料として使用している数量は少なく、多くの場合、畜舎敷料を含むたい肥化資材として使用されている。そのため、稲わらのほか、堆きゅう肥やその他の有機質資材の利用状況を示す指標も同表に入れた。表側の指標が多く、やや見づらいところもあるが、ポイントは2つである。1つは、堆きゅう肥利用の有無によって稲わら類を利用する農家の割合や10a当たり使用量等において相違がみられるかどうかである。もう1つは、稲わら利用の有無によって堆きゅう肥を利用する農家の割合や10a当たり使用量等において相違がみられるかどうかである。この2点を栽培形態別に示したのがこの表である。

まず、稲わら利用農家の割合をみよう。調査対象となった取組農家のうち、有機栽培や無農薬無化学肥料栽培では8割弱の農家、その他の栽培形態では7割の農家が稲わらを使っている。1戸当たり使用量の多少ということもあるが、環境保全型稲作において7～8割の農家が稲わらを使っているという事実は、まず注

第4章 バイオ燃料用資源作物の生産と農地利用問題　201

表4-3-3　環境保全型稲作農家における稲わらと堆きゅう肥利用

分　類	有機栽培または無農薬無化学肥料栽培（144）	無農薬栽培または無化学肥料栽培（115）	減農薬または減化学肥料栽培（80）
稲わら利用農家（％）	76.4	70.4	71.3
うち：堆きゅう肥利用農家	65.7	57.1	52.9
堆きゅう肥未利用農家	86.5	83.1	84.8
堆きゅう肥利用農家（％）	48.6	48.7	42.5
うち：稲わら利用農家	41.8	39.5	31.6
稲わら未利用農家	70.6	70.6	69.6
稲わら投入量(kg/10a)	23.2	31.3	20.6
うち：堆きゅう肥利用農家	21.9	25.8	16.5
堆きゅう肥未利用農家	24.2	37.8	25.4
堆きゅう肥投入量（kg/10a）	44.2	61.6	23.0
うち：稲わら利用農家	29.9	33.7	7.3
稲わら未利用農家	108.0	137.0	71.7
参考：他の有機質資材投入	9.5	10.1	5.3
うち：稲わら利用農家	7.9	12.5	3.1
稲わら未利用農家	16.6	3.7	12.0

註：農林水産省「環境保全型農業（稲作）推進農家の経営分析調査」（2003）個票により算出。カッコ内は標本数を示す。

目されるべきである。そして、堆きゅう肥利用の有無によって稲わらの使用量が大きく異なるというのも、特徴的である。堆きゅう肥を利用する農家のうち、栽培形態によって53～67％の農家が稲わらを使っているのに対して、堆きゅう肥を利用しない農家の場合は、稲わら利用農家の割合がいずれの栽培形態においても8割強に達している。

同じことは、堆きゅう肥利用農家の割合構成からもみることができる。稲わらを利用している農家の中で堆きゅう肥利用農家の割合が3～4割程度であるのに対して、稲わらを利用しない農家の場合は、堆きゅう肥利用農家の割合が7割にも達している。前者との差は歴然としている。稲わら利用と堆きゅう肥利用とは強い補完関係にあることが明白である。

こうした関係は、当然のことながら、稲わらと堆きゅう肥の使用量においても現れている。同表に示すように、10a当たり稲わら使用量は堆きゅう肥利用の有無によって大きく異なる。堆きゅう肥利用農家では、栽培形態によって17～26kgの使用量を示しているのに対して、堆きゅう肥未利用農家では24～38kgの使用量で、どの栽培形態においても堆きゅう肥利用農家のそれを上回っている。

そして、同様のことを堆きゅう肥利用からみることもできる。稲わら利用農家では、10a当たり堆きゅう肥使用量が栽培形態平均で7～34kgであるのに対して、稲わら未利用農家では、減農薬または減化学肥料栽培で71kg、他の栽培形態で

108～137kgと多い。稲わら利用の有無によって堆きゅう肥の使用量が大きく変わるのである。

　表4-3-1の通常栽培に比べて同表に見られる大きな特徴の1つは、10a当たり稲わら使用量の違いである。全調査農家平均で0.5kg程度の稲わらしか使用していない通常の稲作栽培に比べて、環境保全型農業を行っている稲作農家では栽培形態や堆きゅう肥利用の有無によって違いはあるものの、17～38kgの稲わらを使用している。栽培形態によってばらつきも大きいものの、いずれも通常栽培のそれを大きく上回っている。環境保全型農業への移行によって稲わらの使用量が大きく増えることは明白である。

　環境保全型農業において稲わら等の有機質資材が多く利用されている背景には、農法転換に伴う資材利用構成の変化という客観的要素がある。化学肥料の使用量を減らしながら、地力や作物収量や収益性を維持するには、化学肥料に代わる代替資材の補給を行わねばならない。家畜排せつ物、堆きゅう肥、稲わらやレンゲ等緑肥作物が最もよく使われる代替資材である。取組農家はこれらの副産物系資源を効果的に使うことにより、化学肥料使用量の削減に伴って生じるであろうと予想される地力低下のリスクを減らし、作物の収量安定・収入安定の確保を図っている。どの資材をどのように、どこまで使うかはもちろん、その生産者がおかれている地域の資源状況、技術と農法、労働力といった諸条件による。身近なところで使いやすい資材があればそれを優先的に使うのは一般的であるが、同一の資材であっても農地や労働力状況によって使い方が違ってくる。稲わらの場合では、稲刈り後一定の期間を置いてから農地に鋤き込むという省力的な使い方もあれば、家畜舎の敷料や家畜の粗飼料等として使ってから堆きゅう肥の資材として再利用することも多い。この点は、同表にみる稲わら利用と堆きゅう肥利用との強い補完関係によってはっきり示されたと言ってよい。

　問題は、こうした有機質資材の使い方、組み合わせ方の違いは取組農家の経営や作物の収益性に影響するかどうかという点である。稲わらをより多く利用したかどうか、あるいは堆きゅう肥をより多く利用したかどうかによって取組の収益性に差が生じるならば、有機質資材の利用形態が、今後の環境保全型農業の拡大に伴って取捨され、その結果として諸資材の利用形態も変わっていくと思われる。そうでなければ、これらの利用形態は今後とも存続し、資材使用量も環境保全型

表 4-3-4 環境保全型稲作農家の有機質資材利用およびその経営影響の考察

利用形態区分	有機栽培または無農薬無化学肥料栽培	無農薬栽培または無化学肥料栽培	減農薬または減化学肥料栽培
1．資材利用形態別農家率（％）			
稲わらのみ使用	22.9	26.9	43.8
稲わら使用・堆きゅう肥不使用	47.8	46.7	53.4
堆きゅう肥使用・稲わら不使用	17.9	22.9	21.9
稲わら・堆きゅう肥とも使用	34.3	30.4	24.7
2．単収（kg/10a）			
稲わらのみ	486	458	492
稲わら使用・堆きゅう肥不使用	466	448	492
堆きゅう肥使用・稲わら不使用	423	495	512
稲わら・堆きゅう肥とも使用	431	468	474
3．米品質（単価）（円/60kg）			
稲わらのみ	26,923	17,665	14,417
稲わら使用・堆きゅう肥不使用	27,170	19,088	14,452
堆きゅう肥使用・稲わら不使用	24,920	18,295	14,457
稲わら・堆きゅう肥とも使用	27,282	19,889	16,351
4．肥料費（円／10a）			
稲わらのみ	9,002	9,734	6,314
稲わら使用・堆きゅう肥不使用	9,289	10,883	6,097
堆きゅう肥使用・稲わら不使用	6,581	7,462	7,861
稲わら・堆きゅう肥とも使用	10,693	7,451	7,248
5．生産労働時間（時/10a）			
稲わらのみ	32.2	33.7	27.6
稲わら使用・堆きゅう肥不使用	38.0	36.9	27.2
堆きゅう肥使用・稲わら不使用	31.1	39.1	30.3
稲わら・堆きゅう肥とも使用	46.5	31.8	14.1

註：1)「…のみ」の表示以外は、他の有機質資材の使用を排除していない。
　　2) 堆きゅう肥のみ使用農家の割合が低いため、経営影響分析の2～4項から除外した。
　　3) その他は、前表を参照されたい。

農業の拡大に伴って増加していくと考えられるからである。この点についての検証結果は**表4-3-4**に示す。

　表側の第1項は、有機質資材の利用においてどのような利用形態の差があるかを栽培形態別利用農家の割合で示している。第2項以下各項は、それぞれの利用形態の間に収益差が見られるかどうかを単収、生産物品質の代理変数としての生産物単価（註6）、肥料費、生産労働時間で示している。指標が多いため見づらいところもあるが、稲わらを使った利用形態と堆きゅう肥を使った利用形態とで明確な相違が見られるかどうかがポイントである。

　まず、単収についてみると、稲わらのみを含む稲わら使用の2形態と稲わら不使用を含む堆きゅう肥使用の2形態とでは、有機、無農薬無化学肥料栽培において稲わら利用の方が高い単収を示しているが、他の栽培形態においては正反対の結果や不規則な変化となっている。稲わらと堆きゅう肥のどちらかを使うかによって単収に明らかな差が生じるという証拠は認められない。

同様のことは、所得や純収益の構成要素となる生産物単価、肥料費、生産労働時間の3指標についても言える。いずれも稲わらまたは堆きゅう肥の使い方や使用量の違いによって差が見られることはなく、有機質資材の利用形態の違いが収益に影響を与えている証拠は見当たらなかったのである。取組農家が稲わらを利用したり利用しなかったり、あるいは多く利用したりしなかったりするというのは、自らの経営が置かれている資源条件の下で使用できる資源を使って環境保全型農業を遂行した結果を反映しただけのことであり、収量や所得といった経営目標、または生産者行動の相違によるものでもなければ、経営の結果となる単収、生産物単価、肥料費、労働時間等に差をもたらすものでもない。有機質資材を使って環境保全型農業を行っている農家は、堆きゅう肥だけで足りない養分を稲わらや他の有機質資材で補い、あるいは反対に、稲わらだけで足りない養分を堆きゅう肥や他の有機質資材で補足しているだけのことなのである。彼らにとっては、一定の栽培面積に必要な有機質資材の投入量が経験で分かっているため、稲わらをより多く利用すれば、堆きゅう肥や他の有機質資材の使用量をその分少なくする。反対に、堆きゅう肥や他の有機質資材をより多く使っているならば、稲わらの使用量をその分少なくするのである。稲わらを堆きゅう肥の資材として使う場合も当然のことながら、堆きゅう肥使用量と稲わら使用量とは正反対の変化が示される。いずれにしても、表4-3-3でみた結果とは整合的である。

　地域的には、畜産排せつ物や他の有機質資材が豊富で稲わらが少ないところでは、堆きゅう肥や他の有機質資材がより多く使われ、逆の場合は稲わらをより多く使うことになろう。稲わらの利用水準はこうした地域条件に規定されるため、稲わら以外の有機質資材、例えば家畜糞尿等が乏しい地域で環境保全型農業の拡大・定着を図るには、稲わらを大切な有機質資材として活用し、取組の可能性を追求しなければならない。このような地域では、環境保全型農業への移行に伴って稲わら・籾殻だけでなく、麦わらや野菜残滓などの関連農産系バイオマスも農業生産にとって貴重な有機質資材として使われることとなり、バイオ燃料生産に用いられる量がその分少なくなる。バイオ燃料生産の原料としてこれらの副産物を確保しようとするならば、環境保全型農業の拡大に必要な有機質資材の確保に向けて何らかの対策をとらねばならない。バイオ燃料の生産拡大は、トウモロコシや小麦、さとうきび等農産物を使った場合には食料供給と競合するのみならず、

稲わらに代表されるセルロース系バイオマスの利用においても、環境保全型農業と競合する形で食料生産と農業の環境保全の両方に影響を与える可能性があるのである。この点をより明確にするためには、表4-3-3、表4-3-4から得られた結論をさらに事例調査を通して考察し、環境保全型稲作における稲わらの直接利用（鋤き込み）の客観的要因や今後の動向について検討する必要がある。

3．環境保全型農業における稲わら利用―事例考察―

1）宇和島市三間町N営農組合の事例

　N営農組合は役員を含めて29戸の農家から構成されているが、環境保全型農業を実施している農家は12戸である。取組の内容はコシヒカリの50％減農薬・減化学肥料栽培で、全員エコファーマーの認定を取得している。2006年に農地・水・環境保全向上対策・共同活動部門の実験事業として始まり、畦畔管理や農道・水路の維持管理などが主内容であったが、2007年からステップアップし、約6haの栽培面積で環境保全型農業の取組を始めたものである。実績はまだ浅いものの、収量は従来より1割減にとどまり、今後、コシヒカリより肥料要求量の多いあきたこまちを含むすべての品種で50％以上の減農薬・減化学肥料栽培を目指したいとしている（註7）。

　農法は、除草剤使用量の削減を目的とするあぜ塗り実施、機械除草、栽培圃場周辺の除草と、有機質資材・有機質肥料使用のみである。前者は圃場からの環境負荷を低減するためのもので、雑草・害虫の進入を軽減する効果がある。後者は化学肥料使用量の削減に伴う地力補足措置である。農林水産省が薦めている「持続性の高い農業生産方式」からみれば単純な技術構成と言える。

　表4-3-5は、肥料と有機質資材の使用状況を農家別に示している。特徴的とも言えることは、全員が同じ資材を使っているという点である。生産記録表に記入欄はかなりあったが、表に示す2種類の肥料と有機質資材しか記録していない。「たい肥等有機物」欄には稲わら利用のみであり、他の有機質資材を使った記録がない。多くの試行錯誤を経験し、個性的な有機農法を独自に編み出した多くの先駆的な有機栽培農家とは違って、急速に増えてきたエコファーマーを含め、持続農業法や改正JAS法以降に始まったグループ的な取組の多くはこのような特徴がみられる。その意味においては、この事例は一般性を有する代表的な事例の1

表4-3-5　N営農組合の環境保全型稲作における有機質資材利用　　単位：a、kg/10a

農家番号	栽培面積	肥料施用		たい肥等有機物（稲わら使用のみ）
		マップ202	水稲有機100	
①	66	20	10	500
②	26	20	15	500
③	61	20	15	500
④	56	20	10	500
⑤	105	20	20	500
⑥	21	20	10	500
⑦	93	10	20	500
⑧	48	20	20	500
⑨	95	20	15	500
⑩	48	20	15	500
⑪	36	20	15	500
⑫	34	20	18	500
平均	57	19	16	500

註：N営農組合の生産記録（2007）により作成。

つとも言える。

　10a当たり稲わらの使用量は、全員同じで500kgと記している。あり得ないことと思われるかもしれないが、実態からかけ離れた記録ではない。同地域の米単収は6～9俵であるのに対し、N営農組合は8俵程度と言われている。この収量から換算して、稲わらの産出量が500kg程度と見積もられているためである。それぞれの圃場で稲わらの産出量あるいは水田への鋤き込み量は実際に測って得られたものではないものの、すべての稲わらを圃場に還元しているのだから、10a当たり鋤き込み量がこれくらいであろうという経験感覚で記入した数値なのである（註8）。基本は、それぞれの田圃で産出された稲わらをそれぞれの圃場に戻しているということである。

　稲わらだけで足りない養分は、「マップ202」や「水稲有機100」で補足している。稲わらの全量鋤き込みは皆同じであるが、商品肥料とりわけ「水稲有機100」の投入は農家によって2倍の違いが示されている。表4-3-4の関係部分で述べたように、生産者は圃場の地力やその年の作物の生育状態などを見ながら商品肥料の投入量を決め、収量や収益の可能性を可能な限り追求している。「水稲有機100」の使用量の違いはこれを示している。

　この表で最も注目したい点は、稲わら鋤き込み量の多さである。表4-3-1で見たように、通常の稲作農家は、たとえ堆きゅう肥原料のほとんどが稲わらを使ったとしても、10a当たり稲わらの使用量は117～130kg程度である。表4-3-3でみた環境保全型稲作の平均水準では、稲わらの10a当たり直接使用量が20～30kgで、

堆きゅう肥づくりに使った稲わらを考慮に入れても、最大の無農薬または無化学肥料栽培形態で約120kgになる。それに比べて、500kgというN営農組合の使用量は際立って多い。

通常の稲作農家だけでなく、同じ環境保全型稲作の取組に比べてもこの地域で稲わらの使用量が際立って多い理由として、まず統計的要因が挙げられよう。表4-3-3の数値は調査農家の平均値を示しており、同一の栽培形態であっても違う条件をもつ各地の調査対象農家から算出されている。表4-3-1のように0.5kg程度の稲わらしか使っていない1つの地域と、例えば、59kgの稲わらを使っている1つの地域とを平均すれば、稲わらを多く使っている地域の利用水準より5割も少ない30kgになる。同様に、10a当たり500kgの稲わらのみを使っている1つの地域と、30kgの堆きゅう肥のみを使っている9つの地域のデータを平均すれば、10a当たり50kgの稲わら、27kgの堆きゅう肥使用ということになる。資材使用量も構成も異なる地域や農家を集計すれば実際の使用量が平準化され、平均値というどちらにもなく、どちらの特徴も反映できない1つの虚像あるいは擬似的な社会現象を人為的に作り出してしまうことになる。表4-3-3と表4-3-5の相違は、こうした集計結果と個別調査事例の違いによるところが大きいと考えられる。また、表4-3-3の調査を行ったとき、稲わらを多く利用する農家が調査対象として多数選ばれなかったのも、統計要因の1つ（サンプリング）として考えられる。

しかし、重要なことはむしろ、N営農組合の稲わら使用量が一般的な農村地域ならばどこでもあり得る水準なのか、それとも調査地域のみに特有の現象なのかという点である。稲わら使用の今後動向を展望する、またはこの事例のもつ意味を理解するうえでも、この点について若干吟味する必要がある。

N営農組合が所在する宇和島市三間町は、三間盆地と言われる水田地帯である。N営農組合は三間盆地のほぼ中央部に位置し、31.6haの農地面積のうち28.3haが水田であり、稲作を中心とした営農が行われている。こうした地域では畜産糞尿は少なく稲わらしかないから、N営農組合のような有機質資材利用構造にならざるを得なかったのではないかと思われるが、実際はそうでもない。表4-3-6は、合併する前の2004～05年愛媛県農業生産統計を用いて、旧三間町、合併の相手となった宇和島市、そして愛媛県の農業産出額構成を示している。宇和島市や愛媛県全体に比べて同地域の米作の割合が確かに際立って高いが、畜産の割合も27％

表4-3-6 調査地域の農業産出構造　　　　　　　　　　　　　　　単位：％

項　目	農業	うち：		
		耕種	米作	畜産
三間町（調査地域）	100.0	73.1	44.0	26.9
宇和島市（合併対象地域）	100.0	90.7	8.4	9.3
愛媛県	100.0	77.4	13.0	22.6

註：1）『愛媛県農業生産統計』により整理。
　　2）％表示はすべて農業産出額に対する割合を示す。

で県平均より4ポイント高く、全国平均の30.1％（2005年）にかなり近い。この農業産出構造で明らかなように、同町は特殊な生産構造をもった地域ではなく、米作と畜産を兼ね備えた全国平均的な水田地域と言える。

　このような地域で家畜糞尿あるいは家畜糞尿を主要資材とした堆きゅう肥を環境保全型稲作に投入する農家が多少あってもよいと思われるが、なぜ、取組に参加した生産者全員が有機質資材として稲わらしか使っていないのか。その理由は2つあった。

　1つは、家畜糞尿の不足である。同地域の畜産は主として酪農であり、畜産糞尿は酪農家の飼料畑に使われるほか、地域内野菜農家や隣町のミカン農家からの需要も多い。したがって、全国平均に近い水準の畜産を有するとは言え、実際には水稲に回すほどの畜産糞尿はなかった。

　もう1つは、稲わらの有機質補足資材としての使いやすさと経済性である。稲収穫時に稲わらを刈り取って短く切り、一定の期間を置いてから田圃に鋤き込むというのは、昔からやってきたことであり、手間も費用もかからない地力補足法の1つである。田圃で取れた稲わらを全量田圃に返せば、有機質補給という点でちょうどよいくらいの量となり、畜産糞尿を使うと、かえって肥料の加減がやりにくくなるとまで言う生産者もいる。環境保全型農業を行うためにこれくらいの稲わらを使うようになったこともあるが、それだけではない。水田地域でこういう形の有機質資材補給は家畜糞尿の不足というやむを得ない資源制約的な一面と、省力省費用という経済合理的な一面があったためである。

　N営農組合の事例は地域特有のものではなく、水田における有機質資材の補給を意識的に行おうとするならば、全国のどの水田地域でもあり得るケースである。畜産の割合が同町より低い地域では、稲わら使用がやむを得ないことになろう。そのような地域では環境保全型農業の拡大、より正確に言えば有機質資材の補給

に対する認識の向上に伴って、稲わらの使用量がさらに増えるとも考えられる。2008年7月に農林水産省が公表した10a当たりたい肥使用量基準では、稲わら堆肥のみを使う場合、水稲は1トン、畑作は1.5トン（非黒ボク土）〜4トン（暖地黒ボク土）、野菜は2.5〜4トン、果樹は2トンとなっている（註9）。この施肥基準が広範に採用されれば、今後多くの水田地域で稲わらの使用量が増えていくと考えられる。

2）鬼北町Y地区・有機栽培農家Iの事例

鬼北町は、上述した宇和島市の隣町で、高知県に隣接する。近隣の町を敢えて違う事例として取り上げる理由は、愛媛県全体やN営農組合が所在する宇和島市三間町に比べて農業生産構成や資材利用の面で特徴があったためである。

同町の農業産出額において耕種業の割合は57％で、表4-3-6でみた旧三間町、隣町の宇和島市、および愛媛県全体のいずれよりも低いものの、米作が34％と突出して高く、稲わら利用を考察するには適した水田地域である。しかも、愛媛県ではまれなほど畜産の割合が高いという特徴をもっている。畜産は農業産出額の43％を占め、これを稲作と合わせると農業産出額の77％にのぼり、愛媛県の中では数少ない「稲作—畜産」複合地域なのである。畜産の構成は、乳牛が44％で最も高く、養豚、養鶏はそれぞれ30％、20％を占め、多様な家畜糞尿が得られる複合的畜産経営の特徴をもっている。

この産出構成で明らかなように、同地域は農業に利用できる家畜糞尿が豊富にある地域であり、耕畜連携という点で好条件を備えていると言える。このような「稲作—畜産」複合地域で環境保全型稲作の有機質資材補給はどのように行われているかは興味ある。I氏は、この地域で有機米栽培を行っているただ1人の生産者である。

I氏は役場勤務の傍ら90aの水田と10aの畑を営んでいる。農村地域の町村でよく見られる兼業タイプである。米の生産調整のため、90a（うち、借入3a）の水田のうち、実際に作付けされているのは60aであり、残り30aの水田は減反に充てられている。87aの自己所有水田は、数aから20数aの大きさで5カ所に分散し、1枚ごとに生産力が異なっている。山の麓にある約6〜7aの圃場は生産力が最も低く、6俵（360kg）程度の米しかとれない。残りの4圃場は、8俵

程度の収量が2枚、9〜10俵程度の収量はそれぞれ1枚ずつとなっている。

　有機米栽培への取組は2004年から始まり、手探りながらやってきたと言うが、いまは、地域の中で知られる存在となっている（註10）。米は個人客を対象に販売し、販売単価は60kg当たり2万円でほとんど変更したことがない。この販売価格は、有機米や無農薬無化学肥料栽培米の全国調査結果からみれば安い方であるが（註11）、1万2,000円〜1万5,000円程度の地元JA出荷価格に比べて6,000〜8,000円高く、これくらいが妥当ではないかと、本人は納得しているようである。有機JAS認証を受けていないため、有機米として販売できたのはその取組に対する購入者の理解と信頼があったからである。

　化学肥料に代わる地力補足方法として、米ぬかと醤油粕を原材料とする発酵有機質肥料の使用と、稲わら・レンゲの鋤き込みが行われている。発酵有機質肥料は自宅の作業場で調製し、10a当たり60kgほど投入している。稲わらは全量鋤き込みとしており、上述した圃場ごとの生産力構成からすれば、10a当たり鋤き込み量が、反収の少ない圃場で約400kg、多い圃場で約650kgになる。レンゲは30〜40cmの草丈に伸びたところで刈り切って圃場に鋤き込み、投入量の計算はしていないという。

　化学農薬を使用しない病虫害・雑草対策は、上記の有機質資材使用による土づくりで頑丈な株づくりに心掛けるほか、半不耕起（耕起を浅くする）、苗の低温育苗、米ぬか散布、深水管理、「えひめAI−I」（パン酵母、納豆菌、乳酸菌を糖蜜で発酵させて作ったもの）の100倍薄め液の散布などの方法を行っている。レンゲ、稲わら、米ぬか等の有機質資材を水田に鋤き込んで発酵させると、水面にアクが浮かび、施肥と雑草抑制の両面で効果を発揮する。深水管理も、環境保全型農業の取組を行っている農家の中でよく使われている雑草抑制法の1つであり、ヒエの抑制には特に有効とされている。

　この取組に注目したい点は2つある。1つは、有機質資材とりわけ稲わらの使用量と地力涵養におけるその位置づけである。もう1つは、有機質資材使用を中心とした代替農法の導入によって生産費や労働時間がどう変わったかという点である。前者は稲わら系セルロースのバイオ燃料利用の可能性を検討する際に明確にしなければならない問題であるのに対して、後者は環境保全型農業の今後の動向、すなわち稲わら系セルロースの農業内利用の今後の可能性を探る意味におい

第4章　バイオ燃料用資源作物の生産と農地利用問題　211

て留意すべき点である。

　まず、1点目についてである。I氏によれば、稲わらの鋤き込みは有機栽培に取り組んでいる自分の経営だけではなく、通常の稲作経営を行っている周辺農家の多くも普通にやっていることである。町内に畜産農家はあるが、すぐ近くにあるわけではないし、家畜糞尿を使うとコストもかかる。畜産農家が大規模化し、1軒当たりに大量の糞尿が排出されることは確かであるが、大量の水分が含まれる生の糞尿はそのまま運べず、使いようがない。大規模化した畜産農家は、自分のところで糞尿を乾燥し、たい肥にしてから飼料畑に施す人もいるが、ほとんどの場合は自分のところだけで消化できない。残りのたい肥は、地域の特産であるユズや野菜等畑作農家に販売する。家畜糞尿を用いたたい肥に対する畑作農家の需要は大きい。たい肥を作らない畜産農家は、JAのたい肥センターに畜産糞尿を提供する。たい肥センターのたい肥は、トン当たり9,000円もする高価なものが多く、稲作農家は皆敬遠する。そのため、稲わらの代わりに家畜糞尿を水田の有機質補給資材として用いる稲作農家はほとんどいない。稲わらの鋤き込みだけで足りない養分は、レンゲの鋤き込みや発酵たい肥、または商品肥料を使って補足する。家畜糞尿をあまり使用しないこの地域で稲わらの水田還元も行わなければ、田圃が痩せてしまう。周辺農家の中で、数年前から稲わらを焼き物工房に売る人もいたが、その圃場は地力がだいぶ落ちてきているようである。稲わらを刈り切って水田に戻す有機質資材補給法は、手間もカネもかからない最も経済的で便利な方法なのである。

　I氏や同氏が所在するY地区も、1事例に過ぎない。その意味では、彼等の方法は必ずしも同町の稲作農家一般を反映するものとは限らない。しかし、畜産が4割も占めるこのような「稲作―畜産」複合地域においてすら、I氏のように稲わらを全量水田に戻す農家が多数あるというのもまた、稲わらのバイオ燃料利用の可能性を検討する際に無視できない現実である。畜産のある地域だから稲わらを農業以外の用途に回してよいというほど単純な問題ではなく、生産農家の経営・経済にかかわる経営選択の問題なのである。畜産の割合が高い地域でも、多くの稲作農家は稲わらを大事な有機質資材として使用している。環境保全型農業の拡大や有機質資材利用による地力補足の必要性に対する認識が高まるにつれて、このような利用形態は今後さらに増えていくと思われる。

次に、2点目の有機質資材の使用を軸とした代替農法の導入に伴って生産費や労働時間がどう変わってきたかについてみる。この点を明らかにするため、I氏の有機米栽培に対して詳細な生産費調査を行った。その結果によれば、有機質資材の使用を中心とした代替農法の採用によって10a当たり2,405円の除草剤費、3,308円の苗箱用農薬費、3,108円の殺虫剤費、さらには化学肥料を含む約1万円の肥料費（愛媛県稲作平均）が節減されている。他方では、2,340円の自家発酵有機たい肥費用と1,568円の諸材料費の増額もある。全体としては、稲作の生産過程で約5,000円の資材費節約、販売過程で1万7,800円の費用増加になっている。費目間の増減額は相殺して、約1万3,000円の費用純増になるが、10a当たりにして2,080円、米1俵当たりにして271円の費用増にとどまっている。他方で、米1俵当たり6,000～8,000円の価格プレミアムがあるため、費用増加分が米の直売から得られる比較的高い手取り収入によってカバーされている。

　労働時間の変化は作業によって大きく異なる。種子予措・育苗は15時間から30時間へと倍増、基肥時間は8時間から10時間に増加したほか、通常栽培になかったたい肥づくりに15時間、米の販売に15時間を費やしている。他方で、耕起整地15時間、追肥8時間、除草10時間、防除12時間の節減を果たしている。諸作業時間を合計した労働時間は通常栽培米の227時間から234時間へと変わり、単位面積にして10a当たり1時間程度の増加にとどまっている。環境保全型農業の取組に限らない販売関係の費用・時間増分を除けば、生産費、労働時間とも通常栽培より節減したことになる。

　この結果も、また重要な意味がある。前述したように、稲わらの使い方は、農地への鋤き込みなど、「2006総合戦略」でいう「低利用」形態のほか、飼料、畜舎敷料等として利用してから肥料にするという比較的高度な利用法や、バイオエタノール製造後の残渣として水田に戻すというような高度な利用法もある。特にバイオエタノールの原料として利用する場合、かなりの発酵残渣が発生するのは確かであり、それを一定の処理を施してから肥料として農地に還元すればよいとの考えも、論理的には成り立つ。問題は、そういった製造プロセスを経過したバイオエタノールの加工残渣（蒸留粕等）は、稲わらのように農家にとって使いやすいものになるかどうか、費用が発生するかどうか、エタノール製造業者から農家への運搬、そのための費用は誰が負担するかなどの問題がある（註12）。そし

て何よりも、この種の加工残渣にエタノール製造行程での添加物や製造過程から発生する化合物等が残留または混合し、土壌や作物生育に悪影響を与える可能性があるかどうか、留意されるべき問題である。これらの問題への確かな検討がないまま稲わらのバイオ燃料利用可能量を推測するのは困難であろう。

（註1）この点についてはバイオ燃料技術革新協議会が作成した『バイオ燃料技術革新計画（案）』（［4］）では、1ℓ100円ケース、1ℓ40円ケースといったように2015年以降の技術に分けて検討した結果を取りまとめている。
（註2）しかし、畜産の少ない稲作地域においても、たい肥づくりに必ずしも多くの稲わらが使われているとは限らない。例えば、管内のたい肥利用実態や今後の利用見込みについて水稲と露地野菜の指定産地を対象に実態調査を行い、62の農協から回答を得た中国四国農政局の調査によれば、水稲でのたい肥利用が11.1％と少ないことに加え、利用している場合でも家畜糞尿たい肥がほとんどであるという結果を示している。畜産糞尿以外の副資材の構成についての設問自体はなかったため、たい肥づくりにおいてどれくらいの稲わらが使われているかは不明である。
（註3）1966～68年までの米生産費調査において10a当たり玄米収量と副産物の稲わら、もみ殻の生産量統計が含まれていた。それによれば、稲わら対玄米の重量比はおよそ1.1～1.15になる。
（註4）エコファーマーに比べて有機認証農家数の増加が極めて緩慢であることは環境保全型推進の課題の1つになっていると前章第1節で指摘したが、有機栽培の実態を十分把握できていないという統計上の問題もあり、留意されたい。
（註5）同様の調査は1997年（稲作）、1999年（野菜）と合わせて3回実施されているが、ここでは、比較的新しい2003年の調査結果を用いている。
（註6）農産物価格理論において、生産物単価の高さはその生産物の品質に比例して変化すると見るのが一般的である。ここでもそういう意味でこの指標を使っている。しかし拙著［2］第2章で示したように、有機農産物や特別栽培農産物の価格差は販路や価格交渉の違いによるところも大きい。つまり、有機農産物や特別栽培農産物の単価が必ずしもその品質を反映しているとは限らないという点にも留意する必要がある。
（註7）N営農組合の概要については、同営農組合資料「協働・共栄のふるさとづくり」（2007年）を参考した。
（註8）8俵（＝480kg）の収量だから、これに1.1または1.15の稲わら産出率をかけると、実際の鋤き込み量は528kg～552kgと算出される。同表に示す500kgという数値はやや控えめに見積もられているとみてよい。
（註9）2008年7月9日付け『日本農業新聞』記事を参照されたい。
（註10）同氏は有機栽培農法に取り組んでおり、その取組が地元で知られる存在にも

なっているが、認証費用、書類作成等で時間がかかるといった理由から有機JAS認証を受けていない。
(註11) 環境保全型稲作でとれた米の販売単価や経営収支の詳細については、拙著［2］第2章および前章第2節（初出は小論［3］）を参照されたい。
(註12) 文献［4］、［5］ではこれらの問題に言及しているが、課題の指摘と方向性の提示にとどまっている。

引用文献
［1］農林水産省『農業生産環境調査報告書』、2000
［2］胡柏『環境保全型農業の成立条件』農林統計協会、2007
［3］胡柏「有機農業推進法と環境保全型農業」（村田武編『地域発・日本農業の再構築』筑波書房、第5章）2008、pp.98-121
［4］バイオ燃料技術協議会『バイオ燃料技術革新計画（案）』2008年3月
［5］『バイオマス活用推進基本計画』2010年12月

第5章

転作田をバイオ燃料用資源作物の栽培に利用するための経済条件

第1節　米の生産調整と水田利用

1．転作田の利用実態からみたバイオ燃料用資源作物導入の可能性

　前章では、「農林水産業の新たな領域の開拓」、「農業・農村の新境地の開拓」として、バイオ燃料の生産を今後推進しようとした場合の水田利用調整のあり方を示した。現在の水田利用構造を前提に耕作放棄地の活用を基本としたバイオ燃料資源作物等の栽培を進めるよりも、この前提をせずに食料を含む「既存用途に利用される部分」との調整を含めて水田利用の見直しを抜本的に行った方が、主食用米の生産とバイオ燃料用資源作物の栽培の両面においてより優れた効果が得られるというのが、基本的な結論の1つであった。

　しかし、この結論は1つの可能性を示したに過ぎない。「既存用途に利用される部分」との調整を含めて抜本的な水田利用の見直しを行い、バイオ燃料用資源作物の取組を食料・農業・農村白書でいう「農業・農村の新境地の開拓」に結び付けるためにどうしたらよいかについては、なお検討しなければならない課題がある。その1つは、生産調整が行われている水田をバイオ燃料用資源作物の栽培に用いることは、土地利用の視点あるいは生産調整の実態からみて可能かどうかという点である。バイオ燃料関連施策（第4章）が示すように、バイオ燃料用資源作物の栽培を耕作放棄地の活用を中心に考えるならば、この問題は存在しないかもしれない。しかしそうではなく、米の生産調整が行われている水田との利用調整をも視野に入れ、水田全体の有効かつ合理的利用を図っていくとするならば、この問題をまずクリアしなければならない。

　もう1つの課題はいうまでもなく、バイオ燃料用資源作物の採算性であり、主食用米や重点転作作物をはじめとする他の作物との比較収益性である。生産者が

主食用米等基幹作物のようにバイオ燃料用資源作物の栽培を継続的に行えるかどうかは、基本的にこの点に規定される。本節では1点目について検討し、2点目は次節で述べる。

　生産調整は何も米作に限るものではなく、1980年代以降、野菜、原料作物、果実などほとんどすべての基幹作物に及んでいる。この現実からすれば、農地利用調整のあり方についての検討も田畑を含めて行わねばならない。しかし、問題を単純化するため、前章同様、転作田を中心に検討を進めたい。米の生産調整は生産調整の代表格であり、米作の代わりにどのような作物を作るかによって転作田のみならず畑地の利用構造にも影響する。麦、大豆は水田農業の転作作物であると同時に、代表的な畑作である。実務問題は別として、問題点の把握という意味において検討作業を転作田に限定しても何ら不都合はない。転作田についての検討結果は、構造的に一定の共通性を有する未利用・低利用状態の普通畑、果樹園の利活用にも示唆を与えると考える。

　米の生産量が年々減少してきたことを前章で述べたが、農林水産省の「都道府県別の生産調整の取組状況」や需要量に関する情報（註1）によれば、2008年以降の需要量は813万トン～815万トン、面積換算値は約154万haで推移している。このままでは、800万トンを割り込むのも時間の問題である。米の需要量を満たすために必要な面積を除いてもなおあり余る水田を転作田としてどう活用するかが、引き続き重要で切実な政策課題である。

　転作田にバイオ燃料用資源作物を導入することの是非と可能性を農地利用の視点から検討する際に、2つのポイントがある。

　1つは、転作田のうち、どれくらいの割合が転作作物の栽培に使われているかである。これは言い換えれば、転作作物に使われている水田以外にどれくらいの水田が残り、それをバイオ燃料用資源作物の栽培に用いることが可能かどうかを探るための前提条件を確認することでもある。

　もう1つは、転作作物に用いられている水田の中で、バイオ燃料用資源作物や他の作物に切り替えてもよいと思われるような非効率的な利用形態があるかどうかである。

　1点目は、重要な資源である転作田が政策の目的に沿って利用されているかどうかを検証するためのポイントであり、転作田の利用現状を前提にバイオ燃料用

資源作物の導入可能性を検討するに当たって、まず確認しておかねばならない基本事項である。2点目は、これまでの転作作物が適作であったか、あるいは転作が効果的に行われたかどうかの判断を含めて検証しなければならないより厄介な問題であるが、既成用途に使われている転作田の合理的かつ効果的な利用を図るうえで避けて通れない問題である。

　まず、1点目についてみよう。表5-1-1は、米の生産調整が始まった1971年から近年までの転作田の利用実態を対策期間別、主要利用形態別に取りまとめたものである。実施面積を「転作」とその他の諸形態に分けて、各対策期間の年平均値を算出している。他用途利用米（1990年度以降は「需要開発米」を含む）も転作作物と見てよいことから、転作以外の「非転作」形態には、「非転作転作田」と「実績算入」の2つのみが含まれる。「転作」に「他用途利用米」を加えた面積はどれくらいの転作田が転作作物の栽培に使われているかを表し、それ以外の面積は転作利用のほかどれくらいの水田が残っているかを示している。2004年以降、米政策改革大綱の実施により米の生産調整がそれまでの転作面積の配分（いわゆるネガ配分）から生産数量配分（ポジ配分）へと変わったため、要転作面積は地域ごとの生産目標数量と単収水準から換算する必要があり、これまでと同様の表示が困難になった。表註にも示しているように、2004年以降の目標面積は水田面積から農林水産省が提示した生産目標数量によって換算される「面積換算値」を差し引いた要転作面積であり、生産調整の「実施面積」も、「水田面積－実際の米作作付面積」より算出されている。

　38年間にわたる対象期間において、水田面積は1971年の約336万haから2009年の約250万haへと25％も減少したが、同表にみるように、米の需給事情や農業構造の変化を反映して、転作面積は時とともに増大してきている。その結果、要転作水田面積（2003年までは「目標面積」、2004年以降は「水田面積－面積換算値」の推計値）対水田面積の割合は、米の生産調整が本格的に始まった1971年の16％、転作実施面積が明示されるようになった1976年の7％から2009年の36％へと大きく上昇した。転作実施面積が目標面積をやや下回る期間も見られるのは、同表にある目標面積が補正前の値を使っているためである。米の消費変化（純増減）による補正後では、すべての期間において目標面積を上回る実績をあげている。行政や農業団体の強力な推進により、米の生産抑制という生産調整の大目標は各時

表 5-1-1 対策期間別・転作形態別米の生産調整実績からみた転作田利用実態の推移

単位：千 ha、%

区　分	時期	水田面積①	転作目標面積②	実施面積③		転作		他用途利用米	非転作転作田		実績算入		非転作計	
				面積	対①%	面積	対③%		面積	対③%	面積	対③%	面積	対③%
稲作転換対策	1971～75	3,266	—	449	14	268	59.7	—	181	40.3	—	—	181	40.3
水田総合利用対策	1976～77	3,139	215	203	6	184	90.6	—	19	9.4	—	—	19	9.4
水田利用再編対策 第1期	1978～80	3,081	439	498	16	439	88.0	—	37	7.4	1	0.2	38	7.6
第2期	1981～83	3,010	621	660	22	582	88.3	—	58	8.8	5	0.8	63	9.6
第3期	1984～86	2,951	591	611	21	500	81.8	—	24	4.0	19	3.1	43	7.1
水田農業確立対策 前期	1987～89	2,889	770	809	28	609	75.3	58	57	7.1	71	8.7	128	15.8
後期	1990～92	2,824	787	817	29	560	68.5	72	65	7.9	99	12.1	164	20.0
水田営農活性化対策	1993～95	2,763	652	655	24	391	59.8	94	59	9.1	129	19.7	188	28.8
新生産調整推進対策	1996～97	2,713	675	679	25	456	67.2	75	128	18.9	95	14.0	223	32.8
緊急生産調整推進対策	1998～99	2,669	963	958	36	543	56.7	—	158	16.5	257	26.8	415	43.3
水田農業経営確立対策	2000～03	2,616	1,011	986	38	588	59.6	—	130	13.2	268	27.2	398	40.4
米政改革以降	2004	2,575	912	917	36	n.a	n.a	n.a	n.a	n.a	n.a	n.a	n.a	n.a
	2005	2,556	941	904	35	n.a	n.a	n.a	n.a	n.a	n.a	n.a	n.a	n.a
	2006	2,543	968	1,000	39	n.a	n.a	n.a	n.a	n.a	n.a	n.a	n.a	n.a
	2007	2,530	964	893	35	n.a	n.a	n.a	n.a	n.a	n.a	n.a	n.a	n.a
	2008	2,516	974	920	37	n.a	n.a	n.a	n.a	n.a	n.a	n.a	n.a	n.a
	2009	2,506	964	914	36	n.a	n.a	n.a	n.a	n.a	n.a	n.a	n.a	n.a

註：1) 表中数値はすべて期間中の年平均値を表す。1978～86年は「平成11年食料・農業・農村白書附属統計表」、その他は「水田農業経営確立対策実績調査結果表」および農林水産省等への問い合わせにより得た資料を整理したもの。しかし、2004年以降「目標面積」は全国の水田面積から農林水産省の「生産目標数量」により換算された「面積換算値」を差し引いて算出した要転作面積、「実施面積」は全国水田面積から米の実作付面積を差し引いて割り出した数値である。「n.a」は統計なしを表す。
2) 2003年までの「目標面積」は消費糧増減による補正を行う前の値である。
3) 1971～75年非転作転作田は主として「休耕」である。1990年度以降の「他用途利用米」面積には、需要開発米を含む。
4) 「非転作計」欄の面積は「非転作転作田」と「実績算入」の合計であり、「他用途利用米」は転作作物としている。

期とも達成したと言える。

　しかし、転作推進とは言うものの、稲作から他の作物に切り替える、いわば水田生産力を発揮するような本来の意味の「転作」面積の割合は、転作目標面積が提示されるようになった「水田総合利用対策」期（1976～77）の約91％から「水田利用再編対策（第3期）」期（1984～86）の82％、「水田農業確立対策（後期）」期（1990～92）の68％を経て、「水田農業経営確立対策」期（2000～03年）の60％へと、減反政策初期（1971～75年の「稲作転換対策」期）を除けば、ほぼ一貫して低下傾向を辿ってきた。その間、酒造、加工飯米、みそ等の米穀を原料とする調味料、米粉、米菓等加工用米、飼料用米などいわゆる「他用途米」、「需要開発米」、「新規需要米」等に取り組み、米の消費拡大による水田利用率の向上を図ってきたが、これというほどの実績はなかった。こうした中で、水田生産力の維持保全を目的とする「非転作転作田」や「実績算入」水田の割合が急速に上昇し、米政策改革期へ移行する前の2003年には転作実施面積の4割を占めるに至った。

　「非転作転作田」の利用形態は、時期によって名称や内容が多少異なるものの、主として調整水田、水田預託、自己保全水田、景観形成等の形態があり、それに通年施工や「実績算入」等を加えて、本来の意味の「転作」ではないものの、「転作」と見なされてきた。これらの、いわば「見なし転作田」の中で、例えば、地域の景観形成や環境教育等の目的から設置された棚田やビオトープ等の「景観形成等水田」は、地域によっては必要であり、今後とも増設してよい場合もあろう。しかし、その多くは「水田を中心とした土地利用型農業の活性化を図り、農業生産の増大と食料自給率の向上を実現する」（平成12年食料・農業・農村白書、p.188）とする米の生産調整の本来の目的からかけ離れたものであり、水田を所有する生産者にとって生産調整への協力義務を果たすことや転作奨励金を受け取る以上のメリットはなかった。水田を水田として利用し、土地利用型農業の活性化や水田生産力の維持向上といった重要な政策目標と一致する利用形態を見出せないならば、これらの「見なし転作田」にバイオ燃料用資源作物等を導入することも、当然検討されてよいと思われる。

2．転作の効果からみたバイオ燃料用資源作物導入の可能性

　次に、2点目の転作作物として作付けされている水田の中で、バイオ燃料用資

表 5-1-2　対策期間別転作作物の期間内年平均作付面積の推移　　単位：千ha

区分		時期	転作計	一般作物				その他	
				3作物計	麦	大豆	飼料作物	小計	野菜
稲作転換対策		1971〜75	268	82	3	16	63	186	63
水田総合利用対策		1976〜77	184	67	3	12	52	118	63
水田利用再編対策	第1期	1978〜80	439	267	60	75	132	172	89
	第2期	1981〜83	582	373	112	93	168	209	109
	第3期	1984〜86	500	294	96	76	122	205	114
水田農業確立対策	前期	1987〜89	609	359	130	95	134	250	120
	後期	1990〜92	560	297	105	70	122	263	126
水田営農活性化対策		1993〜95	391	172	45	34	93	219	119
新生産調整推進対策		1996〜97	456	202	52	49	102	254	130
緊急生産調整推進対策		1998〜99	543	257	61	77	119	290	127
水田農業経営確立対策		2000〜03	588	305	95	99	111	283	128

註：1）転作には「他用途利用米」、「需要開発米」等米作を含まない。
　　2）その他は、表5-1-1を参照。

源作物や他の作物に切り替えてもよいと思われる非効率的な利用形態があるかどうかについてみよう。これまでの転作が効果的であったかどうかの判断を含む難しい課題であるが、方法論としてまず、主食用米の代わりに導入を進められてきた転作作物は実際において定着してきたかどうかを形態学的に検証する。そして、定着してきたならばどのような形で図られ、今後とも定着していく可能性があるか、そうでなければ、その阻害要因は何かを明らかにする。こうした検討を通して、バイオ燃料用資源作物を含む新規作物導入の可能性をみる。

　表5-1-2は、表5-1-1と同様の集計手法で「転作」の面積構成を主要作物別に示したものである。統計の制約のため水田農業政策の大転換が行われる前の2003年までのデータしかないが、分析の目的からすれば十分長い期間である。転作作物は、一般作物の麦、大豆、飼料作物、地力増進作物等から果樹等永年性作物、特例作物とされる野菜、たばこ、こんにゃく等まで多岐にわたるが（註2）、同表に挙げている4つの作物はすべての対策期間において転作の大半を占めている。

　この4つの作物のうち、麦、大豆、飼料作物は従来から言われてきた「戦略作物」であり、政策的にかなり力を入れ、拡大・定着を図ってきた重点転作作物である。野菜も「選択的拡大」の代表作物として需要の変化に対応した市場指向型転作や田畑輪換による水田農業活性化推進のなかで奨励されてきた作物である。同表に示す諸作物の数値は、各対策期間中の年平均値をとっているため、変動幅はかなり平準化されたはずであるが、期間ごとに激しい上下変動を示している。母数となる転作目標面積（＝要転作面積）の変化に加え、戦略作物とされている

麦、大豆、飼料作物の作付面積も安定しなかったためである。衆・参両院で食料自給率の強化を議決し、「農地利用増進法」(1980)が制定された直後の第2期「水田利用再編対策」や米の輸入自由化反対決議 (1988) を受けて水田農業確立の方向性を明確に打ち出した「水田農業確立対策」期では、麦作は10万haの大台に乗せ、大豆作と合わせて転作面積の3割を超えることもあったが、90年代前半では、それまでの最も多い年に比べて作付面積は3分の1まで減少し、転作定着率の低さがつねに問題視されてきた。例えば、麦、大豆の栽培面積が最も多かった時期に佐伯は次のように指摘している（註3）。

「生産調整において戦略作物とされているのは飼料作物・麦・大豆などの畑作であるが、これらは米に比べてはるかに粗放的であり、したがって米と同じ所得をあげるためには4～5倍の面積を必要とする。300万戸にのぼる米作農家がそれぞれ細切れの転作をしても、それが定着することはありえないのである。事実、各種のアンケート調査などでみても、転作の定着率は極端に低く、せいぜい2割前後に過ぎない。残りの8割は奨励金目当ての転作であり、それが打ち切られれば容易に米に復帰する可能性が強い。」

ところが、90年代後半から麦、大豆とも栽培面積が急速に伸び、2002年以降、裏作や畑作と合わせて麦は26～27万ha、大豆は14～15万haと、米の生産調整が実施されて以来の高水準で推移している。この10年間の動きをみれば、佐伯の指摘は必ずしも当てはまらない。この時期を含めて30数年間にわたって激しい上下変動をもたらした要因は主に2つあると思われる。1つは、麦、大豆の栽培特性とも関係する生産管理によるものであり、もう1つは、佐伯の指摘にもあったように政策奨励金と強力な行政指導によるものである。

麦、大豆は代表的な畑作ではあるが、東アジア地域の水田地帯で稲作の前作や裏作として栽培されてきた歴史も長い。麦、大豆を稲作中心の複合体系に組み入れることによって、水田の周年利用、地力保全、総合生産力の改善を同時に図ることが可能だからである。しかし他方では、これらの作物は過湿を嫌う栽培特性や降雨、低温、日照不足等天候の影響を受けやすい面もある。水田を水田として利用する場合は、本作としてではなく、稲を軸とする複合体系のなかで水田の総合生産力の改善や地力保全等のために補完・補助作物として栽培されるのが一般的である。水田作としての麦、大豆栽培は畑作のそれと異なり、本作の米と競い

合って単収を増やすのではなく、本作の米さえよければ、より正確に言うと、水田の総合生産力や収益性さえよければ、麦、大豆そのものの単作収量や収益性は多少の増減があったとしても、生産者にとってさほど大きな問題にならない。特に大豆の場合は、水田での栽培自体が比較的少ないことに加え、栽培されても枝豆を取ることや緑肥として利用することが多い。佐伯が言うように、米作に比べて麦、大豆の栽培管理は遙かに粗放的であり、収益性も低いというのは、こうした伝統的な水田利用方式に由来するところが大きい。収量不安定の理由も、基本的にここにあると言ってよい（註4）。

　ところが、米作の補完・補助作としてではなく、米作に代わる作物、つまり転作として栽培するとなると、本作の米作並みの収益性が求められるようになり、そのための条件整備や栽培技術の確立が必要不可欠となる。1970年代以降、麦・大豆の本作化に向けた暗きょ排水等の整備による水田汎用化、畑作でよく使われる中耕・培土、適期防除や適期収穫等の基本的な生産管理技術の奨励、各地域の風土条件に適した新品種の開発・普及等が実施されてきたが、効果はそれぞれ大きく異なる。水田の汎用化に関連する整備事業は時間とともに実績をあげ、全水田面積に占める汎用田面積の割合は1983年の32.8％から1990年の45.2％、2005年の48.4％へと、年を追うごとに上昇してきた（註5）。対して、中耕・培土、適期防除・適期収穫等生産管理の励行、新品種への転換等は、改良普及や営農事業の強力な指導があったにもかかわらず、生産現場では遅々として進まなかった。不完全な肥培管理は麦、大豆の品質・生産性向上や作付けの安定化を遅らせ、転作の定着を妨げる要因の１つになっていることは周知の通りである。この点は、大豆作でより顕著に現れている。農産物検査対象の６割が３等級以下の低位等級品になった2004年産大豆を例にしてみると、その理由として「排水対策や肥培管理の不徹底」（54％）、「不適期・不適切な収穫」（35％）、「適期防除の不徹底」（6％）などが挙げられている。生産管理の不備が低位等級品の増大をもたらす要因になっている実態を浮き彫りにした調査結果と言える（註6）。

　この結果と一致する都道府県別の調査結果もある。2003年産大豆の生産管理に関する調査によれば、単収の上位５道県と下位５県とでは中耕や培土、防除等生産管理面での差は明白である。10ａ当たり215kgの平均単収をあげた上位５道県では、中耕、培土、適期防除の３大作業の実施率はそれぞれ84％、69％、95％で

あったのに対して、平均単収127kgの下位5県では、これらの作業の実施率は60％、57％、56％にとどまっている。両者の差は歴然としている。生産管理の違いは低位等級品の増大という品質問題だけでなく、著しい単収格差を生む要因にもなっているのである（註7）。

不完全な生産管理は転作の拡大・定着を妨げ、表5-1-2でみた転作面積の激しい上下変動をもたらした要因の1つである以上、この問題をクリアしなければ転作の拡大・定着はあり得ないと言ってよいであろう。ところが、1990年代後半からの動きは必ずしもそうではない。品質・生産性向上や作付けの安定化に関する取組の遅れが毎年のように指摘されながら、作付面積は2002年まで大きく伸び、その後も横ばいか増大している。小麦は需要量を上回るほど生産され、売れ残りの発生などで「需給のミスマッチ」とまで言われるようになった。大豆も、上述した生産管理面での問題とは対照的に、2002年に作付面積、生産量とも2005年食料・農業・農村基本計画において提示された22年度（2010年）生産努力目標（作付け11万ha、生産量25万トン）を上回る実績をあげている。2009年現在、作付面積は約15万haあるものの、一部地域の長雨や日照不足等の影響で生産量は前年比1割減の約23万トンとなっている。

生産者が中耕・培土、適期防除・適期収穫といった日常的な生産管理を徹底せず、新品種への転換や品質・生産性向上への取組も遅々として進まないというのは、これらの作物に対して彼らが高い生産意欲をもっていないことを示唆している。しかし他方では、この10年間における麦・大豆の伸びは逆にこれらの作物に対して生産者が旺盛な生産意欲をもっていることを示唆する。この相矛盾する2つの現象が併存しているのは、中耕・培土、適期防除・適期収穫等の日常的な生産管理や新品種への転換等品質・生産性向上の遂行に必要なインセンティブが十分でなかったのに対して、作付面積の拡大を遂行するために必要なインセンティブが十分あったことを示すものにほかならない。より正確に言うならば、品質・生産性向上を遂行するための経営行為よりも、作付面積拡大を遂行するための経営行為から得られるメリットの方が大きいことを意味する。生産者は後者を選択する誘因あるいは条件が与えられたのである。

品質・生産性向上は生産関数を上方へシフトさせる一種の農法改進・技術革新行為であり、生産者の主体的努力を前提とするのに対して、作付面積の拡大は一

種の要素拡張行為であり、農業経営の実際において生産者の主体的努力により遂行される場合も多いが、必要十分条件ではない。生産者の主体的努力以外の要因の働きによってもたらされる可能性もあるためである。上述した麦、大豆への政策奨励金や自治体・農協による強力な転作推進はこれに該当するものである。転作田をバイオ燃料用資源作物等に用いることの是非と可能性を検討する際に、この点は極めて重要な意味をもっている。

周知のように、1970年代中期頃から米の生産調整は米の生産奨励を意味する米価補填制度と、米の生産抑制を意味する転作奨励制度を組み合わせた形で行われてきた。米価補填制度は米作の所得を向上または安定させ、麦、大豆等の転作作物を含む他の水田作物との収益差を拡大するため、転作へのブレーキとして機能するのに対し、転作奨励制度は逆に転作作物に奨励金を交付することで米作との収益差を縮め、転作促進のアクセルとして働く。ブレーキとアクセルを同時に踏むとも言えるこの相矛盾する制度設計に対して、農家の経営選択は極めて単純である。地域性、水田条件、農法等生産・技術諸条件が一定であれば、アクセルを踏むかどうかはもっぱら〈米の経営所得＋米価補填収入〉と〈転作作物の経営所得＋転作奨励交付金〉のどちらが大きいかによる。上に述べたように、水田農業経営における麦、大豆の位置づけは主作の米と競い合って収量を増やすことではなく、主として水田総合生産力の改善や地力保全のための補完・補助作であるため、転作へのアクセルを踏むかどうかは、当然、転作奨励金の交付水準や自治体・農業団体の転作推進等の経営収入以外の要素に大きく依存する。そのため、収益性の高い野菜等作目の作付面積はほぼ安定的に推移してきたのに対して、重点転作作物と位置づけられた経営所得の少ない麦、大豆等は、転作奨励金の交付水準や行政指導の揺れ動きに伴って激しい上下変化を繰り返し、生産調整目標面積が大きく低下した90年代中期頃は、80年代以来の最低の作付面積となった。転作の定着はあり得ないと言われる故である。

こうした状況を一変させたのは、1997年11月に公表された「新たな米政策大綱」と、その後順次取りまとめられた「新たな麦政策大綱」(1998年5月)、「新たな大豆政策大綱」(1999年9月)、「水田を中心とした土地利用型農業活性化対策大綱」(1999年11月) である。米、麦、大豆に関する3つの政策大綱は、米の計画生産と麦、大豆、飼料作物への転作を重点的に推進し、転作増進を奨励する政策スタ

ンス・支援策のあり方を明確にしたのに続いて、「水田を中心とした土地利用型農業活性化対策大綱」はそれまでの3つの政策大綱の考えを取りまとめ、需要に応じた米の計画生産の推進や麦・大豆・飼料作物等重点作物の本作化を軸とした「水田農業経営確立対策」を打ち出した。新しい対策の実行担保として、転作作物への助成水準が大きく引き上げられた。

表5-1-3は、「新たな米政策大綱」が公表される前の「新生産調整推進対策」期（1996～97年）、麦、大豆、飼料作物への転作を重点的に推進するとされた「緊急生産調整推進対策」期（1998～99年）、重点的転作作物の本作化を軸とした「水田農業経営確立対策」期（2000～03年）の転作助成単価を項目別に示したものである。2つの特徴をみることができる。

1つは、「新生産調整推進対策」期の1996～97年期間に比べて、その後の2つの期間において麦、大豆、飼料作物等一般作物への助成単価が大きく引き上げられたことである。すべての助成要件を満たした場合のいわば満額助成額で言えば、1996～97年期間では10a当たり5万2,000円であったのに対して、1998～99年期間では6万円、2000～03年期間では7万8,000円となった。

もう1つは、転作と「非転作転作田」（見なし転作田）の間に傾斜的な助成方式が採用されたことである。1996～97年期間に比べて、緊急生産調整が行われた1998～99年期間において重点作物だけでなく、永年性作物や多面的機能水田、調整水田等の見なし転作への助成単価も引き上げられたのに対して、重点転作作物の本作化を目指した2000年以降の「水田農業経営確立対策」期間では、麦、大豆、飼料作物等への助成単価が高く設定される一方、調整水田、水田預託、土地改良通年施工、自己保全管理等の見なし転作形態への助成単価が減額された。水田の利用構造を政策が志向する方向へ誘導するため、奨励助成金を機能的に使うようになったのである。

こうした政策運営が表5-1-1、表5-1-2でみた転作の動きをもたらしたと考えられるが、この点を確認するため回帰分析を加えた。

回帰モデルの構造は極めて簡単なものである。麦、大豆の作付面積を被説明変数（Y）とし、その動きを説明するための説明変数として国民1人当たり年間米消費量（X_1）、生産調整目標面積（X_2）、時間変数（t）の3つを充てるのみである。4つの変数間の因果関係を示すモデルの構造は、$Y=f(X_1, X_2, t)$ となる。国民

表 5-1-3 米の生産調整の助成単価

単位：千円/10a

区分	「新生産調整推進対策」期 (1996〜97)				「緊急生産調整推進対策」期 (1998〜99)					「水田農業経営確立対策」期 (2000〜03)		
	高度水田営農確立推進	地域集団複合型転作推進	特定転作推進	計画推進	米需給安定対策 一般	地域集団加入促進	水田営農確立助成金 高度水田営農確立助成	団地形成助成等	とも補償	経営確立助成	とも補償	水田高度利用等加算
一般作物	12 先進型23 (10)育成型16	10	3	4	25	5	20	10	25（地区全体達成＋3）	麦、大豆、飼料作物、稲発酵粗飼料、わら専用稲40 豆類、そば、飼料用米、表種、い草、蜜源レンゲ、緑肥、青刈り20		10
特例作物	2 先進型2 (2)育成型2	10	－	－	4	4	5	2	10（地区全体達成＋3）	－	－	－
永年性作物	12	－	3	4	25	5	－	－	10（地区全体達成＋3）	－	－	－
調整水田	－	－	3	4	10	5	－	－	7（地区全体達成＋3）	－	－	－
多面的機能水田	－	－	3	4	25	5	－	－	×	×	－	×
その他の非転作作付田	－	－	－	－	4	－	－	－	－	3	－	－

註：
1）「水田農業経営確立対策実績調査結果表」により筆者作成。
2）「水田農業経営確立対策」期の「永年性作物」欄に「景観形成等水田等」が含まれる。
3）（ ）内は特認型の助成金なし、「－」は該当項目なしを表す。
4）表の形式を統一するため、表側の項目区分の順番を適宜調整した。
5）「その他の非転作作付田」とは、1996〜97年期間には水田預託、土地改良通年施工、自己保全管理を含むが、その後の2期間には保全管理、土地改良通年施工、自己保全管理となっている。

1人当たり年間米消費量（X_1）は転作をめぐる食料消費事情または米作の経営環境の変化を示し、生産調整目標面積（X_2）は政策意向を表すものとして用いられる。**表5-1-3**関係部分の文脈からすれば、生産調整目標面積（X_2）よりも助成単価を使うべきと思われるが、助成単価は年度ごとでなく対策期間ごとに決められるため、これを用いると、年度別政策意向変化の影響が捨象されてしまう。この種の情報ロスを避けるため生産調整目標面積を用いた方がよいと思われる。実際においては、生産調整目標面積が多い時期ほど助成単価が高いという明確な相関関係があり、生産調整目標面積を助成単価の擬似変数として使うことは十分な合理性がある。時間変数 t は、麦・大豆の生産技術の変化や経営者努力といった非慣行的要素の働きまたはトレンド効果を表す。これらの説明変数は麦、大豆の転作に影響を与えたならば、X_1は有意な負の計測値、X_2は有意な正の計測値になると予想され、トレンド変数 t については、麦、大豆の品質・単収に関する部分で述べたように計測結果の予測が困難である。

　計測は通常の重回帰モデル（線形式）を用いた。麦・大豆だけでなく、参考のため飼料作物についての計測も並行して行った。同じ戦略作物として位置づけられていることから、麦・大豆とほぼ同様の計測結果になると予想される。

　計測結果は以下の通りである。

麦・大豆：$Y_{麦・大豆} = 846.83 - 10.6645 X_1 + 0.4920 X_2 - 18.9148\, t$

　　　　　　弾性値　　（-5.02）　（2.25）　（-1.80）

　　　　　　t 値　　　（-2.84）　（10.00）　（-7.32）

　　　　　　［$\bar{R}^2 = 0.8736$, F値 $= 63.2$, サンプル数 $= 28$（1976～2003年）］

飼料作物：$Y_{飼料作物} = 632.92 - 6.9359 X_1 + 0.1929 X_2 - 10.5409\, t$

　　　　　　弾性値　　（-4.22）　（1.14）　（-1.30）

　　　　　　t 値　　　（-2.95）　（6.25）　（-6.50）

　　　　　　［$\bar{R}^2 = 0.7640$, F値 $= 30.1$, サンプル数 $= 28$（1976～2003年）］

　予想したように、2つの計測結果に大きな相違は見られない。自由度調整済み決定係数（$\bar{R}^2$）の大きさとその安定性を示すF値、回帰係数の安定性を示す t 値の大きさのどちらをみても分かるように、麦・大豆、飼料作物の作付面積の動きはこの3つの説明変数によって1％以上の高い精度で説明される。米の消費量（X_1）の減少が転作を後押しする有力な背景要因になっていることは、高い有意

性の負の t 値によって示されているが、周知の事実をそのまま計測結果に投影したような当然の結果ともいうべきであろう。

注目すべきはむしろ、生産調整目標面積（X_2）と時間（t）の計測結果である。前者は高い有意水準で正の値、1を大きく超える弾性値を示している。転作は生産調整目標面積で示される政策意向に強く規定されていることを明確に示した結果と言えよう。対して、時間変数（t）の計測値も高い有意水準になっているが、いずれもマイナスの値である。計測結果通りに解釈すれば、麦・大豆、飼料作物への転作において技術進歩や経営者努力等の非慣行的要素の働きは全く検出されなかったか、時間の経過とともにむしろ低下してきているということになる。

この点を慎重にみるため、上記の計測結果に至るまでの中間計算結果、つまり、変数間の相関行列をチェックしてみた。その結果、麦・大豆の転作面積と時間（t）との相関係数は0.1821、飼料作物のそれは−0.1321となっている。転作の定着・拡大におけるトレンド効果の寄与はプラスもマイナスも極めて低い数値になっている。これを計測結果と照合してみると、トレンド効果が時間とともに低下してきたとは言えないにしても、少なくとも転作の拡大・定着に好影響を与えた証拠はなかった、ということが言えよう（註8）。

計測結果を総合してみると、麦・大豆、飼料作物の転作に関するこれまでの動きは主として米の消費事情の変化と、それに対応した米作の面積抑制を目的とする政策意向に左右され、技術進歩、経営者努力等の非慣行的要素の働きがほとんどなかったことは明白であろう。政策意向に動かされやすい転作田の汎用化や転作作付面積の増減が政策目標と一致した動きを示す一方、生産者の主体的努力を前提とし、政策意向に動かされにくい品質・生産性の向上やそのために必要不可欠な中耕・培土、適期防除・適時収穫等の基本的な生産管理の励行が遅々として進まなかったこれまでの実態は、計測結果を強く支持しているように思われる。

問題は、なぜ、麦・大豆、飼料作物への転作において技術進歩や経営者努力等の非慣行的要素の働きが全く見られなかったかという点である。経済学の教えにしたがって考えるならば、こういった効果を生み出すような誘因、または転作を担う生産者にとってそこまで頑張らなければならないほどの私経済的メリットはなかったということになろう。この点を明確にするためには、転作作物とそうでない通常栽培の同類作物の収益性を比較する必要がある。両者の間で明らかな違

第5章 転作田をバイオ燃料用資源作物の栽培に利用するための経済条件

表5-1-4 田畑作別小麦、大豆の10a当たり収益性比較

区 分	単位	田作			畑作		
		2005	06	07	2005	06	07
小麦							
単収	kg	393	368	423	506	479	519
単価	円/60kg	7,898	7,609	3,542	8,556	8,962	4,235
粗収益	円	51,734	46,666	24,974	72,154	71,543	36,636
支払生産費	円	42,599	41,411	45,487	44,442	43,201	45,193
所得	円	9,135	5,255	-20,513	27,712	28,342	-8,557
労働時間	時間	8	8	6	3	3	3
家族労働費	円	11,035	10,918	8,346	4,950	4,814	4,375
支払利子・地代	円						
算入生産費	円	53,634	52,329	53,833	49,392	48,015	49,568
大豆							
単収	kg	175	165	177	216	231	248
単価	円/60kg	14,101	14,021	9,519	15,341	13,981	9,628
粗収益	円	41,127	38,558	28,081	55,226	53,827	39,797
支払生産費	円	40,578	39,261	42,064	34,389	34,752	36,686
所得	円	549	-703	-13,983	20,837	19,075	3,111
労働時間	時間	11	10	9	13	10	9
家族労働費	円	16,128	13,684	11,966	18,383	13,852	12,187
支払利子・地代	円						
算入生産費	円	56,706	52,945	54,030	52,772	48,604	48,873

註：1）出所：各年度「農産物生産費調査」により算出。
　　2）粗収益には副産物の価額が含まれる。

いがなければ、転作による所得ロスが認められず、バイオ燃料用資源作物を含む新規作物導入の可能性は、他の水田作物との比較収益性や政策的優先順位のみに依存すると考えられる。反対に、転作作物が通常栽培の同類作物より明らかに劣っているならば、転作による所得ロスが認められ、転作作物の生産性・収益性向上策やバイオ燃料用資源作物等の代替作物の導入可能性等を検討しなければならないことになろう。

表5-1-4は、田畑作別小麦と大豆の10a当たり収益性を示している。データの制約のため、「転作作物とそうでない通常栽培の同類作物」ではなく、田作と畑作の収益性を比較したものである。分析の目的と完全に一致したデータではないものの、麦・大豆への転作において、なぜ、技術進歩や経営者努力等の非慣行的要素の働きが全く見られなかったか、麦や大豆を水田農業の主作として栽培し拡大していく場合にどのような問題が生じているのかを把握する点からすれば、十分に役立つものと考える。データのもう１つの欠陥は、田作の小麦、大豆とも転作作物に限定した調査ではなく、転作でない二毛作等の栽培形態も含まれている可能性があるという点である。しかし、転作がかなりのウェイトを占めているこ

とは間違いなく、この点に留意すれば利用可能である。

　同表に示す3ヵ年調査結果のうち、2007年は、小麦、大豆とも高い収量をあげているが、平均単価は例年の半分しかない。そのため、所得は極端に悪く、異常と言わねばならない。その理由は言うまでもなく、この年における品目横断的経営所得安定対策の導入と関係するが、バイオ燃料用資源作物栽培への影響については次節で改めて考察する。ここではむしろ、田作も畑作も同じ動きとなっていることから、比較分析の障碍にならないことを断っておきたい。作物の収益性を総合的に示した所得欄の数値で明らかなように、同じ小麦、大豆と言っても、畑作に比べて田作の収益性が明らかに劣っている。2007年を除く年をみると、小麦の場合、畑作で10a当たり所得は約2万8,000円であったのに対し、田作はその5分の1～3分の1の5,000円～9,000円しかなかった。所得にならないと言ってよいくらいである。大豆の場合は、畑作は10a当たり2万円程度の所得があったが、田作は小麦よりも悪い。所得がゼロに近いかマイナスで、生産者にとって収益上のメリットは全くない。支払生産費に家族労働費を加えたいわゆる支払利子・地代算入生産費は、田作の小麦、大豆とも粗収益を上回る赤字採算となる。

　2007年になると、畑作小麦の10a当たり所得は－8,557円、大豆のそれは3,111円へと悪化したのに対して、田作小麦と大豆はそれぞれ約2万円、1万4,000円の赤字を出している。いずれも収益が悪いが、田作の赤字幅は畑作より1万円以上も大きい。

　畑作より田作の所得が明らかに劣っている理由も同表に示されている。単収が畑作より低いのに加え、畑作と同等かそれ以上の生産費がかかっているためである。小麦の場合、田作の単収は2割ほど低いのに対して、支払生産費はどの年も差がみられない。また、畑作より生産物単価が低いうえに、2倍以上の労働時間を使っている。単価の低さは、田作小麦の品質が畑作のそれより劣っていることを示唆している。大豆の場合、田作で単収は2～3割ほど低く、生産費は逆に1～2割ほど高い。

　この比較で明らかなように、小麦、大豆を二毛作のように補助・補完作とするのではなく、主食用米の代わりに水田農業の主作として導入することは、生産者にとって経営上のメリットがほとんどない（註9）。麦・大豆、飼料作物への転作において技術進歩や経営者努力等の非慣行的要素の働きが全く見られなかった

ことの理由はまさにここにあるし、転作への助成単価が大きく引き上げられたことによって作付面積、生産量とも拡大した理由も、同一問題の裏返しである。しかし、こうした生産調整のあり方は、需給のミスマッチの常態化や奨励金依存の経営体質を作り出すなど、著しい非効率性を生んでいる。2003年食料・農業・農村白書では、麦生産者手取りの7割、大豆粗収入の7割を転作奨励金が占めていることを課題に挙げたが、この傾向は、経営所得安定対策へ移行してから一層顕著になっている。2007年営農類型別経営統計調査（水田作）によれば、麦類作部門の粗収益の57％は共済・補助金受取額が占め、所得のすべてだけでなく、経営費の一部まで政策支払いによって賄われている。豆類作部門もほぼ同様の収益構造である。

　農業に対する手厚い所得支払いは先進国に共通していると言われており、その是非についての判断は、当然、この分野の専門家に委ねねばならない。問題は、こうした高額の所得支払いが麦や大豆の品質・生産性向上や水田農業の活性化に結び付いていないという点である。麦や大豆の品質・生産性向上は生産調整が始まって以来言われ続けてきた長年の課題であったが、助成単価が引き上げられた1998年以降において品質向上を伴わない生産量がむしろ増大し、問題を深刻化させている。麦については、民間流通麦入札制度へ移行した2000年以降のほとんどの年に基準価格を下回る銘柄が全上場銘柄の6、7割を占める入札結果を示している。輸入麦との品質・価格差を縮めるため掲げてきた単収・品質の向上と安定化、生産コスト低減といった課題がそのまま残されている。大豆の場合は、「作付けのふえた10年以降、3等以下の低品位の大豆の割合が急増し、5割を占めるようになっている。単収についても、年次変動が大きく、全国平均で180～190kgと伸び悩んでいる。」「田作での1等比率が向上せず、1等大豆の量が不安定で低位にとどまっている」（註10）など、助成単価の引き上げに象徴される転作推進の強化は品質・生産性向上に結び付かず、低品位生産物の再生産を温存させる結果を招いている（註11）。

　このように、戦略作物と言っても、多大な財政投入の下で高い割合の低品位生産物を作り続けることは果たして最善の政策選択なのか、こうした政策の継続によって水田農業の活性化が図れるかどうかなど、改めて問う必要がある。その際に、米づくりの伝統と技術を活かした米粉等各種の加工用米、飼料用米等に加え、

バイオ燃料用原料米を導入することの是非、可能性、施策を中長期的な視点に立って検討するのも、当然あってしかるべきであろうと考えられる。

3．バイオ燃料用資源作物の導入と政策環境づくり

以上の考察で明らかになったことは、次の4点にまとめることができる。

第1に、主食用米を作らない要転作水田の割合が米の消費量の減少や米作の単収向上に伴って増加し、水田面積の36％（2009年）までに達している。米の消費が単収の上昇を上回る速さで増加しない限り、水田余りの状況は今後とも続くと考えられる。その有効利用を図ることは引き続き困難で、重要な政策課題である。

第2に、米の消費量を上回る水田の生産力を有効に利用するため、転作を含む多様な利用形態への転換が進められてきたが、本来の意味での「転作」の割合は時とともに低下し、調整水田、水田預託、自己保全水田、通年施工、景観形成、「実績算入」といった「非転作転作田」、つまり「見なし転作田」の割合は、米政策改革大綱が実施される前の2003年に転作田の4割を占めるに至った。米作に代わる有効な利用形態は容易に見出せなかったためである。「転作」と見なされている「見なし転作田」の増加は「水田を中心とした土地利用型農業の活性化を図り、農業生産の増大と食料自給率の向上を実現する」とする米の生産調整の本来の目的からすれば不本意な結果であり、新規作物の導入等でその有効利用を図る努力が求められている。

第3に、他方、転作作物の作付けは1990年代中期まで激しい上下変動を繰り返し、定着率の低さに象徴されるように著しく不安定であったが、1998年頃から重点転作作物の麦、大豆とも作付面積が急速に伸び、2002年以降、米の生産調整が始まって以来の高水準で推移している。従来から行われてきた自治体・農業団体の強力な転作推進に加え、新たな麦、大豆政策の下で転作奨励金が大きく引き上げられたためである。しかし、こうした政策主導の進め方は経営努力による所得最大化よりも制度利用による所得最大化のインセンティブを生産現場に与え、品質・生産性の向上を伴わない麦、大豆の生産増大による需給のミスマッチの常態化や奨励金依存の経営体質を生んでいる。転作面積の拡大に伴うこの種の非効率性の増大は、これらの転作作物が政策においては重点作物であっても、多くの生産者にとって経営的には適作でなかったことを意味する。効果的な転作による水

田の有効利用を図るためには、政策における重点作物が同時に経営においての適作でなければならない。そのための条件を如何に創出するかが課題である。

　第4に、以上の諸点で明らかなように、水田農業における麦、大豆作の本作化に向けたこれまでの取組は、転作田全体の4割弱にのぼる「見なし転作田」の有効利用と転作作物の経営改善の両面において困難な課題を抱え、その改善策として新規作物導入の是非と可能性がつねに問われている。米づくりの伝統と技術を活かした米粉等多様な加工用米、飼料用米等の生産拡大に加え、飼料米と兼用可能なバイオ燃料用資源作物の導入も選択肢として検討に値するものであると考える。

　転作田を水田として利用することを前提に、主食用米の代替作物として何を選べばよいかを政策づくりの見地から検討するに当たって、押さえておかねばならないポイントは少なくとも3つある。

　1つは、導入される作物の生産力に見合った恒常的な需要が見込まれ、既存作物とりわけすでに過剰になっている主要農産物の需給事情を一層悪化させないことが必要である。生産調整が一種の生産過剰対策である以上、代替作物の導入で他の主要農産物との競合関係を新たに作り出してはならないことは当然のことであり、新規作物を導入する際の絶対条件とも言うべきである。

　もう1つは、世界穀物市場の不安定性から発生する食料外部調達のリスクに備えるため、重要な食料品の自給力確保に寄与することである。食料自給率が低いままの水田余りは、基本的に作物間の比較収益性、比較優位性から生じた相対的な現象であり、食料事情の変化によって変わる可能性が大きい。こうした状況に対応できる食料供給力または生産体制の確保は、食料外部調達のリスクに備える点で極めて重要な意味があると考える。

　3つ目は、水田を水田として有効かつ合理的な利用が図られることである。水田汎用化事業の推進によって多くの水田は田畑輪換が可能となり、その意味では水田を水田として利用するということにこだわらなくてよいと思われるかもしれない。しかし、水田のもつ生産力を効果的に発揮し、かつ永続的に利用可能な形態とは何かがつねに問われねばならない課題であり、水田農業やそれに付随して蓄積されてきた農業技術に最も相応しい作物の導入が望まれる。

　この3つのうち、1点目は需給バランス確保の視点、2点目は食料自給力確保

の視点、3点目は水田資源の持続的利用または地力保全の視点と言ってよい。バイオ燃料用資源作物導入の是非と可能性の検討は、これらの点に配慮して行われるべきと考えるが、バイオ燃料の製造規模等を別問題とすれば、転作田におけるバイオ燃料用資源作物の導入が3つの点とも矛盾しないことは明白であろう。

　まず、1点目についてみよう。前章で述べたように、近年、バイオエタノールをはじめとするバイオ燃料に対する需要が高まり、アメリカやブラジルをはじめとするいくつかの国や地域で生産量は急拡大している。こうした状況からすれば、バイオ燃料は旺盛な需要があると言ってよい。しかし前述したように、この好調さは近年の原油価格高騰に支えられている面が大きく、原油市場の今後の動向によって激変するリスクも内包している。2008年7月にニューヨーク市場の原油価格は1バレル当たり140ドル（WTI先物）を超えたが、その後の僅か数ヵ月間で40ドル台まで急落した経験がある。2010年後半からは景気回復への期待から再び騰勢を強めている。その乱高下ぶりやその背後に気まぐれな行動を取る投機マネーの動きがあるとの指摘もあることから、原油価格高騰から派生するバイオ燃料への需要が恒常的であるかどうかについては、なお不透明な要素が多いと言わねばならない。

　しかし他方で、再生エネルギーへの転換や温室効果ガスの削減といった地球規模の環境問題をめぐる新しい動きがあり、産業構造、エネルギー消費構造、またはライフスタイルそのものを変える大きな流れになりつつあるのも確かであろう。こうした流れがバイオ燃料に対する恒常的な需要を生み出す結果になるかどうかは、言うまでもなくバイオ燃料用資源作物の栽培やバイオ燃料製造過程の採算性に大きく依存する。この点については次節以降改めて検討するが、マーケット形成の基礎条件となる潜在的需要があるということだけは前章の内容からみても明らかであろう。この点を明確に意識し、水田農業におけるバイオ燃料用資源作物の導入の是非と可能性を技術と経営の両面から検証し、確かな結論を得る必要がある。

　転作田におけるバイオ燃料用資源作物の導入は、2点目でいう食料自給力の確保と3点目でいう水田資源の持続的利用または地力保全と矛盾しないことも明白であろう。多額な奨励金を出してまで「見なし転作田」の保全を図るよりも、生産者が高い生産意欲をもって取り組むような作物を導入した方が、水田生産力の

維持向上には効果的である。水田生産力の維持向上に結び付く恒久的な農業生産活動は短期的な食料自給率の向上にならなくても、中長期的な食料自給力の向上に寄与する可能性が大きいからである。農法の面においては、バイオ燃料用資源作物を新潟県や北海道等で試験栽培している多収量原料米と想定すれば、従来の水田農業のように多収量原料米を軸とした麦、大豆、飼料作物の複合経営体系を作り、水田の持続的利用と地力保全を図ることが可能であるし、前章第2節で述べたような形で「見なし転作田」における多収量原料米等を作付け化することによって、耕作放棄水田の解消や水田全体の効果的利用に寄与する可能性もある。

バイオ燃料用資源作物を麦、大豆と並ぶ転作作物として栽培するために、基本的な政策スタンスとして明確にしておかねばならない点もある。

その1つは、バイオ燃料用資源作物の位置づけ、とりわけ麦、大豆等食料系転作作物との関係をどう扱うかである。上述したように、麦、大豆は従来からの重点転作作物であり、30数年間にわたって多額の奨励金を費やし、作付けの拡大や本作化による転作の定着を図ってきた政策的重みがある。他方のバイオ燃料用資源作物については、政権交代までの約3年間において「農林水産業の新たな領域」「農業・農村の新境地の開拓」とする農林漁業・農山村活性化対策、または「攻めの農政の一環」としながらも、経営所得安定対策の交付対象とはしなかった。麦、大豆のように、「戦略作物」としての位置づけを明確に付与しなかったためである。エネルギー系のバイオ燃料用資源作物よりも、食料系の麦、大豆等を優先すべきとの考えがあったと思われる。

政権交代後、バイオ燃料用原料米は、「戦略作物」として2010年度戸別所得補償モデル事業の水田利活用自給力向上事業にセットされ、米粉用・飼料用米やWCS（ホールクロップサイレージ）用稲と同額の交付金を交付するようになった。しかし、戸別所得補償制度の本格実施とされる2011年度概算要求においては戦略作物のリストから外された。実証試験事業に対して2010年度戸別所得補償モデル事業と同額の補償金を交付しているものの、水田農業におけるバイオ燃料用資源作物の位置づけは再び不明確になっている。バイオ燃料用原料米の栽培実績をみると、政権交代前の2008年には作付面積303ha、生産量2,426トン、政権交代直後の2009年にはそれぞれ295ha、2,314トンであったのに対して、2010年には397ha、2,940トンとなった。2010年には作付面積、生産量とも大きく増えたものの、生

産規模そのものが小さい。栽培地域も新潟県と北海道に限られ、戦略作物の名には程遠い存在である。

　バイオ燃料用資源作物の栽培は、言うまでもなくバイオエタノール等バイオ燃料製造施設の立地や製造能力等の農業以外の要因に規定されるところが大きい。2010年度戸別所得補償モデル事業のようにバイオ燃料用原料米を戦略作物として位置づけ、取組を奨励していくとするならば、バイオエタノール等の製造に関する実証実験や事業化の取組を加速し、水田農業の活性化に寄与するような一定規模の産業に育てあげていかねばならない。こうしたビジョンを示したのが「国産バイオ燃料の生産拡大工程表」(2007年) であったはずだが、それを実行しなければ、バイオ燃料用原料米を「戦略作物」のリストに入れたとしても、多くの農家にとって無関係であり、耕作放棄水田の解消や水田農業活用化の意味をもたない。この点をどうクリアするか。二酸化炭素25％削減の目標達成における農林水産業の役割、そのための具体策、プロセス、農林水産省と他省庁との連携体制の構築等を含めて、バイオ燃料用資源作物の位置づけや「工程表」に象徴される取組の進め方を再点検する必要があるように思われる。

　もう1つ明確にしておかねばならない重要な点は、食料自給率と自給力の関係をどう扱うかである。転作田の利用に麦、大豆がこれほど重視されてきた主な理由として、食料自給率に対する考えがあった。麦、大豆は主食用米と並んで重要な基礎食料品でありながら、それぞれの自給率が9％（小麦）、3％（新たな麦、大豆政策が公表される前の1997年水準）と低く、「諸外国との生産条件格差が顕在化している」(「品目横断的経営安定対策」) ためである (註12)。政権交代後の戸別所得補償モデル事業においても、これを「自給率向上のポイント」と強調している。麦、大豆の振興が食料自給率の向上を図るうえで欠かせないと考えられているのである。

　食料自給率は毎年測られる短期的な政策バロメーターであり、政策実績として評価されやすい面があるのに対して、食料自給力は中長期的な政策目標になるもので、短期的な政策実績に連動しない場合もある。麦、大豆の生産拡大はそのまま食料自給率の向上につながり、政策実績として評価されるが、バイオ燃料用資源作物の場合は事情がやや異なる。バイオ燃料用資源作物を多収量原料米と想定すれば、食料不測の事態になった場合には食味が劣っても食用に転用したり、飼

料米として使うことが可能であり、水田での作付化によって食料自給力の維持向上に寄与する重要な意味がある。しかし、平常時では主食用米の使用とは異なるため、食料自給率の向上を主要目標に掲げる政策体系の中で実績として評価されない可能性がある（註13）。農業政策においてバイオ燃料用資源作物を麦、大豆、飼料作物等重点転作作物と同じように扱うならば、自給率重視の政策評価体系から自給力重視の政策評価体系へ転換しなければならない。そのための政策環境をどう作るかが、重要な課題である（註14）。

　バイオ燃料用資源作物の導入に当たって政策的に明確にしておかねばならない点は他にもあると思われるが、少なくとも以上の２点を明確にしておかなければ、ぶれのない政策や推進体制づくりが困難であろう。2007年以降の断続的な食料価格急騰をきっかけに、「食料危機」、「食ナショナリズム」、「食糧争奪」といった表現が新聞の紙面を頻繁に飾るようになった。こうした事態を意識したかのように、これまでに多収量原料米の実証実験を行うなど、転作田におけるバイオ燃料用資源作物の導入に大きな期待を寄せてきた農協（JA）グループの機関誌『日本農業新聞』は、「バイオ燃料よりも食料を」と題する論説（2008年５月８日）を掲載し、食料価格高騰の「最大の引き金は、トウモロコシを原料とするバイオエタノール生産の急増である」としたうえで、「本来、食料や家畜の飼料となるはずの穀物が、燃料の原料に回」ることに疑問を呈した（註15）。同年６月に開催される国連食糧農業機関（FAO）の食料サミットや７月の北海道洞爺湖サミットに向けて食料・エネルギー・環境関連分野でどのような論議が可能かについての論評であって、農地利用が抱える諸問題を意識した国内向けの発信ではなかったと思われるが、バイオ燃料の実証実験モデル事業を進めているJAグループとして、もう少し問題を整理した方がよいのではないかと考える。

　食料価格の高騰は人々の生活を直撃し、飢餓問題や貧困層の拡大など新たな社会不安を惹き起す可能性があるだけに、真剣に対処しなければならないのは当然のことであり、これを農地利用のあり方を再考するきっかけとして捉えるのも大いに賛同できる。しかしその際に重要なことは、食料価格の高騰を長期化させないために各国はどのような具体策が可能かという点である。社説が主張するように「バイオ燃料より食料」生産に多くの農地を回すべきかもしれないが、そう簡単に言えないのが今日の日本農業の現実であろう。

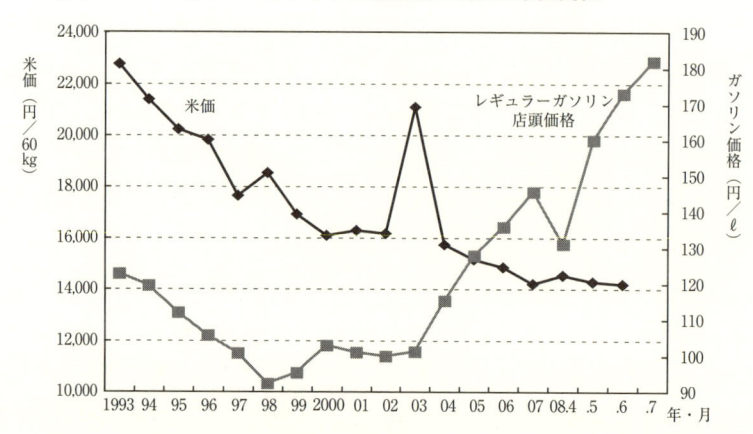

図 5-1-1　レギュラーガソリン店頭価格の変化と米価変化

註：1）米の価格は（財）全国米穀取引・価格形成センター、ガソリン価格は石油情報センターの公表データによる．後者は月別価格を単純平均して算出した年度価格を用いている。
　　2）対象期間は米の取引平均価格が公表されるようになった1993年以降とした。
　　3）米の価格は包装代や消費税を含まない「裸価格」である。
　　4）2008年7月に米の取引実績はなかったため、空欄にしている。

　例えば、原油や食料価格高騰が頻繁に報じられた期間においても、図5-1-1に示すように米の市場価格はガソリン価格の変化と無関係に動き、それまでの低下傾向に歯止めをかける兆候はまったくなかった（註16）。原油、食料価格の高騰は米価の動きに連動しなかったのである。これは言うまでもなく米余りの現実を反映した結果であり、上述した「見なし転作田」または耕作放棄地の増加をもたらす基本的要因でもある。食料品の価格高騰を沈静化するためにより多くの水田あるいは農地を食料生産に振り向けさせるべきというならば、現行水準に比べてより安いコストで食料を生産し、より安い価格で消費者に提供することが前提となる。しかし前節図4-2-5でみたように、比較劣等地の割合が高いと思われる「見なし転作田」や耕作放棄水田を食料生産の拡大に使った場合、食料の生産コストは現在の水準より上昇し、消費者により高い価格で供給しなければならない。原油、食料価格高騰や長引く不況で生活苦に追い込まれる人々が増えつつあると言われる今日の社会情勢の中でこれは果たして可能か。バイオ燃料の生産拡大が世界的な食料高騰を招く一因になっているならば、食料生産として有効に利用されていない転作田や耕作放棄地をバイオ燃料用資源作物の栽培を含む多様な用途に

活かし、将来的に見込まれるバイオ燃料の輸入量を減らすことによって世界の食料需給事情の改善に寄与することが可能かどうかというのも、1つの考えとして検証に値するものである。これらの点を明確に意識せずに、余った農地をどう使うかについて論議するのは無理がある。

(註1) 各年度農林水産省「都道府県別の生産調整の取組状況」および「プレスリリース」による。
(註2) 「一般作物」と「特例作物」の分け方は時期によって異なる。例えば、1980年代では麦、大豆、飼料作物を「特定作物」、果樹、野菜、その他の作物を「一般作物」に分類していた。
(註3) 佐伯［1］、pp.202-203を参照されたい。
(註4) 麦、大豆を取り入れる水田輪作体系の農法的意義については、塩谷［2］も併せて参照されたい。
(註5) 1990年までは波多野［5］、その後のデータは農林水産省農村振興局整備部設計課の提供資料による。ここでいう「汎用田」とは、波多野が言うように区画がおおむね30a程度に整形済みで冬季地下水位が70cm以深の整備水田を指している。
(註6) 平成17年度『食料・農業・農村白書』p.179、図Ⅱ-61を参照されたい。
(註7) 平成17年度『食料・農業・農村白書』(p.178、註4) によるが、平成11年度（附属統計表p.100)、15年度 (p.176)、16年度白書の記述 (p.188) も併せて参照されたい。
(註8) その意味において t 検定で高い有意水準を示したのは、米の消費量 (X_1) との高い負の相関関係（いわゆる多重共線性）による可能性が高いと推察される。しかし、計量分析において相関係数の大きさや符号を用いて t 検定結果の妥当性を判断することが認められないので、相関行列の結果はあくまで参考にとどめて頂きたい。
(註9) この結論は同表に示す全国平均結果に基づくものであって、すべての地域に適用する普遍的なものでないことに留意されたい。2006年の実績をみると、同じ田作と言っても、小麦で10a当たり1万円以上の所得をあげている北海道、四国、九州地域もあれば、東北、東海、近畿のように所得マイナスの地域もある。大豆も、都府県はマイナスの所得であるが、北海道は1万円ほどの所得をあげている。農業地域ブロックでなく、都道府県別にみた場合、こうした地域差は一層大きくなるであろう。したがって、この比較で得た結論は大局的に正しいとしても、地域性に着眼した分析は別途必要である。
(註10) 2004年度食料・農業・農村白書p.187、p.188図Ⅱ-61、2009年度同白書p.109を参照されたい。
(註11) しかし、数十haの栽培面積をこなしている優れた米麦大規模複合経営や効率的な大豆経営があることにも留意されたい。こうした先進事例と麦・大豆生産一般

との違いは、技術と経営の両面から検証する必要がある。
(註12) 引用は「食料・農業・農村基本計画」(2005年3月) 第3の2の (4) による。小麦、大豆の自給率については農林水産省 ［3］による。
(註13) 多収量米を燃料製造に限定せず飼料兼用も可能であると考慮すれば、飼料兼用分を食料に算入し、食料自給率の向上に寄与することも考えられる。しかし、これはあくまでそうなった場合のことで、通常のバイオ燃料用に限定するならば食料自給率に算入されない。
(註14) ここでいう「政策環境」とは、マスコミ等世論を含むより広い意味での社会環境を指している。マスメディアが絶大な影響力をもつ市民社会において、政策はつねに冷徹な分析と展望に基づいて作られ、世を動かしていくとは限らない。その時々の世論に押され、本来進むべき方向と違った形に修正される場合も多々あるように思われる。一貫性をもった政策づくり、政策執行を進めるには、まずそのために必要不可欠な社会環境を整えなければならない。しかしこれもまた、政策づくりそのものより至難の業になる。マスメディアは、政、官、財（産業界）、学等と並んで現代社会を支える主要セクターの1つであるが、その力は、映像やコメンテーター等のコメントを通して、事実上、すべての出来事に対して良否の判断を瞬時に行い、世論を誘導・形成していくという、他のセクターを凌駕する絶大な力をもっている。マスコミ支配とも言うべきであろう。この歪みをどう是正するか。農業政策に限らず、現代社会が直面する大きな課題の1つと言える。
(註15) 2008年5月8日付け『日本農業新聞』を参照されたい。
(註16) ガソリン価格は会計年度（4月～翌年3月）、米穀の取引価格（大体、10月～翌年9月）は米穀年度としていることから、厳密に言えば、2008年4月以降両商品の月別価格を図5-1-1のように図示することはできない（2007年度米の取引価格に2008年4月～7月のデータが含まれているからである）。問題点を明確にするため、敢えて同図のような変則的な形で表示することにしたことに留意されたい。その他の注意事項は、図註を参照されたい。

引用文献
［1］佐伯尚美『農業経済学講義』東京大学出版会、1993
［2］塩谷哲夫「水田土地利用技術」（農林水産省農林水産技術会議事務局・昭和農業技術発達史編纂委員会編『昭和農業技術発達史　第2巻』第9章、農山漁村文化協会、1993）pp.321-339
［3］農林水産省総合食料局食料企画課『我が国の食料自給率―平成17年度食料自給率レポート』2007
［4］『食料・農業・農村白書』および同参考統計表、各年版
［5］波多野忠雄「水田作技術近代化の道」（農林水産省農林水産技術会議事務局・昭和農業技術発達史編纂委員会編『昭和農業技術発達史　第2巻』第1章、農山漁村文化協会、1993）pp.19-60

第2節 バイオ燃料用資源作物導入の経済条件

　主食用米の生産に十分活かされていない水田があるにしても、それが直ちにバイオ燃料用資源作物の導入が可能だという結論には結び付くものではない。前節でも触れたように、バイオ燃料用資源作物を導入し、継続的に栽培することが可能かどうかを規定する最大の要因はその採算性にあり、他の水田作物との比較収益性にある。この点を抜きにしてバイオ燃料用資源作物の栽培を語ることはできない。

　問題を単純化するため、本節でも水田のみを対象にする。水田で複数の原料作物を栽培することは技術的に可能かもしれないが、水田の生産力を最大限に発揮する点や、バイオ燃料用作物の栽培実証試験事業の実態から、基本的に多収量原料米（以下、原料米）を想定する。また、資料使用の便宜上、バイオ燃料をバイオエタノールのみに限定し、他の燃料形態を考慮しないことにする。

　原料米を転作田に導入するに当たって考えなければならない経済的要素は、主として①原油市場の動き、②バイオエタノールの内外価格差、③原料米と他の水田作物との比較収益性、の3つが挙げられよう。①は外部要因、③は国内政策問題、②は①、③とも関係する問題で、それぞれ異なる性格をもっている。

1．原油市場の動きとその影響

　バイオエタノールの生産拡大をもたらす主要因として原油価格の高騰と、農産物輸出国の生産過剰による国際穀物価格の長期低迷等が指摘されているが、前者が決定的に重要であることは明白である。国際穀物市場の価格低迷や欧米をはじめとする主要農産物輸出国での減反政策の導入が主に1970年代から始まったのに対して、燃料用バイオエタノールの大量生産は原油価格が急上昇し始めた2002年以降のことである。前章第1節に引用した末松の文章や中村桂子によれば、1970年代のオイルショック時もバイオエネルギーが石油の代替資源として注目されていた（註1）。しかしその後、原油価格が落ち着きを取り戻したことに伴ってブームとはならずに終息した。今回は、バイオエタノールブームの背後に温室効果ガス削減という大義名分があったとは言え、原油価格の高騰が決定的要因である

ことに変わりはない。

　原料米の導入を検討するに当たって原油価格のもつ意味は、言うまでもなく原油価格、とりわけ産業や生活用主要エネルギーとして使われているガソリン、ディーゼル等の価格変化が化石エネルギーとバイオエネルギーの相対価格比をどう変えるかという点にある。この相対価格比は同時に両者の技術代替率を表すため、バイオエタノールの価格あるいは生産コストが一定とした場合、原油価格の上昇はバイオエタノールの生産拡大を誘発する。逆に原油価格が一定の場合、バイオエタノール価格（したがって生産コスト）の低下は石油との代替を促し、バイオエタノールの生産拡大を誘発するからである。

　2006年6月30日の第1回国産輸送用バイオ燃料推進本部会議（以下、バイオ燃料推進本部会議と略称）において、図5-2-1の試算資料が提示された。ガソリンの卸売価格が1ℓ当たり120円（2006年5月1日）、店頭レギュラーガソリンの全国平均価格が同135円（註2）の時点で、日本国内で生産されたバイオエタノールの税込卸売単価は糖蜜を原料とする製品で144円、規格外小麦を原料とする製品で152円であった。この相対価格関係で明らかなように、バイオエタノールは価格競争力の面においてガソリンに太刀打ちすることはできない。ブラジル産バイオエタノールを輸入する場合も同様である。こうした状況を踏まえて、農林水産省はバイオ燃料利用推進に関する税制改正要望（2007）を提出し、バイオエタノール等の利用拡大を税制面から支援する施策づくりに着手した。その内容は、ガソリンやディーゼル等軽油にバイオ燃料を混合して利用する場合のバイオ燃料混合分を非課税扱いとする揮発油税、地方道路税、軽油引取税関係優遇措置と、バイオエタノールの製造設備を導入する製造業者の設備取得価格に対して30％の特別減価償却または7％の税額を控除する（中小企業者）とする手取収入税、法人税関係優遇措置が盛り込まれた。

　図5-2-1が提示された時に比べて、原油価格はその後騰勢を強め、2008年7月にはニューヨーク原油先物価格（WTI）が1バレル当たり147ドルの高値を付けたことは周知の通りである。それに伴い、国民経済や人々の生活と密接に関係するレギュラーガソリンの価格も急騰した。財団法人日本エネルギー経済研究所・石油情報センターの統計によれば、2008年8月初めのレギュラーガソリンの全国平均店頭価格は1ℓ当たり185円に上り、僅か2年3ヵ月で37％も上昇した(註3)。

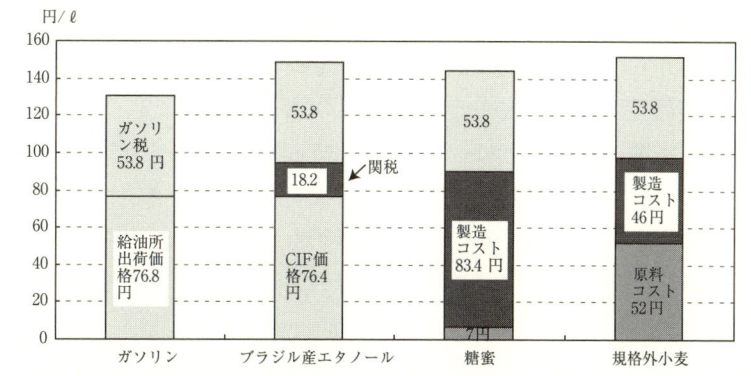

第5章　転作田をバイオ燃料用資源作物の栽培に利用するための経済条件　243

図5-2-1　バイオエタノールのコスト構成

	ガソリン	ブラジル産エタノール	糖蜜	規格外小麦
ガソリン税	53.8円			
		53.8	53.8	53.8
関税		18.2		
給油所出荷価格	76.8円			
CIF価格		76.4円		
製造コスト			83.4円	46円
原料コスト			7円	52円

註：1）農林水産省大臣官房環境政策課資料により作成。
　　2）ガソリンは、2006年5月1日時点の卸売価格。
　　3）ブラジル産エタノールのCIF価格（輸入価格）は、2006年3月時点価格。関税は23.8%。
　　4）糖蜜原料費は、糖蜜2,000円/トンからエタノール原料7円/ℓに換算。
　　5）規格外小麦原料費は、小麦22円/kgからエタノール原料52円/ℓに換算。
　　6）製造コストには施設の設置コストやランニングコストを含む。

税込み卸売価格も2006年5月の120円から161円に上昇した（註4）。

　ガソリン価格の急激な上昇はガソリンとバイオエタノールの相対価格比を大きく変え、バイオエタノールの生産拡大を刺激することになる。**図5-2-1**に示した価格または生産コスト水準で言えば、2006年5月1日の時点でガソリン対各種のバイオエタノールの相対価格比は0.83（120円÷144.2円）～0.79（120円÷151.8円）の範囲にあり、バイオエタノールよりもガソリンを使った方が経済的であったが、2008年8月になると状況が大きく変わった。同価格比は1.14（164円÷144.2円）～1.08（164円÷151.8円）へと大きく上昇したため、ガソリンよりも糖蜜、規格外小麦を原料とするエタノールやブラジルからの輸入エタノールを使った方が割安になる。仮にバイオ燃料に対する税制面での優遇措置はなかったとしても、この時期にバイオエタノールの利用条件がほぼ整ったと言ってよいであろう。

　ところが、原油市場はその後極めて不安定な様相で推移してきた。一旦最高値を付けた原油価格は、その僅か1ヵ月後のリーマンショックやそれに伴う投資ファンドの急速な撤退で、数ヵ月の間に1バレル当たり147ドルから40ドル近辺まで急落した。2009年半ば以降の1年余りで60ドルから80数ドルまでの間を乱高下したが、2010年9月頃から新興国、アメリカでの景気回復期待や、それに伴う投

資ファンドの再流入等によって再び騰勢を強めた。2011年に入ると、チュニジア、エジプト、リビア等中東・北アフリカ諸国での政局混乱が加わり、1月末に2009年以降初めて1バレル当たり100ドルを突破することとなった。国内レギュラーガソリンの全国平均卸売価格も1ℓ当たり120円、店頭価格で1ℓ当たり149円となり（石油情報センター）、2008年の石油価格急騰を連想させる局面に再び突入した。こうした不安定な原油市場の動きの中で特に注目すべき点は、この間、原油価格は2001年の湾岸戦争前の安い水準（1バレル当たり20〜30ドル）に戻ることは一度もなかったという点である。バイオ燃料はどこまで原油を代替できるかという根本的な問題もあるが、原油市場の動きからバイオエタノールの可能性を考えるに当たって、こうした価格トレンドをファンダメンタルズの1つとして念頭におかねばならない。

　もちろん、この間穀物価格の乱高下も起きており、2011年に入ってから原油価格高騰の動きと連動するかのようにシカゴ穀物市場の先物も高騰している。こうした動きはバイオエタノールの生産コストにも相応の影響を与えると思われるが、地政学的要素を考慮に入れると限定的と見るべきであろう。バイオエタノールの生産に意欲的な国や地域は、どちらかと言えば穀物供給に余力があり、穀物過剰問題を抱えているところである。穀物過剰を抱えている以上、それをバイオエタノールの原料に用いる場合、ガソリン価格の上昇に匹敵するほどの原料価格上昇は考えられない。次項で述べるように、主要生産国における目覚ましい技術進歩によりバイオエタノールの生産コストがむしろ低下傾向にある。こういった点から考えれば、バイオエタノールの生産を取り巻く経済条件は多くの不安定要素を抱えながらも改善しつつあるとみてよいであろう。

　糖蜜と規格外小麦を原料とする日本国内の状況についても同様のことが言える。原料価格の上昇が多少あったとしても、原料以外の製造コストの大宗を占める人件費（賃金）は長引く不況の影響もあってほとんど伸びていない。生産コストの上昇は極めて限定的であるとみてよい。今後、原油市場はどのような動きを見せるかはまだ不確実な要素も多いが、この数年間における原油価格の高止まりや1バレル当たり100ドルを超える価格高騰を3年間で2回経験したこと、そして地球温暖化の元凶となる二酸化炭素削減への要請等から、バイオエタノールの生産拡大を取り巻く経済的・社会的諸条件が整いつつあるということだけは間違いな

いであろう。このことは言うまでもなく、転作田の原料米栽培利用の経済条件を相対的に有利な方向へ導くことを意味するものでもある。

2．バイオエタノールの内外価格差

一定期間におけるバイオエタノール対原油の相対価格比が低下したとしても、それに比例して直ちにバイオエタノールの国内生産条件が好転するとは必ずしも言えない。バイオエタノールの内外価格差というもう1つの問題があるからである。対原油相対価格比の低下はバイオエタノールの生産拡大を刺激すると同じように、同一の原油価格という条件の下でバイオエタノールの輸入品対国産品の相対価格比の上昇または低下は国産バイオエタノールの価格競争力を変え、相対的に有利か不利かの方向へシフトさせる。

問題は、原油は貿易自由度の比較的高い商品であるのに対して、バイオエタノールは主に穀物等を原料としているため、その取引が関係国や地域の農業生産や穀物関連貿易政策から影響を受け、原油ほどの貿易自由度がないという点である。しかし、これは別途扱うべき問題であり、ここではあくまで原油と同程度の貿易自由度を想定する。

他の貿易品もそうであるように、生産物の内外価格差を考えるに当たって、どの国や地域の生産物を対象または基準にするかという最も基本的な問題にまず突き当たる。穀物を例にすると、シカゴ穀物市場のほか、世界貿易機関（WTO）や国連食糧農業機関（FAO）といった国際機関の統計から算出される平均市場価格（いわゆる国際価格）を念頭におく場合が多い。穀物輸出入は多くの国や地域で行われ、一国・一地域あるいは数ヵ国・数地域の動きだけで市場全体の動きを捉えきれない可能性があるためである。

ところが、バイオエタノールの場合は事情が大きく異なる。図5-2-2は、2000年以降の世界全体および主要生産国の生産量を示している。2008年には、世界全体で約173億ガロン（約656億ℓ）のバイオエタノールが生産されている。2010年は229億ガロンに達し、前年比15％で、2008年より32％も伸びていると推定されている（RFA、2011）。2008年度実績のうち、アメリカは約341億ℓ、ブラジルは約245億ℓで、この2ヵ国だけで全体量の89％を占める。それに世界第3位のEUの28億ℓ、第4位の中国の19億ℓを加えると、生産量全体の96％に達する。

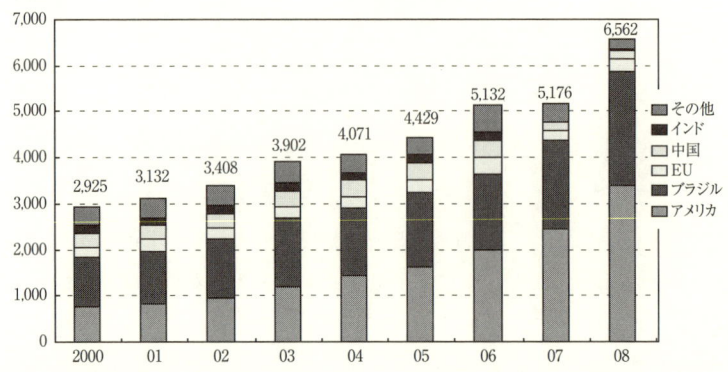

図 5-2-2　世界のバイオエタノール生産量の推移（万kℓ）

年	生産量
2000	2,925
01	3,132
02	3,408
03	3,902
04	4,071
05	4,429
06	5,132
07	5,176
08	6,562

凡例：その他、インド、中国、EU、ブラジル、アメリカ

註：2006年までのデータは、2006年度食料・農業・農村白書参考統計表、2007年以降はアメリカ再生燃料協会（Renewable Fuels Association, RFA）Industry Statistics 及び F.O.Licht により筆者作成。

　世界のバイオエタノール市場と言っても極めて集中度の高い供給構造となっており、国際マーケットはほぼアメリカとブラジルの2ヵ国によって形成されると言っても過言ではない。こうした生産（供給）構造からも明らかなように、現段階のバイオエタノールの内外価格差を検討するに当たっては、比較の対象をこの2ヵ国に限定して差し支えない。

　ブラジル産バイオエタノールの価格水準は図5-2-1でみたが、アメリカの関係資料についてはやや困難なところがある。アメリカ燃料エタノール産業全国貿易協会（the national trade association for the U.S. fuel ethanol industry）と「再生燃料協会」（Renewable Fuels Association, RFA）は、バイオエタノール市場の過度な競争を防ぐという理由から燃料エタノールの価格情報を追跡・公表しない方針を取っている（註5）。そのため、正確な生産コストや価格情報の入手は困難であり、研究者や関係機関の独自調査によるほかない。小泉（2007）のまとめによれば、主要生産国の中でブラジルの製品が最も安い生産コストを示している。1 ℓ 当たり生産コストとして、ブラジルは0.20ドル（2005、日米為替レートを120円とすると、24円になる。）であるのに対して、アメリカは0.25ドル（2002年トウモロコシ原料、同30円）、中国は0.44ドル（2006、同52.8円）、EUは0.55ドル（2005、同66円）の順となっている（註6）。つまり、ブラジルを1とした場

第5章　転作田をバイオ燃料用資源作物の栽培に利用するための経済条件　247

表5-2-1　主要4ヵ国・地域のバイオエタノール価格の比較

国・地域	単位	単価	円/ℓ換算		
			85円/ドル	100円/ドル	120円/ドル
アメリカ	セント/ガロン	173～196	39～44	46～52	55～62
ブラジル	BRL/m³	890～910	43～44	51～52	61～63
EU	US$/m³	585～620	50～53	59～62	70～74
中国	人民元/m³	6,300～6,500	81～83	95～98	114～118

註：1）F.O.Licht's Word Ethanol and Biofuels Report, Vol.9, No.1, 2010 により整理。
　　2）中国の単価は、1USドル＝6.6人民元の為替レート、ブラジル単価は、1USドル＝1.7456ブラジルレアル（BRL）で換算してから円表示したもの。
　　3）アメリカはシカゴ商品取引所、ブラジルはブラジル商品・先物取引所、EUは本船渡し価格、中国は吉林省価格である。

合の相対コスト比は、アメリカは約1.3、中国は約2.2、EUは約2.8といったように、生産コストの面でブラジルと競争できるのはアメリカだけである。

　小泉が引用した生産費データはいずれも研究者の資料によるものであり、どこまで関係国生産費の全体像を捉えたかが不明な点もある。例えば、最大生産国のアメリカをみれば明白である。アメリカ消費者連盟（Consumer Federation of America, CFA）の論評［2］に引用されているBusiness Week誌の報告によると、同国2005年産エタノールの卸売価格は1ℓ当たり0.32ドル（120円為替レートで約38円）であった。トウモロコシからのエタノールはイモ、サトウキビ等他の原料より安いことや、卸売価格に流通マージン・税金等が含まれていることから、この卸売価格水準から逆算すれば、小泉が示した1ℓ当たり0.25ドル程度の生産コストはほぼ妥当な水準とみてよい。しかし他方では、アメリカ製エタノールの輸出を構造的に分析したF.O.Licht社レポート（2010）によれば、2008年時点でトウモロコシを原料とするアメリカのバイオエタノール生産費は1ℓ当たり約0.53ドルであり、小泉が引用した生産コスト水準の2倍に当たる。この間のドル安の進行や出所の違いによるものと推察するが、表5-2-1に関連する最近の資料からすれば、F.O.Lichtの方が全国平均に近い生産費を捉えているように思われる。

　表5-2-1は、2010年8～9月期における主要生産国・地域の価格水準をF.O.Lichtレポートに基づき整理したものである。3つの特徴をみることができる。

　1つ目は、ブラジルよりもアメリカ製バイオエタノールの方が安くなっているという点である。製品品質の細かい違いがあるかどうかは不明であるが、この数年間のドル安がアメリカ製品を相対的に安くしている点はまず考えられよう。しかし、為替レートの寄与だけではない。2007年以後の4年間においてアメリカの

エタノール生産工場（操業中）は、110ヵ所から187ヵ所へと1.7倍、生産能力は2.4倍も増大している（RFA、2011）。こうした動きに伴う技術進歩や規模の経済性の働きが単位製品コストの低減に寄与したことも考えられる。F.O.Lichtレポートは、トウモロコシを原料とするエタノールの1ℓ当たり生産コストは、2008年の0.53ドルから2010年の0.34ドルへと低下してきたと記している。2010年現在、アメリカの生産量はブラジルの約2倍となっている。こうした生産シェアと生産コストの変化は、今後の国際価格の形成や貿易構造にどのような影響を与えるか、追跡して注目する必要がある。

　2つ目は、EUや中国の対ブラジル相対価格比は小泉が示した生産コストから算出されるコスト比ほど大きくないという点である。EU対ブラジル価格比は1.1、中国対ブラジル価格比は1.8であり、いずれも上に述べた2.2～2.8の生産コスト比を大きく下回る。2010年（1～12月）現在、EUのバイオエタノール消費において輸入品が18％を占めていることから、国内卸売価格の形成において輸入バイオエタノールの価格がかなり影響しているように推察される。中国の場合、バイオエタノールの輸入は皆無に近いため、価格水準はもっぱら国内の生産・流通実態を反映している。

　平均価格ということなので、産地構成の変化や統計の取り方等によって変わる可能性もあるが、同表の資料を前提とすれば、EUや中国で生産したバイオエタノールの価格競争力は、この数年間でかなり上昇したことになる（註7）。

　3つ目は、為替レートの影響である。同表の円表示欄の数値で示すように、原産国生産コストの高低にかかわらず、1ℓ当たり価格は為替レートの変動に伴って大きく変わる。貿易統計によれば、2009年4月に輸入したブラジル産バイオエタノールの総合取引価格（CIF）は1ℓ当たり46円となっている。この値は、同表に示す2010年8月のサンパウロ商品取引所の価格とほぼ同水準にある。輸入価格はかなり安くなったということだが、その理由として、この間、生産コストそのものが安くなったと考えられなくもないが、円の為替レートが約100円から約85円へと上昇したことが大きく寄与したとみてよいであろう。

　この3点で示唆されることは、バイオエタノールの生産コストまたは価格水準がまだ不確実な状況にあり、今後、為替レート等国際環境の変化や各国国内の生産・流通条件の整備、または統計の取り方等によっていくらでも変わる可能性が

表5-2-2　アメリカの燃料エタノール需給　　　　　　　　　　　　　　　　　単位：万kℓ

区　分	2002	03	04	05	06	07	08	09	10
国内生産量	806	1,060	1,287	1,478	1,838	2,461	3,407	4,013	5,008
輸入量	17	23	61	51	247	170	210	-	-
輸出量	n/a	n/a	n/a	3	n/a	n/a	n/a	-	-
国内需要量	789	1,098	1,336	1,533	2,036	2,592	3,648	-	-

註：RFA, Industry Statistics による。

あることである。国際競争力という点では、さらに注目すべき事実もある。小泉が示したブラジルの生産費データを図5-2-1に照らし合わせてみると分かるように、ブラジル産バイオエタノールの生産コストは24円という驚異的な安さにあるにもかかわらず、輸出にかかる諸経費や関税、輸入後の国内輸送費や流通マージン等が加わった総合的な取引価格（CIF）になると、生産コストの3.9倍に当たる94.6円まではねあがり、糖蜜と規格外小麦を原料とする日本産の生産コストに接近する。生産国のコスト水準はそのまま価格競争力あるいは国際競争力を意味しないのである。

　アメリカについて注目すべき点の1つは、世界最大の燃料エタノール生産国でありながらほとんど輸出しておらず、燃料エタノールの生産がもっぱらエネルギー自給を考慮して行われているという点である。それだけではない。表5-2-2に示すように、原油価格が高騰し始めた2002年以降、アメリカは国内生産量を増やしながら、ブラジル、コスタリカ、エルサルバドル、ジャマイカ、タイ等7ヵ国から輸入量を増やしている。最大輸入の2006年では、国内生産量の13％強に当たる6億5,300万ガロン（約24億7,000万ℓ）の輸入量を記録しており、その44％は生産コストの安いブラジル産が占めている（註8）。

　以上の諸点で明らかなように、図5-2-1に示す試算条件下で糖蜜や規格外小麦等割安な原料を使って生産したバイオエタノールは、主要生産国のそれと著しい内外価格差が生じるとは考えにくい。そのうえアメリカやブラジル産燃料エタノールの大量輸入は必ずしも現実的でないという点を考慮に入れれば、日本国内のバイオエタノールの生産条件は整いつつあると言えなくもない。問題はむしろ、同図に示す生産コストあるいは価格差が原油価格、為替、海上輸送費といった外的要因や、糖蜜・規格外小麦等原料の国内調達費用といった内的要因の変化によって今後どう変わるかという点と、こうした費用変化分が生産過程の技術進歩や

流通段階の効率改善努力によってどこまで吸収できるかという点である。

原油価格、為替変化の影響は1点目で述べた通りであるが、海上輸送費の変化は生産コスト以外の国や地域別取引条件（CIF）を変化させ、近隣諸国や地域からの輸入をより有利にする一方、地理的に遠く輸送ルートが複雑な国・地域からの輸入を相対的に不利にする可能性がある（註9）。しかし、これも原油価格に大きく依存する。1点目と併せて考えねばならない。

糖蜜・規格外小麦等原料の調達については、農協管内という現段階の小規模実証試験程度なら問題はないが、「国産バイオ燃料の生産拡大工程表」が目指している5万kℓ（目標年度2011年、2009年度農林水産省関係実証試験モデル事業の製造実績は1万4,733kℓ）に向かって生産を拡大するにつれて、原料の収集・運搬コストの上昇や競合的利用の出現に伴う原料価格の上昇、つまり製造企業にとって原料費の上昇等も考えられる。外部条件を一定とすれば、国内原料調達費用の上昇は内外価格差の拡大をもたらし、バイオエタノールの国内生産条件を悪化させる要因になる。その動きを正確に捉えるためには、バイオエタノールの生産拡大に伴う調達費用の変化実態を継続的に把握する必要がある。

バイオエタノール生産における技術進歩は、今後目覚ましいものがあると予想される。小泉によれば、ブラジルのバイオエタノール生産コスト（1バレル当たり生産者支払価格）は1980年の140数USドルから90年代前半の60～70ドル、2005年の約20ドルへと急速に低下し、ガソリン価格に対しても優位性を示すようになっている（註10）。25年間で生産コストは約80％も低下したことになる。同期間において同国のバイオエタノール生産量は400万kℓから1,800万kℓへと大きく拡大したことを考慮に入れれば、生産コストの低減において技術進歩と規模の経済性の両方が働いたと考えられる。

ブラジルで起きたバイオエタノール生産過程の技術進歩は、主要生産国のアメリカにおいても起きている。近年に限っていうならば、表5-2-1の関連記述からも明らかなように、ブラジルに劣らないかそれ以上の技術進歩を実現している。トウモロコシを原料とするエタノールの1ℓ当たりの生産コストが0.34ドルへ大きく低下してきているだけではなく、セルロースを原料とするエタノールの生産コストは、2001年の1ℓ当たり1.5ドル（120円為替レートで179円）から2005年の0.6ドル（約72円）へと、4年間で約60％も低下したことをアメリカエネルギ

一部（U.S. Department of Energy）が示している（註11）。今後の展望として、2012年には1ℓ当たり34円、2020年には同19円まで生産コストの低減を目指すとしている。

　アメリカ、ブラジルで実現した技術進歩は、今後、他の生産国や地域においても起きると考えられる。重要なことはむしろ、主要生産国であり、現段階で他の生産国に比べて極めて安いコストでバイオエタノールを生産しているアメリカとブラジルの技術進歩はどこまで進み、その変化がこの2ヵ国間の相対コスト水準の変化、各国のバイオエタノールの生産規模や貿易にどのような影響を与えるかといった点であろう。これらの外部環境を前提にして日本のバイオエタノール生産を考える際、3つの課題が挙げられよう。

　第1の課題はバイオエタノールの生産過程において主要生産国のアメリカ、ブラジルに匹敵するかそれ以上の技術進歩を実現できるかどうかである。上述したように、両国ともこれまでのバイオエタノール生産において驚異的な技術進歩を成し遂げ、いまなお進化し続けている。近年、日本国内においてもセルロース等のエタノール変換効率を高める技術として幾つかの注目すべき成果が報道されているが（註12）、次節で示すように産業化という点でまだ研究・開発の途上にあり、経済効率とエネルギー効率の両面において課題を抱えている。どこまで実用化され、大量生産に耐えられるかなどについては、今後の実証試験の課題になると考える。

　第2の課題は、ブラジルでみたような規模の経済性を実現できるかどうかである。バイオエタノール生産における規模の経済性は原料生産過程（農業部門）と、エタノール製造過程（精製部門）の両方から構成される。後者は主に工業技術やそれを取り巻く経営・経済環境に依存し、今後激しい国際競争が予想されるが、前者は主としてバイオエタノール用原料農産物を生産する農家の経営構造、言い換えれば農地等生産条件や農業政策のあり方等に大きく影響される。この点は第4章ですでに言及したことであり、以下に述べる第3の課題とも関係しているので、ここでは問題提起にとどめたい。

　第3の課題は、**図5-2-1**でみた糖蜜や規格外小麦、またはくず米といった食品加工副産物でなく、転作田等を使って原料米を大量に生産する場合の生産コストがどうなるかという点である。第4章でも述べたように、「国産バイオ燃料の生

産拡大工程表」の試算資料において、2030年までの目標生産量は600万kℓとしており、そのうち、糖蜜、規格外小麦、くず米といった食品加工過程の副産物や規格外農産物等を原料とする生産量はその1％にもならない5万kℓに過ぎず、原料米等の資源作物による生産量は全体の33～37％に当たる200万～220万kℓになると見積もられている。後者の生産コスト如何が、バイオ燃料の生産と政策の両方に大きな影響を与えると考えられる。しかし残念ながら、農林水産省が補助金を出しているバイオエタノール用原料米の栽培実証試験事業においてすら、生産コスト関連の検証内容が含まれていない。次節では、現場調査の結果を踏まえて、実証試験事業のあり方について考察を加えたい。

3．他の水田作物との比較収益性

1）政権交代までの政策環境と比較収益性

原油市場の動き、バイオ燃料の内外価格差、バイオ燃料製造施設の立地や規模等農業以外の条件を一定とすれば、バイオ燃料用資源作物（＝原料米）を転作作物として導入する際の問題は、主として2つに絞られよう。1つは、生産コストをカバーできるくらいの収入が見込まれるかどうかである。もう1つは、競合性ある他の水田作物、つまり、主食用米や主要転作作物の小麦、大豆、飼料作物等に比べて、同一の面積で同等の収益が得られるかどうかである。

経営選択を行う際の経済条件とも言えるこの2つの条件のうち、前者は絶対的な収益条件である。この条件を満たさなければ恒常的赤字経営となり、実証試験事業以外の栽培は考えられない。後者は相対的な収益条件または比較収益性ともいうべきもので、実際の経営収支が一定とした場合、原料米を他の水田作物と同じように栽培できるかどうかを規定する重要な条件の1つである。なぜならば、他の条件が一定であれば、生産者はより収益性の高い作物を選び、経営資源をそこへ集中させる経営行動を取るからである。他の条件とは、水田利用における米づくりへのこだわりや、水田農業に付随する米作関連技術・農法、または米作を前提として購入した機械設備の活用等が考えられる。原料米の生産は、主食用米とは用途こそ異なるものの、米づくりであることに変わりはないため、これらの条件に制約されることはない。つまり、主食用米の代わりに原料米を作るかどうかは、2つの収益条件のみに依存すると言ってよい。

第5章 転作田をバイオ燃料用資源作物の栽培に利用するための経済条件

同等の収益とは、当然のことながら同等の限界収入あるいは同等の地代収益力を意味する。小麦、大豆、原料米を作る転作田の限界収入を$MR_{小麦}$、$MR_{大豆}$、$MR_{原料米}$と表せば、これらの作物を主食用米と同等の収益条件で栽培し、なおかつ転作田を効率的に利用するという条件の下では、

$$MR_{小麦} = MR_{大豆} = MR_{原料米} = MR_{主食用米} \equiv T_{転作田}$$

でなければならない（註13）。つまり、生産者が同じ転作田で小麦、大豆、原料米のいずれを作るにしても、転作田の限界収入が主食用米のそれ（$MR_{主食用米}$）または転作田の地代（$T_{転作田}$）に等しくならなければならない。この関係が成立しなければ、転作田を効果的に利用するための均衡条件はどこかで崩れ、作目構成に変化が起きるからである。原料米に限っていうならば、これを転作田に導入し、政策的に奨励されている小麦、大豆等の重点転作作物や主食用米と同じように栽培するには、これらの作物と同等の収益、つまり、同等の地代収益力を有さなければならない。この条件の下では、転作に直面する生産者は主食用米、小麦、大豆、原料米のどちらを選択するにしても、同一の栽培面積から同等の収益が得られるため、どの作物を作るかはもっぱら収益以外の要素、例えば、その生産者がもっている技術・経験の違いや、バイオ燃料製造施設の立地・規模等に規定され、作物間の収益差を比べて転作田を特定の作物に傾斜させる経営行動を取る必要性がなくなる。

そこで、各作物の地代収益力がどうなっているかをみなければならないが、その前に、近年における主要水田作物の収益変化を確認する必要がある。作物の収益は、天候の影響を受けやすく、年によって大きく変化することがある。そのため、作物の収益性を比較する際に1年間のデータではなく、少なくとも3年くらいのデータを用いる場合が多い。例えば、2007年以降の品目横断的経営安定対策（水田経営所得安定対策等）では、過去3ヵ年の生産実績（固定払い）や標準的収入（収入減少影響緩和対策）を交付金単価の計算根拠としている。標準的収入とは「最近5年のうち、最高、最低を除く3年の平均収入」を指しているが、天候等の変化から生じる極端な収量または収入変動の影響を取り除くために用いられた中庸水準である。しかし、表5-2-3に示すように、最近5年間の水田作物の収益変化において天候変化の影響では説明しきれないものもみられる。

同表の数値は、農林水産省の作物生産費調査結果をもとに取りまとめたもので

表5-2-3 最近5年間における水田作物の10a当たり経営収益の変化　　　　単位：円

区　分	2004	2005	2006	2007	2008
稲作					
単収	517	524	511	511	533
粗収益	118,504	116,382	113,036	108,781	121,634
経営費	80,987	81,451	81,193	79,933	89,313
所得	34,629	32,810	29,463	26,485	29,101
参考：主産物単価/俵	13,418	13,083	12,993	12,495	13,330
小麦					
単収	364	393	368	423	395
粗収益	47,164	51,734	46,666	24,974	24,167
経営費	42,153	42,593	41,411	45,487	49,168
所得	4,606	8,662	4,789	−21,110	−25,974
参考：主産物単価/俵	7,708	7,825	7,533	3,458	3,523
大豆					
単収	134	175	165	177	193
粗収益	43,398	41,127	38,558	28,081	28,270
経営費	39,198	40,578	39,261	42,064	45,372
所得	3,996	401	−922	−14,160	−17,415
参考：主産物単価/俵	19,341	14,050	13,941	9,459	8,691

註：1）出所：農林水産省作物生産費調査の全国・全規模層平均値により整理。
　　2）経営費＝「支払利子・地代算入生産費－家族労働費」により算出。
　　3）所得は、「粗収益－経営費－副産物収入」により算出。

ある。主作の稲作は、2007年まで10a当たり所得が若干低下してきたものの、2008年に回復が見られ、極端な上下変動が見られない。対して小麦と大豆は、継続的な所得低下傾向に加え、2006年までの3年間との後の2年間とでは大きな開きを示している。小麦は、2006年までの3年間で10a当たり4,600～8,700円の所得があったのに対して、2007年以降の2年間は2万1,000円～2万6,000円の経営赤字を出している。大豆の場合、2006年までもほぼ所得ゼロに近い状態であったが、2007年以降は1万4,000円～1万7,000円の赤字になっている。その理由は、「参考」欄数値で示すように価格の急落にある。小麦はそれまでの1俵当たり7,500～7,800円から半値以下の約3,500円、大豆は1万4,000～1万9,000円から8,700～9,500円まで下落したためである。2007年以降、小麦、大豆の単価がなぜこれほど下落したかは後に若干の検討を加えるが、この激変ぶりで明らかなように、作物間の収益性を比較するに当たっては、2006年までとその後とはまったく違う性格のものであり、2つの期間に分けてみなければならない。

　表5-2-4は、主要水田作物の経営収支を2つの期間に分けて示したものである。小麦、大豆、原料米を稲作の補完・補助作としてではなく、主食用米に代わる転作作物として栽培する場合、当然、主食用米並みの収益が求められる。したがって、同表における米作の数値は、小麦、大豆、原料米との比較を行うための収益

第5章 転作田をバイオ燃料用資源作物の栽培に利用するための経済条件　255

表5-2-4　主要水田作物の10a当たり経営収益の比較　　　単位：円

区　分	米	小麦	大豆	エタノール原料米（試算値）
2004～06年平均				
粗収益	115,974	48,521	41,028	16,000
支払生産費	81,210	42,052	39,679	66,452
経営所得	32,301	6,019	1,158	−50,452
米作との所得差額	−	−26,282	−31,142	−82,753
2007～08年平均				
粗収益	115,208	24,571	28,176	16,000
支払生産費	84,623	47,328	43,718	66,452
経営所得	27,793	−23,542	−15,788	−50,452
米作との所得差額	−	−51,335	−43,581	−78,245

註：1）米作との所得差額以外は、前表により算出。
　　2）経営所得と「粗収益−支払生産費」との差額は副産物収入平均値となる。
　　3）エタノール原料米の標準的支払生産費は15ha以上米作農家層のデータを使っている。
　　4）その他は前出諸表を参照。

基準として用いられている。原料米の場合、経営統計の実績がないため同様の計算はできないが、農林水産省のバイオ燃料製造実証試験モデル事業の収支試算を参考にしている。全国農業協同組合連合会が事業主体となっている新潟県モデル事業では、粗収益はkg当たり20円の原料米買取価格と800kgの見積もり単収、支出は作付面積15ha以上米作農家の生産費調査結果を用いて算出している。800kgの単収や15ha以上米作農家の支出を使った根拠は何かについて吟味の余地もあるが、実態は実態として引用することにしよう。

　同表に示すように、2004～06年平均では、通常の米作経営で得られる標準的収入（粗収益の3年平均）は11万5,974円である。対して、小麦は4万8,521円、大豆は4万1,028円、原料米（試算値）は1万6,000円となっている。粗収益から経営費相当の支払生産費（支払利子・地代算入生産費−家族労働費）を差し引いて得られる標準的経営所得は、米作は3万2,301円、小麦6,019円、大豆は1,158円であり、原料米は5万452円の欠損が発生する。この値から支払小作料あるいは地代を差し引くと土地純収益、つまり上述した地代収益力になるが、経営所得の値と大きく違わないため、ここでは一般的に分かりやすい所得、つまり生産者手取収入のまま使うことにする。米作との所得差額をみると、小麦は2万6,282円、大豆は3万1,142円、原料米は8万2,753円である。

　この差額は、2007年以降小麦、大豆の価格下落、所得低下によってさらに拡大している。米作の経営所得も、2006年までの3年間に比べて4,500円ほど低下したが、小麦、大豆の所得減少幅がさらに大きかったため、米作との所得差額は拡

大し、小麦は5万1,335円、大豆は4万3,581円となった。原料米の場合、経営所得が固定しているため、米作との所得差額は米作の所得低下によってやや縮小して7万8,245円となった。

　米作との所得差額は作物や期間によって違うものの、こうした収益差が明らかに存在する以上、小麦も大豆も原料米も主食用米と同じように水田農業の主作として栽培することは、合理的な経営選択行為としてあり得ない。政策はそれを進めようとすれば、当然のことながら、通常の米作と同等の収益になるようにその差額を埋める施策を講じなければならない。これは、前章から繰り返し述べてきたように、米の生産調整が始まって以来の各種の奨励補助金を交付する形で行われてきた。同表のデータ期間に限って言えば、米作の場合は、政権交代（2009年）までは稲作所得基盤確保対策（2004～2006年）、品目横断的経営安定対策（水田経営所得安定対策、2007～）等による補助金収入があったし、麦、大豆作等については、経営所得安定対策による直接支払い（以下、直接支払いと略す）と、従来からの転作奨励金に相当する産地づくり交付金等が加わる（註14）。これらのほか、米緊急対策のような転作奨励金、耕畜連携助成金、契約生産奨励金、農地・水・環境保全向上対策における「営農活動への支援」等対策による政策支払いもあった。これらの政策支払いはすべて生産者の手に入るわけではないが、生産者が実際に受け取った金額をまとめて示したのが、表5-2-5である。

　各種奨励金の支払い方は地域によって異なり、どれぐらいの金額が生産者の手取りになったかについての統計はなく、県段階の農政担当者すら把握できていない。しかし、生産者にしてみれば、1年間でどれくらいの補助金収入が入ってきたかを、作物別に言えるかどうかは別にしても、おおよそのことが分かるはずである。表5-2-5の数値は、農業経営統計調査により整理したものである。作物別生産費調査結果と営農類型別経営統計調査結果を併記しているが、前者は、2007年以降、作物に帰属する補助金の算出を行わなくなったため、補助金収入（＝補助金等受取額－補助金等掛け金）の把握は2006年までとなっている。2007年以降は、原料米に対する補助も行われるようになっている。補助金の仕組みは、産地づくり交付金のほか、低コスト生産技術の確立に対する支援策として、地域協議会との3年契約を条件に10a当たり5万円（2007年生産調整未達成者は同3万円）の緊急一時金を支払うというものである。恒常的措置ではなく、実態調査の実績

表5-2-5　主要水田作物の10a当たり補助金収入の変化　　　　　　　　　　単位：円

区　分	2004	2005	2006	2007	2008
作物生産費調査					
米作	2,217	2,858	2,604	n.a	n.a
田作小麦	1,974	4,061	4,623	n.a	n.a
田作大豆	1,302	1,884	2,233	n.a	n.a
営農類型別経営統計調査					
水田稲作部門	700	2,190	2,593	3,304	1,708
水田麦類作部門	14,569	16,263	15,294	37,836	41,246
水田豆類作部門	27,083	28,145	30,667	40,811	47,892
参考：					
原料米	－	－	－	50,000	50,000

註：1）農林水産省調査結果により整理。
　　2）補助金収入は「補助金等受取金額－補助金等掛け金」により算出。金額には経営所得安定対策金等の転作奨励金のほか、少額ではあるが、共済受取金も含まれる。

もないが、参考のため、同表の参考欄に入れることにした。

　2006年までの2つの調査結果を比べてみると、奇妙とも言える現象が見えてくる。どちらも水田作の農家経営調査であるが、10a当たり補助金収入額は大きく異なっている。米作の場合は、補助金収入額自体が小さいため、両者間の相違が無視できるくらいである。対して、小麦と大豆は2006年を境に大きな開きを示している。開きの境目に当たる2006年についてみると、生産費調査では田作の小麦と大豆はそれぞれ4,623円、2,233円の補助金収入しかなかったのに対して、営農類型別経営統計調査では、水田麦類作部門は1万5,294円、水田豆類作部門は3万667円の補助金収入となっている。作物部門の調査と個別作物調査とでは多少の相違があったにしても、これほどの大差になることはあり得ない。その違いは、主に補助金の受領額をどの作物に帰属させるかに関する調査段階での不十分な把握と、集計段階での作物帰属計算等によるものと考えられる。いずれにせよ、2つの調査結果に大きな差が出た以上、どちらが実態に近いかについての判断が必要になる。これは正確に洗い出そうとすればかなり煩雑なことになるが、おおよその見当が付く。

　2006年度の農林水産予算概算決定資料によれば、同年度の「米政策改革関連施策の着実な推進」に計上した予算額は計2,405億円（産地づくり対策1,678億円、稲作所得基盤確保対策623億円、担い手経営安定対策78億円、集荷円滑化対策26億円）にのぼる。他方では、前節表5-1-1でみたように、同年度における米の生産調整実施面積は100万haである。予算額を米の生産調整実施面積で除すると、

表5-2-6　主要水田作物の補助金収入込み所得の比較　　　　　　　　単位：円/10a

区　分	米	小麦	大豆	エタノール原料米
1．2004-06年平均所得ケース				
経営所得	32,301	6,019	1,158	−50,452
2006年補助金収入	2,593	15,294	30,667	n.a
補助金収入込み所得	34,893	21,313	31,825	−50,452
米作との所得差額	-	−13,580	−3,068	−85,345
米作と同額の所得に必要な補償額	-	28,874	33,735	85,345
2．2007-08年平均所得ケース				
経営所得	27,793	−23,542	−15,788	−50,452
2008年補助金収入	1,708	41,246	47,892	50,000
補助金収入込み所得	29,501	17,704	32,104	−452
米作との所得差額	-	−11,797	2,603	−29,953
米作と同額の所得に必要な補償額	-	53,043	45,288	79,953

註：1）補助金収入＝「補助金等受取額−補助金等掛け金」により算出。
　　2）その他は前出表参照。

10a当たり約2万4,000円の補助金が投入された計算となる。これは、表5-2-5の営農類型別経営統計調査結果における水田麦類作部門と水田豆類作部門の補助金収入額を平均した場合とかなり近い数値である。もう少し吟味すべきところもあるが、大局的に言えば、生産費調査よりも、営農類型別経営統計調査で捉えた補助金収入額の方が実態に近いとみてよい。

　営農類型別経営統計調査で捉えた補助金収入は、同表に示すように麦、豆類作部門で年々大きくなっている。この金額を表5-2-4の経営所得に加えると、各作物の補助金収入込み所得が得られる（表5-2-6）。補助金収入を加えた場合、主食用米以外作物の10a当たり所得は大きく改善する。2004～06年の平均経営所得ケースでは、小麦は6,019円から2万1,313円、大豆は1,158円から3万1,825円へと大きく増大している。15ha以上米作農家の収益性をモデルにしている原料米の場合は、この段階で原料米への政策補助がまだ実施されていなかったため、5万452円の経営赤字のままである。2007年以降、小麦、大豆の価格下落によって経営所得が赤字になったものの、補助金収入が大きく増額したため、10a当たり補助金収入込み所得は小麦、大豆とも2004～06年平均経営所得を大きく上回っている。原料米は小麦や大豆のようにならなかったが、10a当たり5万円の補助金が入ったことで所得赤字がほぼ解消された。

　しかし、新たな課題も浮上する。2008年に補助金収入が大きく増えたにもかかわらず、小麦と主食用米との所得差は2006年に比べてほとんど改善されなかった。補助金収入の増大分に比例するかのように生産物の単価が下落し、経営所得が低

下したためである。大豆だけは、補助金収入の増大により、主食用米の所得を2,603円上回るようになった。つまり、2004～06年期間の平均収入水準ならば、主食用米並みの所得を得るためには、小麦では2万8,874円、大豆では3万3,735円の補償金があれば十分であったが、2007年以降になると、小麦では5万3,043円、大豆では4万5,288円の補助金を交付しなければ、米作との所得差を埋めることができなくなった。主食用米と同額の所得を得るために必要な補償額は大きく上昇したのである。

原料米も、5万円の補助金が入り、経営所得の赤字が解消したものの、主食用米とで約3万円の所得差が開いている。この差を解消し、他の水田作物と同等の手取収入を得るためには、2007年以降の主食用米の補助金込み収入を基準にした場合には約8万円（7万9,953円）、小麦と大豆のそれを基準にした場合、それぞれ6万8,156円、8万2,556円の差額を補填しなければならない。しかし、実際の補助額は5万円で、そのいずれにも達していない。残りの差額を埋める方法を講じなければ、生産者は原料米よりも主食用米、小麦、大豆を選び、原料米を積極的に導入しないであろう。

このように、政権交代（2009）前年度までの検討で明らかになった点は、主として次のようにまとめることができる。

第1に、品目横断的経営安定対策が本格的に導入される前の3年間では、小麦、大豆とも辛うじて黒字経営所得を示したが、主食用米とでそれぞれ10a当たり2万6,282円、3万1,142円の所得差が開き、比較収益性の面において不利な経営条件に置かれていた。原料米は、実証試験段階での低い買取価格が設定されたため、経営効率の高い15ha以上米作農家の経営費を基準にしても10a当たり約5万円の欠損が発生し、一般的に栽培する条件はなかった。

第2に、2007年以降、品目横断的経営安定対策の本格実施や原料米に対する補助制度の導入により、小麦、大豆の補助金収入が大きく増えた一方、生産物の販売価格がその前の年の約半値にまで下落した。そのため、10a当たり経営所得は、小麦は2万3,542円、大豆は1万5,788円の赤字となった。主食用米の収益低下もあって、補助金収入込み所得ベースで主食用米との所得差はいくぶん縮まったものの、小麦は10a当たり約1万円、原料米は約3万円の所得差が開いたままである。麦、大豆等に対する直接所得支払いや原料米に対する補助も、各種の補助金

が満額かそれに近い水準まで支給された少数の地域を除けば、米作と同等の収益条件を作り出すまでに至らなかった。2008年の米作収益を前提とすれば、原料米栽培に必要な補償額は10a当たり8万円となった。

第3に、5年間の流れから見えてきた重要な事実の1つは、転作作物の収益条件が補助金交付水準の引き上げによって改善されてきたのではなく、むしろ補助金が補助金を呼ぶ事態を招いてきたという点である。2007～08年平均所得ケースで主食用米と同等の所得になるために必要な補償額は2004～06年平均所得ケースのそれに比べて小麦、大豆とも大きく増えたからである。このことは、特定の作物を対象にした補助金支払いの増大が市場メカニズムの攪乱という危険性を内包していることを示唆するものなのか、それとも、補償額はまだしかるべき水準に達していないことを意味するものなのか、課題として残った。

しかしいずれにしても、政権交代までの長い間に様々な水田農業対策が実施されてきたが、転作作物を主食用米と同じように栽培するための経済条件は、各種の補助金が満額かそれに近い水準まで支給された少数地域のケースを除けば、小麦、大豆、原料米とも形成されなかったことだけは確かであろう。こうした状況が改善されない限り、これらの作物は水田農業の主作として定着しないであろう。

2）政権交代後の政策環境と比較収益性

政権交代の翌年の2010年に戸別所得補償モデル事業が導入され、水田農業政策の仕組みが大きく変わった。麦、大豆には前政権下の経営所得安定対策による補償金支払いを継続するほか、新たに10a当たり3万5,000円の水田利活用自給力向上補償金、米粉用米やバイオ原料米等の加工用米には10a当たり8万円の補償金が交付されることとなった。主食用米についても、需給調整に参加する農家に10a当たり1万5,000円の定額補償金を支払う、いわゆる「岩盤対策」が導入された。モデル事業で実証試験的に行われたこれらの対策は、2011年から本格的に実施することとなり、計8,003億円の予算が国会で決定された。これに同制度の補完・補助対策として位置づけられている「中山間地域等直接支払い交付金」、「環境保全型農業直接支援対策」や、制度導入の円滑化のための特別対策として実施される諸事業を加えると、関連交付金の総額は1兆200億円にのぼる。厳しい財政事情の中で思い切った予算措置と言ってよいであろう。この新しい制度の下で

表5-2-7　戸別所得補償制度下の交付金込み見積所得の比較　　　　　　　　　　単位：円/10a

区　分	米	小麦	大豆	エタノール原料米
1．2007-08年平均所得ケース				
経営所得	27,793	−23,542	−15,788	−50,452
2011年交付金単価	15,000	79,000	73,000	80,000
交付金込み見積所得	42,793	55,458	57,213	29,548
米作との所得差額	0	12,665	14,420	−13,245
米作と同額の所得に必要な補償額	−	66,335	58,581	93,245
2．参考：2004-06年平均所得ケース				
経営所得	32,301	6,019	1,158	−50,452
2011年交付金単価	15,000	79,000	73,000	80,000
交付金込み見積所得	47,301	85,019	74,158	29,548
米作との所得差額	0	37,718	26,858	−17,753
米作と同額の所得に必要な補償額	−	41,282	46,142	97,753

註：1）経営所得は前出表による。
　　2）2011年交付金単価は農林水産省「農業者戸別所得補償制度の骨子―平成23年度予算概算決定―」による。原料米はその対象に含まれていないが、「産地資金」枠の中で戸別所得補償モデル事業と同水準の支払い単価を支給することとなっている。
　　3）その他は前出諸表参照。

　主要水田作物の収益構成がどう変わるかを平地農業地域の標準ケースで示したのが、**表5-2-7**である（註15）。

　同表に示すように、戸別所得補償制度の下で小麦、大豆に交付される補償金はそれぞれ7万9,000円、7万3,000円である。両作物の支払生産費あるいは経営費（2007～08年平均）は4万4,000～7,000円となっていること（**表5-2-4**）から、この交付水準ならば、経営費だけでなく、小麦で約6,000円、大豆で約1万2,000円と見積もられている家族労働費を差し引いてもなお余りがある。つまり、たとえ販売収入はゼロであったにしても、交付金だけですべての生産費をカバーでき、なお余りがあるということである。定額補償金が入ったことで主食用米の交付金込み見積所得は2007～08年平均経営所得を基準にすれば4万2,793円へと上昇するが、小麦、大豆はそれを1万2,000円～1万4,000円も上回る。「2．参考」欄に示す2004～06年平均経営所得を基準にすれば、小麦、大豆の優位性はさらに顕著になる。いずれにしても、従来から続いてきた主食用米対水田小麦・大豆の収益面での優位性がこの新しい制度の下で逆転され、比較収益性という点に限って言えば、主食用米よりも小麦、大豆を作る方が有利になったのである。

　主食用米よりも小麦、大豆を作る方が経済的に有利になったということは、所得差の幅が妥当かどうかを吟味すべきところもあるが、転作作物を奨励するという点で筋の通らない政策選択とは言えない。小麦、大豆は米作と生産期間が異な

り、水田利用において前者の作付けを拡大すれば後者の作付けを減らさねばならないというような競合関係にはないことに加え、水田農業において米作優位の技術構造があり、生産者が米作づくりに強いこだわりをもっている。こうした経営構造の中で小麦、大豆の生産拡大を政策的に奨励しようとすれば、主食用米を上回るくらいの収益条件を作り出すのは当然の選択と言うべきである。問題はむしろ、この高水準の補償金交付水準が小麦、大豆の生産過剰を誘発しないかという点である。

原料米については、2011年度の水田農業関連予算において補償金交付対象から外されたが、政権交代前の産地づくり交付金や激変緩和措置の解消に伴って創設した「産地資金」枠の中で戸別所得補償モデル事業と同額（8万円）の補償金が確保されており、交付金込み見積所得は約3万円となる（註16）。この金額から経費積算の基準にしている15ha以上米作農家の家族労働費（約1万8,000円）を差し引くとなお余りがあるため、作物栽培に必要な絶対的収益条件、つまり生産費をカバーできる収益条件は確保したことになる。しかし、第2の収益条件となる比較収益性については、主食用米とは1万3,245円、小麦、大豆とはそれぞれ2万5,910円、2万7,665円の所得差額が開かれ、相対的に不利な経営条件に置かれるようになった。主食用米と同等の収益条件で栽培するために必要な補償額は、戸別所得補償モデル事業時の8万円から9万3,000円になったのである。

しかし実際においては、米の生産量または作付面積は毎年公表される米生産数量目標に制約されているため、需給調整に参加しなければ、1万5,000円の定額補償金収入が得られない。需給調整に参加し補償金収入を受け取るならば、10a当たり交付金込み見積所得は高くなるが、約束した面積以上の主食用米を作ることはできない。したがって、生産者にとって次善の選択は、麦、大豆、原料米等奨励作物の中で比較収益性の高い作物を作るしかない。2007年以降の経営所得と戸別所得補償制度の下では、「米作との所得差額」欄の数値で示すように、経営選択の優先順位は小麦、大豆、原料米の順となる。

このように、戸別所得補償制度の下では、小麦、大豆、原料米とも生産コストをカバーできる収入を確保するようになっただけでなく、主食用米と小麦、大豆の比較収益性が逆転され、前者よりも後者を作る方が経済的に有利になった。生産者が実際に作るかどうかは言うまでもなく、その置かれている水田の条件や家

第5章　転作田をバイオ燃料用資源作物の栽培に利用するための経済条件　263

計の所得構成等によって様々であるが、水田畑作を主作として栽培するための経済条件が整ったと言える。しかし、検討すべき課題もあり、3つほど挙げてみよう。

1つ目は、2007年以降に起きた小麦、大豆の価格下落はどこまで進むかである。加えて、主食用米に1万5,000円の定額補償金を交付するいわゆる岩盤対策の導入が小麦、大豆の場合のように米価下落を誘発し、主食用米市場の攪乱要因になる危険性があるかどうかも併せて注目する必要があるように思われる。

2つ目は、転作面積の増加に伴って補償金交付の対象が拡大することも十分考えられるが、それにどう対応するかである。これに関連する問題として、小麦、大豆への補償金交付単価の引き上げが過剰生産を誘発しないかという点にも注目しなければならない。

3つ目は、比較収益性の面で不利になった原料米の栽培はどこまで可能かである。

1点目に関する緊急課題として、まず、なぜ2007年から小麦や大豆の価格はその前の年の半値まで下落したかについての調査検証が必要であろう。前節で指摘したように、食料自給率の向上という至上命題の下で小麦、大豆は品質、単収、需要等の面において多くの課題を抱えながら作付けの拡大を奨励してきた。需要を上回る供給の拡大は当然、価格低下を招く。しかし、2007年からの価格下落はあまりにも急であり（表5-2-3）、通常の需給関係で説明しにくい。それは何かについて解明しなければならない。

2007年の農政において起きた最大の出来事は、前述したように品目横断的経営安定対策の本格導入である。同対策における生産条件不利補正交付金（10a当たりで小麦4万円、大豆2.7万円）や産地づくり交付金のように麦、大豆に対する直接支払いの導入が対策の目玉であり、それに伴って小麦、大豆の補償金収入が大きく増えた（表5-2-5）。こうした中での小麦、大豆の価格急落は偶然とは考えにくい。小麦、大豆は食料自給率向上の重点作物と位置づけられ、作付けの拡大を奨励しているが、実需者との出荷・販売契約による販売先の確保等が補償金受け取りの条件である。そのため、生産者も実需者も補償金を意識しながら契約交渉を行い、補償金が契約交渉過程を規定する1つのキー・ファクターとなる。実需者は、補償金の交付水準に応じて相応の分け前を生産者側に求める可能性があ

る一方、生産者側は、補償金を受け取るために契約交渉を成立させねばならないため、実需者の求めに応じて妥協せざるを得ない場面もあると十分考えられる。生産者側にとって契約成立の最低条件は、≪補償金受取見込額＞契約価格の低下による収入損失見込額≫であろう。その結果、補償金交付単価の上昇に比例して契約価格が下がり、補償金収入の増加と経営所得の減少が同時に起きるのである。**表5-2-3**でみた2007年以降の価格急落はこうした契約交渉の結果を反映したものではないかと思われるが、実態解明が必要である。その際に、生産者の契約先別販売シェアの構成（取引先または流通経路）、契約交渉における価格決定方式、契約価格（生産者手取価格）、契約成立後の加工・流通業者への販売価格（中間価格）、末端価格等といった流通段階別の価格構成等が重要なポイントになる。こうした実態調査は、小麦、大豆の取引に参加した組織の構成や取引行為等構造問題の解明につながる可能性もあろう。

　しかし、問題の解明を待つまでもなく、補償金交付額の増加が生産物販売価格の下落、つまり経営所得の低下をもたらすような状況を早急に改善しなくてはならない。考えられる手法として、2つ挙げよう。

　1つは、現行の面積払いと数量払いを組み合わせた補償金支給方式を出荷額または販売額に応じた支給方式に改めてはどうかということである。それと同時に、麦、大豆や原料米を取り扱う加工・流通業者に対しても、契約金額に応じて一定割合の奨励金を交付する仕組みを新たに創設する。こうすれば、販売（成約）額が多くなるほど生産者も実需者も利益があがるため、補償金の交付水準に比例して小麦、大豆の値引きを強要する必要性がなくなり、市場攪乱要素の1つを摘み取ることが可能となる。

　もう1つは、一律的な補償交付金の割合を減らし、品質加算、規模拡大加算、法人化支援加算、環境保全型農業直接支援等を充実・拡大するほか、各種の生産条件改善努力への支援、生産性・品質・安全性・環境負荷の軽減につながる農法改善・技術向上努力、市場開拓努力等への支援を補強または新たに創設することである。これらの措置は、生産物市場に直接的に影響せず、生産者の自主努力・経営自立を促し助ける効果もある。

　2点目で挙げた転作面積の増大に伴う補償金交付対象の拡大問題への対応も、これから益々重要な課題になると考える。米の消費減退や耕作放棄等の進行は転

作田の面積を増大させるとともに、主食用米の優良農地への集中を加速する可能性がある。前節で述べたように、主食用米の消費量はすでに800万トンを割り込む段階にきており、今後、要転作面積がさらに増えていくと見られる。たとえ現在の転作田面積を前提にしても、麦、大豆、飼料・加工用米への取組や二毛作を取り入れる生産者が増えれば、補償金交付対象の範囲は拡大する。農業予算規模も相応に増額すれば問題はないが、同等の予算規模を前提にすれば、交付対象の拡大は交付金単価の低下を意味し、転作への取組意欲を減退させる。こうした状況を想定しつつ、一時的な対応策としてではなく、増えつつあると予想されるすべての転作田の活用を前提にした新たな仕組みの確立が望まれる。

　その際に考えねばならない関連問題の1つは、小麦、大豆への高い補償金交付単価は生産過剰を刺激し、在庫増加による継続的な価格下落を招く心配はないかという点である。前節でも触れたように、助成単価が引き上げられた1998年以降の10年間において品質向上を伴わない小麦、大豆の生産量が増え、過剰在庫となって落札価格を押し下げる要因になった。その傾向は、近年も続いている。2009年産大豆の入札結果（財団法人日本特産農産物協会、2010年9月）によれば、国産大豆の落札率は20％弱と低調で、60kg当たり落札価格は6,671円であった。この価格は、表5-2-3でみた2008年の生産者手取価格より23％も安く、その理由として「在庫過多」（註17）が挙げられている。

　小麦についても同様のことが言える。全国米麦改良協会が公表した「平成23年産民間流通麦に係る入札結果」（2010年12月22日）によれば、上場小麦数量（約25万トン）の99％が落札されたものの、落札価格は60kg当たり2,924円であった。この落札価格は前年度より12％、表5-2-3でみた2008年の生産者手取価格より17％も安くなっている。翌日の日本農業新聞は「国産の過去2年の不作傾向、外麦の供給が先細る見通し」の中での入札であったと解説しているが、厳しい供給事情の中ですらこの程度の落札価格である。外麦供給事情が好転し、国内生産が拡大されると、一層の価格下落を誘発する可能性も十分あると思われ、対策を打つ必要がある。

　このように、小麦、大豆とも主食用米や原料米を上回るほどの補償金が交付され、作付けの拡大が刺激される状況にある一方、品質改善の遅れや需要不足等で継続的な価格下落に陥る危険性も抱えている。この難問をどう解決するかが、戸

別所得補償制度の成否を規定する1つの要因になろう。上述した補償金支給方法のほか、バイオ燃料用原料米や米粉等の加工用米のあり方と併せて検討する必要がある。

　そこで、3つ目に挙げた検討課題、つまり、比較収益性の面で不利になった原料米栽培はどこまで可能かについてみよう。米・麦に比べれば、10a当たり8万円の交付金がかなり高く見られるが、前述のように、原料米の販売価格がkg当たり20円と低く設定されているため、販売収入と交付金の合計額は主食用米のそれより約1万3,000円も少ない。他方の生産費は通常の主食用米とほぼ変わらない。その結果、主食米だけでなく、直接支払いが大きく増えた麦、大豆に比べても収益性が相対的に不利になっている。こうした不利は、当然是正されるべきと考えるが、補助金だけでなく多面的な検討が必要であり、そのための条件もあるように思われる。

　前にも触れたように、麦・大豆は比較収益性の面で有利になったものの、実需の面でなお多くの課題を抱え、必ずしも楽観できる状況ではない。農家は受け入れ可能な価格で業者との継続契約ができなければ、次善策として原料米栽培を選択する可能性が十分ある。

　原料米と飼料用米または食品加工用米等の兼用も、原料米の可能性を検討する際に考慮すべき重要な視点となる。飼料米兼用の考えで原料米栽培を進めれば、食料自給率向上の政策目標に合致し、中長期的には食料自給力の向上にもつながる。原料米生産者にしてみれば、畜産農家との連携で耕畜連携交付金（2011年水準で10a当たり1万3,000円）を受け取ることができ、比較収益性の改善に結びつく可能性もある。農家がどちらを選択するかは、言うまでもなく耕畜連携の可能性と補助金込みの相対収益性に規定されるが、農政はそれを後押しするような制度設計をするべきであろう。

　より重要な点として、補助金を頼りにしないバイオエタノールの産業化をどう図るかという点である。アメリカでは、穀物メジャーや新世代農協がバイオエタノールの主な担い手となっている。農業者によって起業された製造業者もある。フランスでは、製糖部門をもつ組合や穀物集荷・一次加工の組合、穀物集荷も行う商系食品企業がバイオエタノールの量産体制を担っている。彼らは、ビジネス感覚をもってバイオエタノール製造事業に参入し、ビジネス感覚で事業から撤退

することもある（註18）。国民経済や民生を左右する食料・エネルギー事業のあり方としてこれでよいかといった懸念もあると思われるが、こういう形に象徴される民間主導のバイオエタノール産業化の取組がアメリカを世界最大で最も効率的なバイオエタノール生産国にしている現実を客観的に見る必要がある。その経験・方法を日本に適用することが可能か、どのような改善策が必要かを含めて、比較研究が必要と思われる。

　日本では、アメリカのような巨大穀物メジャーはない。しかし、それに匹敵するくらいの組織として農協系統、つまりJAグループがある。米を原料とする酒造関連業界もある。JAグループは米の主要供給者であり、酒造関連業界はバイオエタノールの製造に転用可能と思われる高い発酵・酒造技術力をもっている。JAグループと酒造業界は、原料供給と利用の面で従来から強い結び付きがある。JAが米の消費減退・在庫増大・水田の有効利用等において悩みを抱え、難局打開を求めているのと同様、酒造関連業界も需要飽和等で厳しい経営環境に直面している。こうした事情から、酒造業者がその高い酒造・発酵技術を活かしてバイオエタノール製造に参入し、JAグループはそれに協力するか、共同事業等の形で連携プレーを展開すれば、自らの事業拡大、エタノールの精製効率と経営効率の向上、原料米生産農家の経営改善等といった多様な相乗効果が生まれ、原料米生産の拡大につながる可能性もある。原料米の収量向上等の実証試験と並行して早急に検討すべきことである。

　このように、戸別所得補償制度の実施によって原料米栽培は比較収益性の面において相対的に不利になったのは確かであるが、この条件の下で栽培拡大が困難になったとは必ずしも言えない。補助金以外にも工夫の余地がある。しかし、民間の活力を活かすために考えねばならない重要な点として、バイオエタノールを含むバイオ燃料市場を如何に創出・拡大するかである。バイオ燃料産業は政府の補助金のみに動かされるような官製市場のままでは、政府の失敗によって産業も失敗するため将来性が見込めない。自立可能な産業化を目指すべきである。産業化条件の1つとして、健全な市場の育成が必要である。10a当たり8万円の補助金水準は、アメリカやフランス等のバイオエタノール先進国の水準からみれば決して低いとは言えない（註19）。8万円の補助金をもらっても主食用米、麦、大豆に比べて収益性が劣っている理由は、主に補助金以外の販売収入の少なさ、と

りわけkg当たり20円という「与えられた」原料米買取価格の低さにある。これを変えるには、先進国や先進地域の取組を参考に官製市場からの脱皮を図り、自立経営の助長につながる健全な市場の育成が必要不可欠である。

(註1) 中村については、2007年4月24日付け『日本農業新聞』12版視点「植物からエタノール」を参照されたい。
(註2) 石油情報センター資料（2006年5月1日統計）による。
(註3) ドバイの原油価格を基準にすれば、約2倍上昇したことになる。
(註4) 石油情報センターの月平均価格である。
(註5) 2008年6月RFAホームページ、Industry Statisticsの"Ethanol Price"項による。
(註6) 小泉 [8] p.44、図1-4を参照されたい。これらのデータは官庁統計でなく、いずれも研究者の発表を引用したものであり、データの発表時期も異なること（アメリカは2002、中国は2006、ブラジルとEUは2005）に留意されたい。
(註7) 黄・矢部が引用した宋らの資料（2008）によれば、トウモロコシを原料とする吉林省のエタノール生産コストはトン当たり4,937元である。多少の時間的ずれがあるが、これを同表の価格に照らしてみると、現地の流通マージンは28～31％と推定される。
(註8) RFA [3] を参照されたい。
(註9) この点については吟味を要するため、ここに「可能性がある」と表現するにとどめることにした。原油価格の上昇は一般的に海上輸送費、したがって貿易品のCIFを高めることになるが、その影響は貨物輸送量や輸送業者の経営努力にもよる。貨物輸送量の増大や企業の経営努力は単位貨物量当たりコストを引き下げる効果があるため、原油価格上昇等によるコスト増加分がこうした要因により吸収される可能性もあることに留意されたい。
(註10) 小泉 [8] p.75、図2-2および関連説明を参照されたい。関連資料として梶井・服部 [7] の諸論文も併せて参照されたい。
(註11) バイオ燃料技術革新協議会「バイオ燃料技術革新（案）」（2008年3月）p.18、図1.10を参照されたい。
(註12) 2007年3月29日付け『日本農業新聞』記事「稲わらエタノール製造：酵母使い容易」、2007年9月7日付け『日本経済新聞』記事「生産性4倍の新技術：三井造船製造プラント販売へ」、同2008年6月20日記事「非食料バイオ燃料量産：出水・三菱商　世界最大級の工場」、同2010年8月14日付け記事「出水など20年めど：高効率バイオ燃料量産へ」等を参照されたい。
(註13) 水田の限界収入 $MR_{小麦} = T_{小麦}$、 $MR_{大豆} = T_{大豆}$、 $MR_{原料米} = T_{原料米}$　それゆえ、これに転作田の地価が作物間で同一、すなわち、 $T_{小麦} = T_{大豆} = T_{原料米} = T_{転作田}$ の条件を加えれば、式は成立する。
(註14) 産地づくり交付金は転作奨励のための交付金であるため、基本的に主食用米

の生産に支払わない性格をもっているが、特色ある米づくりに交付する地域もある。例えば、愛媛県今治市では、有機栽培や特別栽培米に用いている（安井［11］）。
(註15) 標準ケースとは、二毛作加算等各種の加算を考慮しないことを指している。
(註16) 農林水産省、JA全農関係部署への聞き取り調査による。
(註17) 2010年7月31日付け『日本農業新聞』を参照されたい。
(註18) アメリカについては西澤［9］、フランスについて石井［6］を参照されたい。バイオエタノールの産業化過程を丁寧に整理・分析した力作である。
(註19) 石井［6］、西澤［9］を参照されたい。

引用文献

［1］F.O.Licht, The US as a structural ethanol exporter, F.O.Licht's World Ethanol and Biofuels Report, Vol.8, No.21, 2010
［2］Mark Cooper, Over a barrel: why aren't oil companies using ethanol to lower gasoline prices, Consumer Federation of America, May, 2005
［3］RFA, Building bridges to a more sustainable future: 2011 ethanol industry outlook, 2011
［4］『バイオマス活用推進基本計画』2010年12月
［5］黄波・矢部光保「中国におけるバイオエタノール生産と食料政策」（矢部光保・両角和夫編著『コメのバイオ燃料化と地域振興』筑波書房、2010）pp.229-253
［6］石井圭一「フランスにおけるバイオエタノール生産とその政策—小麦原料を中心に—」（上掲［5］）pp.155-178
［7］梶井功（編集代表）・服部信司（編集担当）『世界の穀物需要とバイオエネルギー』（日本農業年報54）農林統計協会、2008
［8］小泉達治『バイオエタノールと世界の食料需要』筑波書房、2007
［9］西澤栄一郎「アメリカにおけるバイオエタノール生産とその政策」（上掲［5］）pp.179-201
［10］宋安東・斐広慶・王風芹・閆徳冉・馮沖「中国燃料乙醇生産用原料的多元化探索」『農業工程学報』Vol.24（3）、2008、pp.302-307
［11］安井孝『地産地消と学校給食：有機農業と食育のまちづくり』コモンズ、2010
［12］全国農業会議所『農政改革三対策（ダイジェスト版）』2008

第3節　実証試験事業のあり方

1. 原料米を使ったエタノール製造実証試験事業の考察

　バイオエタノールに関する実証試験は、「2002総合戦略」の翌年に始まり、「2006総合戦略」以降、各種推進策の導入により、実証試験事業は11カ所まで増えた。そのうち、農産物を原料とする事業は大阪府堺市、岡山県真庭市、福岡県北九州市の3ヵ所を除く8ヵ所で行われ、沖縄県宮古島以外6つの事業に農林水産省がかかわってきた。原料米を使ったバイオエタノール実証試験は北海道苫小牧市と新潟県の2カ所あるが（註1）、前者は主に輸入米（ミニマムアクセス米、略称MA米）を使った実証事業である。以下では、全国農業協同組合連合会（以下、JA全農と略す）が事業主体となっている新潟県事業を中心に考察を進めたい。

　この事業は、年2,250トンの多収量原料米を栽培して1,000kℓのエタノールを製造し、3％の割合でガソリンに混合した約3万3,000kℓのエタノール混合ガソリン（E3という）をJA全農新潟管内約20ヵ所のJAガソリンスタンド（JA-SS）で販売する、というものである。原料米の生産は新潟県内8つのJAで行い、2009年1月からエタノールの製造・販売を始める。原料米の栽培試験は2006年に始まり、2009年度実績（2010年3月）として333生産者、280haの栽培が行われている。

　原料米栽培試験が始まる前の2005年に、JA全農は原料米の供給可能性、製造工場の成立条件、原料米を使ったエタノール製造および地場消費の可能性を検討するための調査補助事業を実施し、報告書を取りまとめた。表5-3-1の参考欄以外の部分は、原料米生産段階の収支試算結果を示している。栽培費用は、作付規模15ha以上米作農家が最も効率的な方法で生産を行った場合の生産費、販売収入は、JA全農が目標にしている10a当たり800kgの玄米単収とkg当たり20円の買取価格で算出されている。同表に示すように、この試算条件の下で10a当たり生産費は3万5,600円となる。これを10a当たり800kgの単収で計算し直すと、原料米1俵（60kg）当たり生産費は2,670円となる。製造工場による原料米の買取価格は1俵当たり1,200円となっていることから、このほとんどあり得ないような最安の生産費試算の下ですら1俵当たり1,470円、10a当たり1万9,600円の経

第5章 転作田をバイオ燃料用資源作物の栽培に利用するための経済条件

表5-3-1　バイオエタノール原料米栽培10a当たり収支概要

区分		金額	試算方法	参考：15ha以上 米作農家平均
1．栽培費用		35,600		77,946
	物財費	9,000	作付規模15ha以上の物財費からその他の諸材料費、土地改良・水利費、賃借料・料金、公課諸負担、建物費、農機具費、生産管理費等を除いた値の50%	52,859
	農機具費	17,000	作付規模15ha以上の農機具費	
	労働費	9,600	労働単価1,600円／時、労働時間を6時間／10aとし、6時間／10aについては、無人ヘリ利用の湛水直播体系の農水省試算結果による延べ時間を試算	25,087
2．玄米販売収入		16,000	原料玄米の販売単価20円／kg、単収800kg／10aとして試算	114,261

註：参考欄以外はJA全農「新潟県内におけるバイオエタノール原料米によるバイオエタノール製造・利用等に関する調査事業実施結果報告書」（20006年2月）表2.1.4により作成、参考欄は2005年産米生産費調査による。

表5-3-2　原料米を使ったエタノール製造の収支シミュレーション

玄米使用量（トン／年）	15,000（基本ケース）			30,000			80,000		
エタノール生産量（kℓ／年）	6,700			13,400			35,700		
生産設備費（億円）	43			62			103		
収支項目・条件	製造費 (百万円)	円／ℓ	費用構成 (%)	製造費 (百万円)	円／ℓ	費用構成 (%)	製造費 (百万円)	円／ℓ	費用構成 (%)
支出計	761	114	100.0	1,284	96	100.0	2,907	81	100.0
1．変動費	597	89	-	1,041	78	-	2,487	70	-
原料米費	300	45	39.4	600	45	46.7	1,600	45	55.0
諸材料・その他	175	26	23.0	319	24	24.8	765	21	26.3
人件費	122	18	16.0	122	9	9.5	122	3	4.2
2．固定費	164	24	-	243	18	-	420	12	-
設備償却費	96	14	12.6	138	10	10.7	228	6	7.8
土地費	6	1	0.8	9	1	0.7	13	0	0.4
税金等	63	9	8.3	96	7	7.5	179	5	6.2
エタノール工場出荷単価 の条件設定	出荷単価 (円／ℓ)	総収入 (百万円)	総利益 (百万円)	出荷単価 (円／ℓ)	総収入 (百万円)	総利益 (百万円)	出荷単価 (円／ℓ)	総収入 (百万円)	総利益 (百万円)
単価＝生産原価×1.05	119	799	38.0	101	1,348	64.2	85	3,051	144.7
単価＝生産原価×1.10	125	837	76.0	105	1,412	128.4	90	3,197	290.0
単価＝生産原価×1.15	131	875	114.0	110	1,476	192.6	94	3,342	435.3
単価＝生産原価×1.20	136	914	152.0	115	1,540	256.7	98	3,487	580.6
単価＝生産原価×1.25	142	952	190.0	120	1,605	320.9	102	3,633	725.9

註：1）全国農業協同組合連合会「新潟県内におけるバイオエタノール原料イネによるバイオエタノール製造・利用に関する調査事業実施結果報告書」（2006年）、p.15、表2.1.12を要約したものである。
　　2）プラントに必要なボイラー用蒸気のエネルギーをすべて購入籾殻（1,200円／トン）で賄うと想定している。
　　3）各種の生産原価の設定については、同報告書p.14の表を参照されたい。

営赤字が発生する。この差額やその他必要諸経費の補填は、前節で述べたように政権交代までは10a当たり3万円～5万円、政権交代後は同8万円の交付金により行われている。

　栽培段階の収支試算の問題点については後に実態調査の結果を踏まえて考察したいが、原料米を使ったエタノール製造段階の収支シミュレーションは表5-3-2にまとめている。事業計画では2,250トンの原料米栽培となっているが、エタノ

ール製造段階でそれを大きく上回る１万5,000トンから８万トンの玄米使用量を設定している。今後の生産拡大を想定したシミュレーションで、バイオエタノール生産に対するJAグループの意欲を示す一面もあるように思われる。このシミュレーションで注目すべき点は２つある。

　第１に、同表に設定されている原料費水準の下で、原油価格を特に高く想定しなくても一定の利益が見込まれている点である。前節で述べたように、原油価格が最高値を付けた直後の2008年８月６日の店頭レギュラーガソリンの全国平均価格は185円、税込み卸売価格は161円であった。同表にあるように、流通マージンを最高の25％水準（単価＝生産原価×1.25の条件設定）に設定するにしても、161円を超える出荷単価はない。つまり、この時期の原油価格を基準にすれば、バイオ燃料に対する非課税等優遇措置を適用しなくても、すべてのケースで採算が取れるということである。

　そして、この最高値の原油価格という条件を外しても、製造規模や出荷単価の設定によってレギュラーガソリンと同様の価格で販売可能なケースもある。2009年度を例にしてみれば明白である。この年にニューヨーク原油先物価格（WTI）は１バレル当たり約74ドル、国内レギュラーガソリンの平均卸売価格は１ℓ約110円、同店頭現金価格（消費税込み）は125円（月別価格単純平均値）であった。この数年間のガソリン価格の動きからみれば特に高い水準でもなければ、低い水準でもない。今後とも十分ありうるこの価格水準の下では、玄米使用量８万トン規模におけるすべての価格設定、３万トン規模における利益率15％水準までの価格設定（単価＝生産原価×1.15）が許容される。非課税等優遇措置を加えれば、基本ケース１万5,000トン規模における利益率５％、３万トン規模におけるすべての価格設定が許容される可能性もある。

　第２に、他の条件を一定とした場合、１ℓ当たり生産原価は製造規模によって大きく異なり、つまり、明確な規模の経済性を想定している点である。玄米使用量１万5,000トン規模の標準ケースで１ℓ当たり生産費は114円であるのに対し、３万トン規模で96円、８万トン規模で81円へとなっている。年製造能力の想定範囲（15,000トン〜80,000トン）内においては、生産コストの規模弾性値は－13.3％となる（註２）。規模が倍増するにつれて、１ℓ当たり生産費は13.3％低下するということである。

第5章　転作田をバイオ燃料用資源作物の栽培に利用するための経済条件

表5-3-3　原料米によるバイオエタノール製造事業の実態と効率

項目	単位	2008	2009	参考: 苫小牧MA米	規格外小麦	てん菜
原料米（玄米）生産量	トン	2,360	1,900	12,428	4,225	12,904
エタノール製造量	kℓ	17	499	5,114	9,120	
製造効率	kℓ/トン	0.418	0.393	0.485	0.360	0.102
バイオ燃料販売量	kℓ	-	27,807	4,570	8,048	
バイオ燃料品質適合度	%	100	100	100	100	100
参考：						
原料米買上価格	円/kg	20	20	-	32.315	3.822
乾燥・輸送・保管費用	円/kg	20.6	24.2			

註：1）イネ原料バイオエタノール地域協議会・全国農業協同組合連合会各年度事業評価報告書および報告書添付資料により取りまとめたもの。
　　2）2008年製造効率と品質適合度は試験データである。
　　3）参考欄数値は、北海道バイオ燃料地域協議会・オエノンホールデイングス（株）（MA米）、及び北海道農業バイオエタノール燃料推進協議会・北海道バイオエタノール（株）（規格外小麦、てん菜）、2009年度事業評価報告書（MA米）により取りまとめたもの。苫小牧実証用原料米の84％はミニマムアクセス輸入米（MA米）、残りは道産米とその他となっている。

　そのなかで、8万トン規模で生産原価を25％上乗せするにしても、2009年度の税込卸売価格（1ℓ当たり110円）より低いという試算結果は注目に値する。生産原価を25％上乗せするというのは、卸売から小売段階までの14％の流通マージン（2009年度平均）を含めた価格設定となるため、この規模でエタノールを製造し、なおかつ原料米買取価格を不変とすれば、前節で述べたような税制上の優遇措置がなくてもレギュラーガソリンとの同等の価格で販売することが可能となる。

　反対に、上述の規模弾力性を用いて逆算してみると、実証試験モデル事業が目標としている2,250トン原料米使用の製造規模では、1ℓ当たり生産費は約38％増の158円に上昇し、最高値を付けた2008年8月6日のガソリン卸売価格（161円）とほとんど同水準になる。つまり、原油価格が多少ともこの水準を下回れば、バイオエタノールの生産条件は成り立たなくなる。試算段階の話ではあるが、規模の経済性を十分活かせるような事業規模で生産できるかどうかが、事業の将来性を左右するキー・ファクターの1つになると考えられる。

　この実証試験事業はほぼ予定通りに製品生産が開始され、2008年度に17kℓ、2009年度に499kℓのエタノールを生産している。表5-3-3は、この2年間の事業実績を示している。参考のため、輸入米（MA米）を使った苫小牧事業（北海道バイオ燃料地域協議会・株式会社オエノンホールディングス）と、規格外小麦、てん菜を使った北海道農業バイオエタノール燃料推進会議・株式会社北海道バイオエタノールの実証試験結果も同表の参考欄に添付している。バイオエタノール製

表 5-3-4　原料米の年度別・品種別試験栽培実績

年度・品種	生産者数(人)	栽培面積(ha)	玄米生産量(トン)	反収(kg/10a)	1トン/10a以上生産者(人)
2007年計	47	37.6	226.1	601	-
2008年計	361	302.8	2,360.0	779	15
北陸193号	-	300.6	2,348.4	781	-
北陸218号	-	1.6	7.8	484	-
夢あおば	-	0.6	3.8	648	-
2009年計	333	279.8	1,900.0	679	2
北陸193号	-	260.5	1,817.0	698	-
北陸218号	-	8.2	34.0	412	-
夢あおば	-	10.2	46.0	450	-
北陸184号	-	0.8	4.0	416	-

註：イネ原料バイオエタノール地域協議会・全国農業協同組合連合会各年度事業評価報告書、報告書添付資料、及び聞き取りにより取りまとめたもの。

造はまだ試行錯誤の段階にあり、効果等の評価がこれからであるが、現段階で見えてきた点としていくつか挙げられる。

　まず、製造効率が計画水準を下回っている点である。エタノール生産量対原料米使用量比率はどの製造規模も0.446と想定していたが、2009年実績は0.393で計画水準を大きく下回っている。この水準では、**表5-3-2**の原料費を12％押し上げることになる。これについて報告では、発酵槽内の糖分が十分絞り出しきれていないこと、もろみ液にリサイクルすべき酵母を含んでいることによる補給糖化液の消耗、液化および糖化工程における不十分な酵素分解による原料デンプン残留等の理由を挙げているが、改善の可能性があるということであろう。「参考」欄に示すように、輸入米を使った苫小牧事業では0.485の製造効率を示している。この水準ならば、**表5-3-2**の原料費を９％低減させることになる。苫小牧事業はこの段階での１つの技術的到達点を示したが、この数値に近づけ、超えることが可能かどうかは今後の実証試験における１つの注目点になる。

　次に、原料米栽培試験や乾燥・運搬・保管等の面においても課題を露呈した点である。事業計画では、多収量原料米の単収（玄米）を10a当たり800kgと想定していたが、**表5-3-4**に示すように、３年間の実績において想定の単収水準に達した年は一度もない。有望視された「北陸193号」は比較的高い収量を示しているが、他の３品種は、主食用米にすら及ばない単収水準の低さに加え、年によって激しい上下変動を示す品種（夢あおば）もある。栽培試験の面で乗り越えなければならないハードルがなお高いと言ってよいであろう。

第5章 転作田をバイオ燃料用資源作物の栽培に利用するための経済条件　275

表5-3-5 バイオエタノールプラントのエネルギー収支　　　　　単位：GJ、％

運転区分	エネルギー投入			バイオエタノールエネルギー産出	産出／投入比
	重油	電気	投入計		
試運転区1	9,282	3,035	12,317	8,565	69.5
試運転区2	22,342	3,945	26,287	20,121	76.5
試運転区3	27,830	3,772	31,602	27,791	87.9
試運転区4	56,832	7,666	64,498	51,989	80.6
計	116,286	18,418	134,704	108,466	80.5

註：北海道バイオ燃料地域協議会・オエノンホールデイングス（株）21年度事業評価報告書により整理。

　しかし他方では、新しいフロンティアも示されている。収量全体が思ったほど高くない中で、10a当たりトン以上の単収をあげた生産者は2008年に15人、2009年に2人いた。バイオ燃料政策が右往左往している中での実績なので、バイオエタノールの製造体制、原料米の位置づけ、今後の政策ビジョンなど、生産者に希望をもたせるような施策をきちんと確立すれば、収量向上の余地が十分あるように思われる。

　これと密接に関連するもう1つの課題として、表5-3-3表側の「参考」欄に示すように、原料米の買取価格とほぼ同額かそれ以上の乾燥・運搬・保管費用が発生していることである。エタノールの製造が計画を下回り、在庫が膨らんだためと説明しているが、JA全農新潟管内という地域範囲だけでもこれくらいの費用が発生しているからには、原料調達が広域になった場合にさらに増える可能性もあろう。原料米の生産だけでなく、生産から製造までの最短距離・最短時間輸送、最少保管を基本とした一貫生産体制を構築することにより、乾燥・運搬・保管費用を必要最小限に抑えることができるかどうかが課題となる。

　これまでの実証試験モデル事業で示された最大の課題は恐らく、表5-3-5に示すエネルギー収支の悪さであろう。新潟事業報告書にはこれらのデータを掲載していないが、参考として輸入米を主原料とする苫小牧事業のデータを使っている。エネルギー収支とは、製造されたエタノールに含まれるエネルギー対エタノール製造過程に投入したエネルギーの比率を指すが、要は、エタノール製造過程に投入されたエネルギーを上回るほどのエネルギーがエタノールから得られたかどうかである。同表に示すように、エネルギーの産出／投入比は69.5～87.9％の範囲にあり、産出されたエタノールに含まれるエネルギーよりも、その製造過程に消耗したエネルギーの方が多かったのである。原料米の栽培過程に投入されたエネ

ルギーを計算に入れていない製造段階だけでもこういう不満足な結果となっている。製造量が少なく、技術効率性や規模の経済性が十分発揮できるほどの規模に達していないことが最大要因と思われるが、バイオエタノール事業の将来性を決定づける重要なバロメーターであるだけに、これをどう改善し、または改善の可能性があるかどうかを含めて、実証試験事業の喫緊課題として検証し、確かな結論を得る必要がある。

２．実証試験事業のあり方

　以上に見てきたように、原料米によるエタノール製造の実証試験事業において原料米生産、乾燥・運搬・保管体制、製造効率、エネルギー収支などの面で多くの課題を抱えている。その１つ１つをクリアしなければ、本格的な事業展開つまり産業化は困難である。

　効率的な糖化・発酵・精製技術の確立は主にバイオエタノール製造段階の課題であるのに対して、原料米を効率的に生産し、効率的に輸送・保管する体制の確立は当然、原料米生産側、当面は栽培試験でやらなければならない作業である。これをどう進めるかが、産業化の可能性を考えるうえで極めて重要である。実証試験の日がまだ浅く、参考となる資料も限られているが、こうした中でも事業のあり方として検討しなければならない点がいくつ見えてきたように思われる。

　第１に挙げなければならない点として、事業地域の選定である。どの程度の栽培試験をどのような地域でどのように行うかは、地域の生産条件や生産者の協力状況農業側の要因のほか、エタノール製造プラントの有無やバイオエタノール実需者等農業以外の要因にも影響され、一概に言えることではない。しかし、現在進行中の実証事業は、「国産バイオ燃料の大幅な生産拡大を図るためには、食料や飼料等の既存用途に利用されている部分ではなく、……未利用バイオマスの活用や耕作放棄地等を活かした資源作物の生産に向けた取組を進めることが重要である」とする「推進報告書」の趣旨に沿って企画されたものかどうかと言えば、そうには見えない。農産物を原料とする進行中の実証試験事業は、北海道、新潟県、山形県等のようなコメどころか、生産条件の比較的恵まれたところだけが選ばれている（註３）。「推進報告書」が示すように、「食料や飼料等の既存用途に利用されている部分」と競合しない「耕作放棄地等を活かした資源作物の生産に

向けた取組を進めることが重要である」ならば、生産条件が厳しく平均単収の低い比較劣等田（第4章第2節モデルB）を多収量栽培実証試験の対象として優先的に考慮すべきではないかと思われる。

　もちろん、条件のよいところで実証事業が不要と言っているのではない。条件のよい地域で実証事業をやってもよいし、北海道十勝事業のように、規格外小麦等の副産物を使ったエタノール製造を行う場合には、規格外小麦が大量に発生するこの地域を事業地域にした方が効果的である。第4章第2節のモデルBの考え方に沿って言うならば、耕作放棄地のみに限定する必要はなく、米作や麦、大豆等の転作に利用されている部分との調整を含めて実証事業の配置を構想すればよい。問題は、「耕作放棄地を活かして、食料生産に影響を与えない形で効率的に作物を生産」し、なおかつ「極めて粗放的に低コストで作付けできるようにする」（「推進報告書」）ならば、生産力の低い水田での実証栽培試験が必要不可欠であるということである。「推進報告書」の考えにかかわらず、第4章第2節のモデルBで示した「主食用米の優良水田優先利用と転作田の適正集積利用」原則からしても同様の結論に辿り付く。

　低コスト生産技術の確立手法は生産条件によって異なる。多収量原料米の栽培が行われているJAにいがた管内尾崎泉地区のように平坦な水田地帯で従来からのコメどころであり、この2、3年間の栽培試験において10a当たり1トンを超える収量を出した生産者もある。このような生産条件が比較的恵まれた地域で確立した低コスト生産技術は、同様の条件をもつ地域には通用するかもしれないが、生産力水準が低く耕作放棄地の多い中山間地に適用できるかどうかは検証が必要である。気候冷涼な北海道での栽培試験から得られた多収量・低コスト生産技術は、気候温暖な四国・九州地域に適用可能かどうかも、四国・九州地域での栽培試験を通して確認しなければ言えない。例えば、新潟県の栽培試験で使った「北陸193」は、10a当たり600kgから1トン以上の単収変動幅を示している。2つのJAと47人の生産者が参加し、37haの面積で栽培試験を行った2007年には601kgの平均単収しか取れなかったのは、低温や旱魃の影響があったからだと協力生産者は言っている。大量栽培を行った2009年も天候不順の影響で700kg程度の単収にとどまっている。この品種は高い生産力をもっていると見られているが、標高の高い低温環境や水源確保が整っていない水田地域には適さない可能性もある。

そのため、JA全農新潟県本部は、標高250～300mの低温環境での栽培試験をJAえちご上越管内で進めることにしている。

　同様のケースは、他の地域でもあり得よう。原料米の栽培が主として耕作放棄地を含む比較劣等田で行うならば、転作田の生産条件の多様性や耕作放棄地の生産力特質を反映した多様な栽培試験が必要不可欠である。局地栽培試験で多収量をあげた品種やそれに適した技術や農法を試験地以外の地域、とりわけ比較劣等地の割合が高い耕作放棄地で応用するに際して、どのような条件が必要かをはじめ、「推進報告書」でいう多収量で効率的な生産の可能性、「粗放的で低コスト」作付けの可能性と方法などを条件の厳しい耕作放棄水田での実証試験を通して検証し、選別しなければならない。短期的な成果を急ぐあまり、生産条件のよいところだけを選んで実証事業をやるようでは、多様な生産条件に対応できる効果的な実証データが得られず、「低コスト生産技術の確立」を遅らせる結果になろう。原料米によるエタノール製造の産業化を目指すならば、多様な生産力を有する農地構造を反映した栽培試験を効果的に行わねばならない。

　この点と密接に関係する第2の問題として、原料米の収支とりわけ生産費関係データの整備が立ち遅れていることである。前述したように、実証試験事業の収支試算において原料米の単収は10a当たり800kg、買取価格はkg当たり20円、つまり、エタノール1ℓ当たり原料費は44.8円と設定されている。限られた小規模栽培試験の結果や、「国産バイオ燃料の生産拡大工程表」の試算資料においてバイオエタノールの生産原価を1ℓ当たり100円以下にしているなどの事情に即した原価設定と思われるが、表5-3-3、表5-3-4の実証試験結果で明らかなように、単収もkg当たり原料費も現実的な設定とは言えない。原料米を使ったエタノール製造を一定規模で行うと想定した場合、原料米価格は現在のように政策価格（＝買取価格）として設定されるべきか、それとも基本的に市場競争を通じて形成されるべきかという基本的な問題があるが、仮に政策価格で買い取る現行の仕組みを基本的に維持するにしても、どのような買取価格が妥当で、どこまでの調整幅が許容されるか、そしてそれに伴って原料米生産農家への所得補償がどう変わるかなど、明確にしなければならない点がある。

　そのためには原料米の収支をきちんと把握しなければならないのであるが、残念ながら実証試験モデル事業においてこのような内容が含まれていない。農林水

第5章　転作田をバイオ燃料用資源作物の栽培に利用するための経済条件　279

表5-3-6　新潟県三条市バイオエタノール原料米栽培の聞き取り調査

項　目	概　要
1．圃場所在地	新潟県三条市川通北（JAにいがた南蒲管内）
2．実証試験協力者	農事組合法人　尾崎泉地区生産組合（代表理事：安達　宰）
3．栽培品種	北陸193号
4．栽培試験経過	2005年に始まり、3年目になる。
5．単収	600〜922kg／10a、2007年は早魃のため減収。
6．通常米作の生産力	コシヒカリ品種で2007年は520kg/10a。平年は540〜560kg、多い年は600kgもある。
7．米の生産調整実態	水田面積420haのうち、2007年は全水田面積の34％、2008年は同37％を実施。
8．原料米のJA買上単価	乾燥前の段階（カントリエレベーターにもち込んだ時点）で20円/kg
9．品種特性・農法・費用	隣で通常の米を作っても交雑の心配はない。田植えの時期は通常の米作より10日〜2週間ほど遅い。5月中旬が田植えのピーク。除草剤は通常と変わらない。いもち病がかからないため殺虫剤の使用が少ない。一般の病気にも強く、倒伏はない。肥料施用量は通常米作の2倍になる。窒素は価格の安いアラジンと尿素を使い、2割ほど価格を安く設定。高価な肥料を使わない。他の費用は通常の米作と大体同じで、労働時間もほとんど変わらない。
10．費用・価格関係コメント	・kg20円の買取価格では話にならない。 ・生活がかかっているから、生活できるくらいでないと、若い人は入ってこない。 ・米は手間がかからない。大豆はもの凄くかかり、人件費が全然違う。水田は米を作るのがよい。
11．原料米を作る感想	この辺りの農地はみな立派な農地。米が燃料になるのが不思議な気持ち。
12．期待と不安	水田が空かないように、どんな稲でもいいから作れればよい。作るメリットはいまのところ全然ない。米を作れば田んぼにはいい。圃場整備でお金を掛けている。何とか頑張らないといけない。10年、15年先はどうなるかが心配。

註：筆者の聞き取りによる。

産省も実証試験事業を担っているJA全農も試算以上の情報がなく、政策づくりの参考となるような収支勘定は一大仕事として残されている。原料米栽培だから、食味を重視する通常の米作に比べてより安く生産できるのではないかとの見方もあるが、果たしてそうなのかどうか。実態をみないと推測の域を出ない。この点に関して、代表的なモデル地域の1つである新潟県三条市尾崎泉地区生産組合の取組について聞き取り調査を行った。結果は、**表5-3-6**にまとめている。

調査結果の詳細は省くが、同表から読み取れる点として3つ挙げることができる。

第1に、通常の米作に比べて単位面積当たり生産コストは著しく増加することも減少することもないとみられている点である。いもち病はかからず殺虫剤の使用量が通常より少なくて済むが、多収のため肥料使用量は通常米作の2倍になる。その他の費用や労働時間は通常の米作とほとんど変わらないという。肥料使用量の増加で見込まれる費用増分を安い肥料使用で抑えれば、通常の米作と変わらない肥料代で原料米を作ることが可能ということである。このような経営感覚からすれば、原料米の単位面積当たり生産費を主食用米のそれを大きく下回る水準に

設定するのは困難で、原料米生産段階の効率向上、つまり単収向上に頼らざるを得ないと考えられる。しかし、この地域のことが条件の異なる他の地域にも当てはまるとは限らない。生産条件が異なる地域で農家調査や栽培試験を通してきちんと検証し、政策づくりの参考となるデータを的確に整備する必要がある。

　第2に、多収量とは言え、低温や旱魃の影響があるか否かによって10a当たり収量が600〜900kgの変動幅を示している点である。同地域での主食用米栽培においても520〜600kgの単収変動幅があるというが、平均単収の高い原料米栽培となると、天候等によって主食用米以上の収量変動があり得るということである。**表5-3-4**の実証試験データはこれを裏付ける結果となっているが、それ以上の収量変動幅を示したのである。この種の収量不安定性は今後の試験研究や条件整備によって改善の可能性があり、結論を急ぐ必要はないが、1点目で述べた生産費との関連で実証試験データを蓄積し、肥培管理等の生産対策の参考にする必要がある。単位面積当たり生産費が一定であれば、単位生産物当たり生産費は単収の変化に比例して変わるため、生産条件の違いによって単収がどう変化し、それによって原料米1俵あるいは1kg当たり生産費がどう変わるかなど、実証試験の内容として記録を整備し、本格的な事業展開の参考として役立ってもらわねばならない。

　第3に、栽培協力生産者は米をバイオ燃料製造の原料として使うことに戸惑いを感じつつも、転作作物の大豆よりも原料米栽培に強い意欲を示している点である。同地域は高い水田生産力を有する地域ではあるが、前章で示した全国平均の要転作面積率（36%）とほぼ同水準（37%）の生産調整を実施している。転作作物として、大豆の栽培が推奨されている。しかし生産者は、原料米でもよいから「米作」への強いこだわりを見せている。その理由は、「米は手間がかからない」、「大豆はものすごく手間がかかり、人件費が全然違う」ということと、「米を作るのが田圃にはいい」等の点を挙げている。現在の水田農法や技術体系の活用を意識したほか、労働時間や生産費等転作作物の収益性への関心も高い。この点からすれば、原料米への所得補償交付金水準を小麦や大豆のそれより若干低く設定しても、小麦や大豆等の水田畑作よりも原料米を選択する可能性が高いと思われるが、1地域の聞き取りという限界がある。生産条件の異なる多数の地域で検証し、確認する必要がある。

これらの点から明らかなように、実証試験事業において上にみたような製造効率、原料米単収、エネルギー収支等の技術効率データだけでなく、生産対策の参考となる原料米栽培段階の収支関連データの整備も並行して行わねばならない。事業展開に必要なデータ整備は実証試験事業の目的の1つになるので、あらゆるニーズに対応できる情報収集体制の確立が望ましい。そのためには実証試験事業を通してどのようなデータを取得しなければならないかを事業実施前に明確にしておかねばならないし、政策づくりの参考となるような的確なデータを確実に取得するためには、収支関連データの整備に必要な技術面のサポートも用意しなければならない。しかし現状では、そのどちらも欠落しており、事業を継続していく中で改善を図る必要がある。

　改善手法は2つあると考える。1つは、実証試験事業関係の生産費調査は所在地域の農林統計事務所の協力の下で行うことである。事業主体は関係データの収集・整備に協力する義務があるにしても、どのようなデータをどのように整備すればよいかといった統計設計までの責任を負わすのは無理がある。農家の経営実態や作物生産費の把握を担っているのが農林統計行政であり、そこには調査設計や実施ノウハウなどの面において豊富な蓄積がある。農林統計担当者の協力があれば、体系的で信頼性の高いデータを整備することが可能である。しかし、このような場合においても、主食用米との違いに注意を払い、原料米栽培の特質を反映した調査指標の設計が不可欠である。

　もう1つは、バイオエタノール製造事業が含まれるかどうかにかかわらず栽培試験の事業地域を増やし、多様な生産条件を反映した収支データの整備を行うことである。新潟県や北海道等で実施されている実証試験事業は、原料米の栽培からエタノールの製造、販売までをカバーした一貫事業であり、データの収集も多岐にわたる。そのため、収支データの整備が欠落しやすい面がある。これを如何に補強するかが今後の課題の1つではあるが、より重要なことは、エタノール製造事業の有無にかかわらず、生産条件の異なる多様な地域で栽培試験を設置し、収量、環境適応性、生産費、労働時間などの収支関連データを多面的かつ体系的に整備し蓄積することである。エタノール製造を行わない栽培のみの実証試験ならば事業費は少額で済むため、各県の農業試験場はもちろん、水田活用の所得補償交付金や農地・水保全管理支払交付金、中山間地域等直接支払諸制度も活用可

能である。条件の異なる多様な地域で栽培試験を設置することにより、多様な生産条件を反映した収支データを収集・整備し、「低コスト生産技術の確立」の参考にするためである。

エタノール製造段階の効率的な糖化・発酵・精製技術を含む製造技術の確立と原料米栽培段階の低コスト生産技術の確立の両方にかかわり、実証試験成果の実用化にも大きく影響すると思われる第3の問題として、事業の適正規模が挙げられる。表5-3-2のシミュレーションで示したように、エタノール製造段階で原料米使用が多いケースほど1ℓ当たり生産費が低く、出荷価格の設定に余裕をもたせることができる。経済学でいう規模の経済性あるいは規模の利益が見込まれているためである（註4）。

製造段階における規模の経済性の存在は当然のことながら、効率的な原料米生産体制の確立を要請する。表5-3-2で分かるように、1万5,000トン原料米使用の基本ケースで1ℓ当たり支出に占める原料米費の割合が39％（＝45円÷114円）と試算されているのに対して、3万トン製造規模では同47％（45円÷96円）、8万トン製造規模では支出の過半を占める56％となり、最大費目として躍り出る。つまり、一層の費用削減を図るならば、最大費目となった原料米生産段階の費用節減が要請されると考えられる。この要請に応えるためには、あらゆる費用低減策を検討する必要があり、規模の経済性を如何に発揮するかが注目される。

これまでの農業で経験してきたように、零細錯圃という農地（水田）構造の下で、規模の経済性を発揮させることは容易ではない。多くの場合、農政を散々悩ました1つのロマンに過ぎなかったとすら言えなくもない。農地の零細所有と分散利用という現実の壁が高く、政策論と実態とのギャップがあまりにも大きかったからである。しかし、地域によって数十haの大規模水田経営が出現しているのも否めない事実である。今後、政策さえ動揺しなければ、高齢農家のリタイヤに伴って一定規模に達する規模経営がさらに増えると予想される。原料米に関しても、前章第2節のモデル分析で示したように、原料米栽培を現在の水田利用構造、つまり、耕作放棄地のみにとらわれず、主食用米等の食料生産に使われている既存用途との調整を含めて行うならば、規模の経済性を発揮できる原料米生産体制を作ることが可能と考える。困難な課題ではあるが、挑戦してみる価値はある。

この点に関してJAグループは、バイオ燃料の地産地消に強いこだわりをもっているようである。例えば、新潟県事業に関してJA全農は、「バイオ燃料の地産地消の観点から、一定地域において」の原料イネの栽培、バイオエタノールおよび直接混合燃料の製造および販売を「一貫して行う事業モデルを作り上げる」としている（註5）。同様の考えは、「地域の水田で作ったイネから地域で使う自動車燃料を作るというエネルギーの地産地消が全国でもなりたつようこのモデル事業を成功に導きたい」とするJA全農柳桝澤武治会長のコメントにも現れている（註6）。

地産地消はどれくらいの地域範囲を想定しているかにもよるが、規模の経済性が十分発揮できることを前提に構想しなければ、原料米生産段階だけでなく、エタノール製造段階まで効率ロスが発生し、事業展開を抑制してしまう可能性もあろう。それは結果的に、原料米の購入単価を圧迫し、生産者の手取り減少にもつながる。どのような地域範囲でバイオ燃料の地産地消を図ったらよいかは、水田農業の活性化、エタノール製造事業の採算性、最短輸送距離による二酸化炭素と輸送費の同時削減の可能性などの点を踏まえながら、明確なビジョンと試算の裏付けをもって判断すべき問題である。これらの点については、実証試験事業の計画や事業規模の決定に大きな責任をもつ農政側はもちろん、地域農業の主体として事業遂行に深く関与するJAグループ、関係農業団体、自治体等も真剣に考えねばならない。すべての関係者が力を合わせて、水田農業の活性化、エネルギー自給力の向上、資源・環境保全等に寄与する事業推進のあり方を模索し、構築すべきである。

政権交代後の2010年に、農林水産省は「バイオ燃料地域利用モデル実証事業実施要領」という農林水産事務次官依命通知を出している（平成22年4月1日21農振第2322号）。政権交代前の2007年要領（平成19年4月2日農振第1956号）を改定し、それまでの趣旨を引き継いだものもあるが、実証試験事業に対する農林水産省の姿勢として気になるところがある。1つは、第5条「事業の実施方針」において「事業実施主体は、石油価格変動等外部要因に対して、自ら適切に対処するよう努めるものとする」（1項）としている点である。もう1つは、同条5項で、バイオエタノール混合ガソリン事業の技術実証を「成果重視事業」の枠組みの中に位置づけている点である。

事業主体としては、与えられた予算あるいは事業条件の下で如何に事業を遂行し、事業目標を達成していくかが仕事であるが、石油価格変動等の外部要因に対してまでの責任を負わせるべきものなのかどうかは疑問に思う。石油価格変動等で事業遂行に必要な諸経費が増えても所定の事業費を増額しないというだけのことならば分からないことでもないが、それ以上に現場関係者として何をなすべきかを含めて、主管官庁として明示しなければ事業継続に対する不安感が募らせるだけではないかと考える。2点目も、中長期的な視点が欠け、落ち着いて大きな成果を目指すような試験研究の妨げになる可能性がある。周知のように、技術実証は、現場の焦りを煽れば成果が出るというほど簡単なものではない。以上に指摘してきた諸課題を1つ1つクリアし、大きな成果を確実に目指していくならば、失敗も許容する寛容な事業環境を主管官庁として作らねばならない。バイオ燃料の産業化という大きな目標をもってやるからには、敢えて技術実証を「成果重視事業」と位置づけ、功を急ぐような進め方を取らない方がよいのではないかと思われる。世界的な視野に立った骨太な政策ビジョンと事業の進め方が望まれる。

(註1) 国の実証試験モデル事業以外に独自の取組を進めてきた地域や業者もあるが、本節の目的からして割愛したい。
(註2) 年加工能力が533％拡大したのに対して、1ℓ生産原価が71％まで低減した。前者に対する後者の比率は、－13.3％と計算される。
(註3) 従来、北海道はうまい米づくりに恵まれたところのイメージがあまりなかった。しかし、戦後米づくりへの長期にわたる努力や米政策改革の一環として2004年に始まった「売れる米づくり」等の取組によって、北海道は米どころとしての地位が急上昇してきた。『日本農業新聞』(2008年1月4日)によれば、全国の米需要量の割合として北海道は2005年産から2年続けて新潟県を抑えて首位を占めるようになっている。需要量の大きさだけではない。品質を示す2007年産米の取引価格(全国米穀取引・価格形成センターの入札価格の直近価格)を見ても、北海道産は銘柄ベスト10に3つの銘柄(ほしのゆめは4位、ななつぼしは6位、きらら397は10位)が入る実績をあげている。北海道産米の強さはもはや低価格だけではない。
(註4) 通常の米作においては規模の経済性が認められている。学界ではすでに多くの研究蓄積があり、詳細な説明を省きたい。
(註5) JA全農「『バイオ燃料地域利用モデル実証事業』の取組み経過」(JA全農2008/05/15プレスリリース)を参照されたい。
(註6) 2007年6月19日付け『農業協同組合新聞』農政・農協ニュース記事に掲載した同氏のコメントを参照されたい。

あとがき

　前著、『環境保全型農業の成立条件』（農林統計協会、2007年9月）はアカデミズムを意識するところが少なからずあったとすれば、この小著のかなりの部分は、原稿を書いた時の社会経済事情や進行中の政策を踏まえた内容展開となっている。本意ではなかったが、終わってみれば、私なりの政策論といってよいかもしれない。

　このような形とタイミングで上梓できたのは、いくつかの幸運に恵まれたことのほか、学会同人や職場同僚の温かい励ましと、実態調査に協力して頂いた農家や関係者の皆様のご厚意によるところが大きい。各章の初出を踏まえながら御礼を述べさせて頂きたい。

　「第1章　マクロ的危機下における農業経営と政策」は、2008年12月に開催された地域農林経済学会・四国支部第44回大会のシンポジウム報告「マクロ的危機下における農業経営の課題と展望―原油・資材高と不況を超えて―」（松岡淳「四国支部大会報告」『農林業問題研究』第45巻第1号、2009、pp.178-179を参照）がもとになっている。この講演に対して何人かの大会参加者から励ましの言葉を頂き、このテーマに対する関心の高さを知る貴重な機会となった。同僚でシンポジウムの座長も務めた大隈満教授から講演原稿の公表を強く薦めて頂くとともに、ご自身のブログで講演内容を2回にわたって紹介して頂いた。教授の率直な人柄と、30数年間に及ぶ行政官のキャリアから培われた確かな見識を確信して、講演内容を若干補足し本書に収録することとした。小著の上梓に当たり、大隈教授に心から御礼申し上げたい。

　「第2章　地域ブランド形成と地域活性化―危機打開のための処方箋を考える―」は、2009年10月に開催された第56回地域農林経済学会大会のシンポジウム報告「地域ブランド形成の困難な産地の活性化戦略―食と農を軸とする豊かな地域社会と穏やかな暮らしの形成に関する展望―」（『農林業問題研究』第45巻第4号、2010、pp.354-367に収録）をもとにしている。大会シンポジウムの候補テーマとして提案された地域ブランド問題をめぐる学会理事会企画部会での論議において、「この厳しい世の中で、ブランド化以外の危機打開策についての論議も必要ではないか」という私の問題提起に対して、企画担当理事の1人で、大会シンポジウムの座長役に決まった岸本喜樹朗（裕一）桃山学院大学教授から、即座にこの報

告を任されることとなった。企画担当理事の1人でもある私がシンポジウム報告者になってよいものかという躊躇もあったが、結果的には引き受けることとなった。岸本教授をはじめ、学会理事会の寛容に心から敬意を表したい。そして、私を報告作成に集中させるため、京都大学教授福井清一、岡山大学教授横溝功両理事が企画部会の仕事を献身的にカバーして頂いた。申し訳ない気持ちで一杯であるが、大変有り難く思っている。

　「第3章　不安定経営環境における環境保全型農業」の第1節は、「第4回農を変えたい全国集会（今治大会）」のパネルディスカッションに提出した原稿「不安定経営環境下の有機農業」（『第4回農を変えたい！全国集会in今治』資料集、2009、pp.51-56）および日本有機農業学会誌『有機農業研究』創刊号の特別寄稿として掲載した「農業を取り巻く環境の変化と有機農業研究」（同誌第1巻第1号、2009、pp.17-33）がもととなっている。「農を変えたい全国集会」において、研究室所属4年生（2008年度卒業生篠崎里沙、德川祐樹、橋田あゆみ、矢本萌）諸君が、大会の運営を手伝いながら有機農業に関する調査研究の発表機会を与えられたことは楽しい思い出であった。会場を埋め尽くした大勢の参加者を前に堂々と発表する若い諸君の姿は実に凛々しく頼もしく誇らしかった。学会誌創刊号特別寄稿の機会を与えてくれた日本有機農業学会誌編集委員会、編集の労を惜しまなかった編集委員長の波多野豪三重大学教授には大変感謝している。補論1は『農林業問題研究』第44巻第3号（2008、pp.81-82）掲載の書評リプライ、補論2は同誌第47巻第1号（2011、pp.164-165）掲載の書評を収録したものである。前著『環境保全型農業の成立条件』に対して極めて有益な書評を書いて下さった富岡昌雄滋賀県立大学教授に、改めて感謝申し上げたい。第2節は、村田武編『地域発・日本農業の再構築』（筑波書房、2008）の「第5章　有機農業推進法と環境保全型農業」（pp.98-121）をもとに加筆修正したものである。こうしたフロンティアの論議に参加する多くの機会を与えて頂いたお陰で、現代日本農業における環境保全型農業の位置づけをより明確に整理できたのは、何よりの収穫である。

　「第4章　バイオ燃料用資源作物の生産と農地利用問題」と、「第5章　転作田をバイオ燃料用資源作物の栽培に利用するための経済条件」は、2007年度公益信託エスペック地球環境研究・技術基金からの助成（課題名「転作田をバイオエタノール原料生産に活用するための事業化条件および効果的な利用推進体制の構築

あとがき　287

方策に関する研究」）を受けて実施した調査報告をもとに加筆修正したものである。バイオ燃料問題への関心は、2006年度バイオマス等未活用エネルギー実証実験費補助金（四国産業経済局バイオマス等未活用エネルギー事業調査）交付事業「木質ペレットの製造技術を活かした食品加工残さの固体燃料化とリサイクル事業の可能性」の一環として、地元企業から委託を受けた調査研究「ペレット化の経済性評価」がきっかけであった。その後、関係業者・研究者の方々と実態調査や見学、論議の機会を重ねたこともあり、この問題を「現代の農」の課題の1つとして位置づけることの必要性を認識するに至った。しかし政権交代後、バイオエタノール用原料米の取組を取り巻く政策環境も支援策の中味も大きく変わり、必要最低限のフォローをせざるを得なかった。予想外の時間を費やしたが、苦労の甲斐があった。

　小著がこのように上梓できたのは、何よりも愛媛大学、とりわけ筆者が所属する農学部資源・環境政策学コースの寛容な教育研究環境によるところが大きい。普段から温かく接して頂いている同僚の皆様に心から御礼申し上げたい。初出原稿の一部を学部講義や大学院ゼミの参考資料として使ったとき、学生諸君の質問から実に有益な示唆を頂いた。研究室所属の3年生中本英里さん、4年生藤田智子さん（いずれも2011年度）はすべての章を読み通し、誤筆等の訂正を含めて有益な指摘をなされた。併せて謝意を表したい。

　小著の上梓には、鶴見治彦社長をはじめ筑波書房の皆様に大変お世話になった。厳しい出版事情の中で小著の出版を快く引き受けて頂き、有り難く思っている。また、旧知の高橋真理子さんが元出版編集者の目線から原稿を精読して下さり、大変有益な助言を与えて頂いたお蔭で、小著はより読みやすいものになった。厚く御礼申し上げたい。

　戸別所得補償制度のあり方やTPP（環太平洋経済連携協定）参加の是非をめぐる論議に象徴されるように、いま、農業の方向づけに関してはまさに諸子百家の様相を呈している。拙い小著ではあるが、新しい時代にふさわしい農業・農村・農政の再構築にいくらかでも役に立ち、お世話になった方々へのささやかなお返しになれば幸いである。

　愛媛大学農業経営学研究室にて

胡　柏

著者略歴
胡　柏（フ　バイ　Hu Bai）

1957年　中国重慶市忠県生まれ
1992年　愛媛大学大学院連合農学研究科博士課程修了、博士（農学）。南九州大学講師・助教授、九州大学農学部助教授、九州大学大学院農学研究院助教授を経て、
2001年　愛媛大学農学部教授
主著　　『環境保全型農業の成立条件』（農林統計協会）

原油資材高と不況下における農業・環境問題

2012年2月28日　第1版第1刷発行

著　者　胡　柏
発行者　鶴見治彦
発行所　筑波書房
　　　　東京都新宿区神楽坂2-19 銀鈴会館
　　　　〒162-0825
　　　　電話03（3267）8599
　　　　郵便振替00150-3-39715
　　　　http://www.tsukuba-shobo.co.jp

定価はカバーに表示してあります

印刷／製本　平河工業社
©Hu Bai 2012 Printed in Japan
ISBN978-4-8119-0400-9 C3033